于志嘉 著

明代軍戶世襲制度

臺灣學生書局 印行

自序

軍隊的強弱直接決定了國家的強弱，因此自古以來軍隊的維持就一直成爲很重要的問題。中國到春秋時代爲止，是以貴族階級世襲爲軍的，戰國以後逐漸開放給一般庶民。而在這個變化的背後，我們看到了在上有王朝的政體由世卿世襲改爲君主極權的官僚政治，在下則有世襲體制的廢棄和庶民職業的分化。由戰國到西漢，兵役成爲人民的義務之一；而東漢改徵兵爲募兵，是中國的兵制又經過一變。

世襲體制崩潰以後的中國，由於社會的需要，時而保有了一些因職業分工而產生的世襲戶籍。其中因爲對於兵役的須求，早在曹操謀簒的時候就開始將兵士固定爲特定戶籍，使其世代負擔軍役。這就是史家所稱的兵戶制度。不過兵戶以外的其他人戶並未被編入一套統一的戶籍制度之下，這是與世襲戶籍制度不同之點。兵戶制度經過三國、兩晉的盛期到南朝的宋開始急速衰退，但是兵民分籍的完全廢止，則要到隋開皇十年（五九〇）。這段期間中國兵制史上值得特書的是府兵制度的成立。府兵的軍士最初包括了兵戶、民兵與徵募兵，但在西魏宇文泰所創的二十四軍，則與一般郡縣戶別籍。開皇十年將府兵的徵兵母體擴展到民戶全體，另外創立了軍民分政、兵權由中央直轄的體制。這對中國兵制的發展帶來很大的影響。

唐、宋是中國社會的變動期。與中央集權專制政權確立的同時，貨幣經濟、商業資本也呈現了活潑的發展。科舉制度漸趨完備，庶民躍身官僚的機會多了；又因爲宋朝重文輕武的政策，一般人不願意當兵，宋朝的兵主要是來自募兵的。這樣到了明代，中央集權專制政權發展到了巔峯；貨幣經濟雖因元末農民反亂一時崩潰，中期以後又急速發展；鄉村統治由大土地所有者與官僚負擔，在在都顯示出宋、明間歷史的連續性。可是就在這些共同特徵的底下，明朝又背負著另一個歷史的傳統，使他在歷史的演變上成爲一個非常特殊的存在，這就是來自異民族征服王朝元朝的影響。

朱元璋革命之所以能夠成功，歸根結底是得力於他種族革命的號召。然而在他所創立的明朝制度中，却可發現不少元朝的遺影。其中最爲突出的就是世襲戶籍制度與世襲武官制度。前者將全國人民按職業區分爲軍、民、匠、灶等籍，後者則使衞、所軍官指揮使以下世襲其職。武官亦屬軍戶，我們或者可將武官世襲看作軍戶世襲的當然結果；可是另一方面明代的文官却是受到嚴格的科舉制度所選拔的，武官世襲很明顯是由元代貴族世襲制中得到的靈感。這使軍戶較其它戶籍更顯得特殊，而促使明代衞所軍制趨向崩潰的一大要因，便也蘊藏在這兩個世襲階層的對立中。

舊來討論明代軍戶制度的學者，常忽視了元、明間的連續性，而一昧只在府兵制度中找傳統。這是因爲受到「明史」「兵志一」說法的影響。同時明人對於元與明之關係雖有避而不談之嫌，身爲後人的我們却不能因而漠視了元朝的影響。筆者這篇小論就是由這個觀點出發，希望對明代軍戶制度能有更正確的認識。

可是正因爲元、明間的關係一直未受到重視，筆者在處理這個問題時可資參考的論文非常之少，因此只有由介紹元代軍戶或戶籍制度的論文讀起，再從二者中找尋相似之點，加以比較。不過，我們雖然尚未看到一篇專門討論元明軍戶的文章，有關衞所軍制方面卻有一篇相當值得注目的論文，這就是Romeyn Taylor所作的*Yüan Origins of the Wei-So System*❶。文中泛論元、明軍制的異同，所論相當可觀。據Taylor氏指出，明代的衞所制是將元代設立於中央的衞擴展到全國而成的。大都督統屬有親軍以外所有軍隊，這與元朝除「怯薛」直屬於皇帝外，一切內外軍團均由樞密院指揮同出一轍。總兵官與鎭守官分有戰時指揮權和平時領兵權，亦爲繼承蒙古軍隊分權原則的一端。另外在指揮使的稱呼上，千戶所的組織上，以及軍屯制度的規模上雖有若干差異，但大體的脈胳是清晰可尋的。透過Taylor氏的研究，元、明軍制間的接點已相當明顯，而其中對筆者來說最具啓發性的一點，就是世襲武官制的問題。

這個問題宮崎市定在「洪武から永樂へ—初期明朝政權の性格—」❷一文中也曾提起。他指出明初武官地位之高，是受到蒙古以來重武賤文風氣與世襲制度的影響。不過，他同時又因明初世襲武臣地位之高，推斷明初世襲軍戶的生活也相當安定，則尚有商榷餘地。我們知道明代軍士逃亡的問題在明代初期已相當嚴重，軍士生活若果如宮崎氏所說這樣安定，在動亂期的明初作爲一般人確保生計的手段之一，應該是不會有這麼多逃亡的現象。而且元朝的武官因爲擁有蒙古貴族的身分，地位固然特高，一般軍戶特別是漢軍戶則無寧說處於被壓榨的地位。我們討論元代軍戶，必須要注意官與軍、蒙古與漢人間的差異。

Taylor 氏則正確的指出了官與軍間脫節的問題。可是元代官軍之間因夾雜著有種族差別問題，官與軍明顯的被分爲兩個階層，明代去除了此一要因，何以還持續著此一弊害不能稍加改善？還有，在明初重武的時代武人固能相當跋扈，文人抬頭以後，武官又是藉著什麼力量維持自己的身分於不墜？也就是說，明代武官既不如元代武官一般具有蒙古貴族的特殊身分，世襲之際又受到若干法規的限制，他們是如何利用此一法規確立了自己的地位？另外，當元朝的陰影已逐漸淡去，中國社會朝著自己的方向發展起來以後，世襲官軍間的關係又起了何種變化？這些都是值得深思的問題。

本篇論文以明代官軍的世襲法爲中心，探討二者的身分是如何被固定起來。同時介紹清軍與武選二法，亦即政府方面爲維持軍與官世襲制度能正常營運所作的各項努力。其中第二章有關軍戶的世襲與清軍，主要利用了「南樞志」、「軍政條例」等書；第三章有關武官的世襲與武選，則利用了衞選簿等一些較爲特殊的材料。各書的編成方法與性質詳見各章，這裡不擬贅言。另外，第一章有關軍戶來源的問題，舊來已有多人討論，唯在史料的解釋上頗見分歧。筆者爲之做一整理，希望能徹底解決此一問題。諸來源之中以垜集法最爲特殊，是傳承自元代的正軍、貼戶制，因此將重點放在此法，參照有關元代軍戶的諸論，試探垜集軍的性質。唯筆者個人對蒙古遊牧社會的風習制度理解不夠，所論不無失之粗泛之嫌，這一點還有待將來的努力。

同時，由以上的敍述也可了解，本文所論偏重在世襲制度中的軍戶。今後應更將視點轉移到戶籍制度中的軍戶，由軍鹽戶、軍匠戶的存在及各戶籍間的變動問題，探討軍、民、匠、灶各籍的關係，以求進一步了解明朝欲以國家權力統治戶籍方法的得失，並及社會經濟變動對世襲戶籍所帶來的影響。

本文撰成於一九八一年底，爲筆者之碩士論文。論文之作成，承西嶋定生師與田中正俊師啓廸教誨，西嶋師母備予關注鼓勵，終生銘感。論文之謄寫，得學長中山美緒、片山剛、大島立子、本野英一、上田信及外子黃鵬鵬大力鼎助。稿成之後，又承徐泓師審閱一過。而此次得以出版，則全賴鄭欽仁師之鼓勵與鞭策，以及學生書局諸先生之厚意。謹此一併致上最誠懇的謝意。

❶ 收入CHARLES O. HUCKER所編Chinese Government in Ming Times，Columbia University，1969.

❷ 「東洋史研究」二七—四，一九六九。收入氏著「アジア史論考（下）」（朝日新聞社，一九七六）。

明代軍户世襲制度　目次

· 明代軍户世襲制度 ·

第一章　明代軍戶的來源

在開始討論軍戶世襲制度以前，第一個浮現在我們眼前的，就是軍戶來源的問題。我們知道，明朝是將它的屬民區分爲軍、民、匠、灶四籍的。這些屬民之中，究竟是什麼樣的人被選作了軍人？他們又是在什麼樣的情況下變成了軍戶？這些都可說是與軍戶制度未來的發展具有密切不可分的關係。例來討論的文章也已相當可觀[1]。筆者個人在畢業論文中也曾簡單的觸及，本來沒有必要在碩士論文中再度提出。可是一方面因爲對畢業論文所論並不滿意，另一方面在參考諸文之後，發現了一個幾近異常的現象，也就是說，一般的問題雖然應該愈辨愈明，唯有這個問題，却令人有愈來愈糊塗的感覺。尤其是在仔細的檢討過諸篇論文之後，可以了解到大家所使用的史料基本上幾乎是完全一致的，對軍戶的幾個來源諸如從征、歸附、謫發、垜集等大體上也都有共同的認識；可是在解釋史料時，却又顯示了極大的差異。同一條史料可能被A解釋作此類，又被B歸納入彼類，令人讀後徒生撲朔迷離之感，不知何所是從。因此感到有再討論的必要，將之列爲本文之首章。

本章即擬就這些研究爲基礎，除介紹通說之外，並力求能對諸法給予更明確的定義。所參考的史料大體與前人無異，另外配合衞選簿和地方志上一些罕爲人利用的資料，逐條加以說明。

第一節　從征、歸附與謫發

「明史」卷九十，「兵志二」記明代軍戶的來源，說到：

其取兵，有從征，有歸附，有謫發。從征者，諸將所部兵，既定其地，因以留戍。歸附，則勝國及僭偽諸降卒。謫發，以罪遷隸為兵者。其軍皆世籍。（史料一）

爲我們舉出了從征、歸附與謫發的三類，並且一一賦與了若干的說明。可是因爲沒有能夠再進一步的列出實例，反而成爲後人在解釋時混亂之源。以下讓我們分項舉例說明。

第一是從征軍。朱元璋出身貧賤，以匹夫崛起於草莽，最初自然是無所謂兵力可言的。他在至元十二年（一三五二）閏三月依附郭子興，好不容易熬出了點眉目，受到郭子興的重視；可是却因紅軍內部的紛爭，受到相當的抑壓。朱元璋首次擁有自己的軍隊是在次年的六月。這時郭子興等紅軍將領的根據地濠州，因爲遭受元相脫脫大軍長達五個月的包圍，軍士死傷慘重，遂有募兵之舉❷。「太祖實錄」卷一，癸巳年（一三五三）六月丙申朔條：

濠城自元兵退，軍士多死傷。上乃歸鄉里募兵，得七百餘人以還。子興喜，以上為鎮撫。（史料二）

可知朱元璋是回到了自己生長之地的鍾離，以紅軍頭目的身分召募鄉人爲兵。募得的七百餘人之中，有朱元璋童年的伙伴徐達、湯和等，這就是朱元璋以後用來打天下的重要班底。丙申朔率兵回濠，得授鎮撫。

這時，濠州城內的紅軍將領們正因爲元軍的敗退而開始加強內部權力的鬥爭。朱元璋乃離開濠州自闖天下。他在成爲帶兵官以後最初的一次擴軍就在同年同月，數日之間用計招降了驢牌寨民兵三千人和元知院老張的部屬二萬精壯❸。不久並攻下了滁州，以爲自己的根據地，仍奉郭子興爲首。朱元璋的眞正得掌兵權，是在至正十五年（一三五五）三月郭子興死後。

這以後一直到了明朝成立，隨著朱元璋轉戰各地的軍士除去招降歸附者外，可想而知還有許多是應召募或自動投靠而來的。後者應即是所謂的「從征」。實錄中留下的記錄雖少，但如乙巳年（一三六五）春正月乙酉條謂太祖因聞近來「軍中募兵多冗濫」，於經理淮甸之前親閱將士，即足以作爲證據。這一年的八月，且繼續在霍丘、安豐等處募人之欲從軍者❹。我們如果參照衞選簿的資料，這一類應該是相當於選簿所謂的「從軍」者的❺。

從征軍因爲性質單純，意義明顯，大多數的論文都略而不談。只有鈴木正氏指出是包含了自願充軍以及應募充軍的二者，但似出於憶測，他所舉出的幾條史料却是屬於非自願性的民義（民兵）驗丁出夫的例子，顯然是出於誤讀❻。解毓才氏將衞所制度成立前後的兵士來源區分開來，以爲「明史」裡的分類只適用於衞所制度成立以後。所謂「從征」應是類似洪武元年（一三六八）「將徐達所部兵分隸大興等六衞的例子」，至於筆者前引癸巳年收鄉里子弟七百人爲兵之例，則因爲明初「軍士的來源是沒有一定的」，被置之於論外，令人不無突兀之感❼。徐達等從征將領所部兵是在衞所制度成立以前即已存在的，可是要等到衞所制度成立以後才能將之喚爲從征軍，實不知是出於何種論理。川越泰博氏利用衞選簿的資料，以爲其中所謂的「從軍」即是「從征」，大體上是正確的。不過我們如果仔細簡閱，又會發現有記爲「歸附從軍」者，這一項自然毫無疑問是應該納入「歸附」項內的。但由此再觀選簿其它記事，當可了解並非所有的「從軍」都是「從征」，其中當有相當數量是「歸附從軍」的簡稱。這一點是我們在使用選簿資料時需要特別加以注意的❽。

其次要討論的是「歸附」。歸附軍包括了元朝以及元末群雄所部兵之降附者。這一類選簿中記載的很清楚，我們由其歸附年代很容易的就可以推翻解氏將諸分類視作是在衞所制度成立以後才出現的說法。附錄一是平涼衞暨各所官員自祖輩以來從軍的記錄，其祖軍歸附年代最早可追溯到甲午年（一三五四）❾，也就是朱元璋癸巳募兵的次年。

關於以歸附者爲軍的事例，各先學已介紹了很多，這裡只簡單的舉幾個例子當作說明。乙未年（一三五五）五月巢湖水軍雙刀趙等擁衆萬餘來降❿；丙申年（一三五六）三月破陳兆先營，得其兵三萬六千人⓫；同月下集慶，得軍民五十餘萬⓬；丙午年（一三六六）三月拔高郵，俘將士二千餘人悉遣戍沔陽辰州⓭；吳元年（一三六七）克益都、濟寧、濟南、般陽諸城，收其軍進取⓮。以歸附軍人爲軍的方針，從各種招降文中都可窺知⓯，此外如洪武元年（一三六八）八月十一日大赦天下，詔「新附地面起遣到軍人，少壯者永爲軍士」⓰，正說明了明朝的基本態度。

明王朝成立以後，統一的事業仍不斷的進行，每下一地都會招集降兵爲軍。已收復的各地若有舊勢力之部隊殘餘下來，亦會委任原管官回原籍收集，用以充軍。這一類的記事多的不可勝數，例如洪武五年（一三七二）命參政何眞收集廣東所部舊卒三千五百六十人發青州衛守禦⑰；十一月使故元降將行樞密院同僉賴正孫招集福州遺兵五千人送京師⑱；十二月以兵部主事彭恭、瀘州守禦指揮彭萬里收集四川明氏舊校卒二千餘人爲軍⑲；六年（一三七三）正月令豫章侯胡廷美收集荊州、沔陽舊將士一萬四千五百餘人，以舊校六十三人爲百戶分領之⑳；三月分遣侍御史商暠、河南衛都指揮郭英招集故元將士㉑；七月郴州守禦官收集各山寨故元將校五百三十七人戍守永州㉒；七年（一三七四）七月廣西護衛指揮僉事脫列伯於朔州等處招集舊部故元士卒家屬近五千人俾之編伍㉓，都是此類。

這些類例，實錄中將之稱爲收集或招集，不過因爲都是屬於歸附者的身分，因此多被各家劃入歸附類。陳文石氏則以爲與歸附不同，他將這些例子與其它一些明代籍蛋戶、舡戶或屯田夫爲軍的例子參雜併舉，但未加以任何解釋或分析。因此無法猜測他是將之視爲同類？抑或只是在說明其「明初取兵，何止上述四項（另加垛集一項）」時，列舉以爲不同各類的例證？陳氏本人可能是有意將之視爲同類的，可是諸例中又夾雜了「簡拔」民戶爲軍的方法；這樣看來，他的歸類又不免失之太濫。可能是因爲「收集」和「收籍」兩個名詞，發音既相同，用例也相近，故而陳氏在有意無意之間就將之混爲一談㉔。明代人未必就可保不犯這個錯誤，不過筆者由諸用例初步觀察的結果，發現大多數的史料是遵守了如下的原則的。也就是在收原充軍人者爲軍時用「收集」，收原屬民籍（如屯田夫）或其它戶籍（如蛋戶、舡戶）者爲軍時用「收籍」。收籍應是「收入軍籍」的意思。

收集的例子在選簿中也可看到，附錄一之五三、七八所謂的「收充」，應該就是「收集充軍」的簡稱。川越氏謂與「垜集」（詳下節）相同，顯然未經詳細考證，自然不可採信㉕。惟選簿中「歸附」與「收集」二詞的用法，特別是對洪武以後的事例應如何加以區分，則尚有待更精密的比對工作，非筆者目前所能解釋的㉖。

從征與歸附的意義大致就如上述，我們可以發現其意義雖似明瞭，意外的却也有令人容易誤解的一面。以下要討論的第三類「謫發」，關於這一點諸家意見倒是相當一致的。這就是因犯罪而被判充軍者，如「三萬衞選簿」指揮同知吳稷項下外黃查有謂「吳通，餘干縣人，祖吳伯武洪武年間爲事發充三萬衞軍」，就是一例。

以罪人充軍，是中國歷史上爲添增兵源時常常採用的方法。明朝也借用之以補充由從征、歸附所得的有限軍額。充軍下死罪一等，是流罪中最重的一級。明初充軍者唯發邊方屯種，後來則區分漸細；發遣地方分作極邊、煙瘴、邊遠、邊衞、沿海、附近諸等級，按罪行輕重決定。充軍之刑有些止終於本身，並非所有充軍犯都要改入軍籍的。前者稱作「終身」，後者稱爲「永遠」。「永遠者，罰及子孫，皆以實犯死罪減等者充之」㉗。洪武二十七年（一三九四），「詔兵部凡以罪謫充軍者名爲恩軍」㉘，就是取其「免死得戍、當懷上恩」之意㉙。

明代有關充軍之例是愈來愈煩重的。嘉靖二十九年（一五五〇）條例中有關充軍的竟達二百一十三條，與萬曆十三年（一五八五）所定的大致相同㉚，可讓人窺知明末刑法之嚴苛，一般百姓動輒即有被判充軍之可能。這許多的繁文縟法沒有辦法一一加以解釋，這裡只簡單的介紹洪武間充軍事例二十二款，以供參考。「皇明制書」卷五，「諸司職掌」「刑部」「司門科」「合編充軍」：

> 販賣私鹽、詭寄田糧、私充牙行、閑吏、私自下海、應合抄劄家屬、積年民害官吏、誣告人充軍、無籍戶、攬納戶、土豪、舊日山寨頭目、更名易姓家屬、不務生理、遊食、斷指誹謗、小書生、主文、幫虎、伴當、野牢子、直司。（史料三）

其中以閒吏充軍的例子，如「太宗實錄」卷二五〇，永樂二十年（一四二二）八月壬寅條：

> 皇太子謂吏部、刑部、都察院臣曰：比年各處閒吏群聚於鄉，起滅詞訟，擾攪官府，虐害平民，為患不小。今後吏考滿不給由，丁憂服滿不起，得代不赴京，因事赴京還不着役者，悉發保安衛充軍。（史料四）

以積年民害官吏充軍的例子，如「皇明制書」卷二，「御製大誥」「積年民害逃回第五十五」：

> 積年民害官吏，有於任所拿到，有於本貫拿到。此等官吏，有發雲南安置充軍者，有發福建兩廣江東直隸充軍者，有修砌城垣二三年未完者。這等官吏，皆是平日酷害於民者。且如勾逃軍，責正身，解同姓；朝廷及當該上司勾拿一切有罪之人，責正身，解同姓。朝廷着追某人寄借贓鈔，皆不於某人處正追，却於遍郡百姓處一槪科徵代賠，就中尅落入已，不下千萬。其餘生事科擾，及民間詞訟，以是作非，以非作是，出入人罪，寃枉下民，啣寃滿地，其貪婪無厭，一時筆不能盡。（史料五）

另外如主文、野牢子、直司、遊食、斷指誹謗等，都罪在不務生理；或「紛然於城市鄉村擾害吾民」，或「幫閑在官，教唆官吏，殘害於民，不然爲賊鄉里」㉛。其它如小書生、幫虎、伴當等推測也是在類似的情形下受到充軍處分。由此可知二十二項之中有相當多數是由不務生理、專事擾民一點出發的。

被判充軍的人犯首先由大理寺審定確無冤枉，然後將名單開付陝西司，再由刑部置立文簿，註明各人姓名、年籍、鄉貫、住址，依其籍貫編成排甲。「每一小甲管軍一十名，總甲管軍五十名，每百戶該管一百一十二名。一樣造册二本，將各總小甲、軍人姓名、年籍、鄉貫、住址，幷該管百戶姓名、充軍衞分注寫明白，一本進赴內府收照，一本同總小甲、軍人責付該管百戶領去充軍。仍咨呈該府作數」㉜。明初的充軍人犯似乎是集中被派到雲南、四川、北平、遼東、大寧五都司屬衞的㉝。總小甲、百戶或由充軍犯中僉選，或由軍職犯罪降充百戶者領之㉞。似乎恩軍在衞所也是集中受到管理的。

恩軍的待遇一般說來是比其它軍人來得差。舉月糧爲例，東南沿海地區在隆慶年間操備正軍每月支糧六斗的地方，問發永遠軍必須是有妻室或雖無妻但有祖父母、伯叔、兄弟隨住者才准照全支領的；單身者只能支四斗。終身軍則有妻者支五斗，無妻者支三斗㉟。故單身的終身軍月糧只有普通單身正軍的一半。恩軍平常也是不被列入賞賜範圍之內的㊱。終身軍老疾除非遇到大赦不能回原籍與家人團聚㊲，也就是說，須完全地終其身於戍所。不過終身軍的家屬並非就完全可以免掉軍役，終身軍若有逃回原籍病故者，仍須勾其親支子孫一輩補伍㊳。必須當足一輩，才可開豁。

問發永遠充軍者若原屬民籍，則由有司發予旁支「戶繇」，俟造黃册之時將充軍人犯本房人丁分出另立軍戶；原屬匠、灶籍者不另分戶，但亦須於黃册內開註本房人丁，待後清勾之時能儘先本房人丁勾取。原即係軍籍者亦於戶口册內開註本房人丁㊴。他們的子孫在軍役承襲上的規則大體與一般正軍無異。

謫發軍既是一些罪囚，素質必不會很好。尤其像前述那些游手好閑、專以害民爲業的胥吏或積年害民官吏等，更不能期待他們到了軍中就能做出些什麼好事。明初又因爲行法過嚴，官員稍得罪者也多充軍，我們從史料中甚至可以發現如儒學教諭因所教無中科者被罰充軍的㊵，或監生生員因告乞單丁侍親而獲罪發充軍的㊶。這些人手無縛雞之力，就是到了軍中，一樣發揮不起效用。范濟批評發爲事官吏人民充軍塞上無用，以爲「兵不在多，在於堪戰」㊷，可以稱爲的論。

謫充軍到了衞所到底都作了些什麼營生，由下面的例子也可以窺知。「皇明經世文編」卷二二，「周文襄公集㊸」「與行在戶部諸公書」：

> 蘇松奇技工巧者多，所至之處，屠沽販賣，莫不能之。故其為事之人，充軍於中外衞所者，輙誘鄉里貧民為之餘丁。……且如淮安二衞，蘇州充軍者不過數名，今者填街塞巷，開鋪買賣，皆軍人之家屬矣。……官府不問其來歷，里胥莫究其所從，由是軍囚之生計日盛，而南畝之農夫日以消矣。（史料六）

蘇州籍的充軍人犯，到了衞所仍是我行我素，不止照舊開鋪買賣，更招引鄉里貧民，隱占爲戶下餘丁，逃避差役。生意愈做愈大，衛所方面不過增加了些商販，對於國防軍備則沒有絲毫幫助。可是謫充軍一直都還占了明代衛軍中相當大的比例。明末幾次大臣建議許納銀自贖，都被朝廷拒絕。崇禎十五年（一六四二）雖一度准贖，又因天下已亂而未行㊹。可知到明亡爲止，謫發這一項是一直源源不斷地爲明朝提供了新的軍戶的。

第二節　垜集與抽籍

除了從征、歸附、謫發諸法之外，尚有從一般民戶中選拔壯丁爲軍的方法。「圖書編」將之稱作「籍選」，但不曾說明其內容㊺。關於此一抽選民戶丁壯爲軍的方法，歷來討論明代軍戶來源的學者都不曾錯過，唯對其名稱以及內容的解說，始終無法令人滿意。大體諸家均同意「垜集」法之存在，但是對於垜集施行的基準，則有丁和戶兩種不同的說法。主張以戶爲基準的有王毓銓氏，他將以丁爲基準的僉兵法另外稱作是「抽籍」㊻。王說大抵爲中國學者所承認㊼，一時垜集與抽籍之相異幾乎成爲定說；可是到了近年，研究衛選簿頗有成就的明代軍制史家川越泰博氏又將二者視爲同法之異稱㊽。陳文石氏則雖亦將二者區分開來，但他引用來說明垜集的史料當中，却有一條是被其它學者引用以爲抽籍（陳氏將之稱爲「抽丁」）之例的㊾。垜集與抽籍意義究竟何在？下文擬先從「正名」入手。

雍正「廣東通志」卷二三，「兵防」「軍額」：

（洪武）三十五年，行垜集法。凡民戶三丁者垜集一兵。其二丁、一丁者輳為正、貼，二戶共垜一兵。其貼戶止一丁者免役。當軍之家免丁差役。（史料七）

是說明垜集法內容最詳細的一條史料。從這條史料可以窺知，垜集法是使民戶有三丁者出一丁爲軍，不足三丁者則合併數戶編成正、貼戶，使共同承當一名軍役。正軍戶與貼軍戶合力承担軍役，是使原本毫無關係的數戶因軍役問題而強制束縛在一起，因此垜集法中最值得重視的乃是戶與戶間的關係。王毓銓氏所謂「其法要點是集民戶三戶爲一垜集單位」[50]，可說是深中問題的要點的。

與此相對，鈴木正氏在「明初の點兵法」一文中雖然也提到明初點兵率中似乎同時存在著以戶爲對象和以丁爲對象的兩種，但又以爲丁數原則較戶數原則更能確實地把握住人丁；他並且舉出西魏與唐在府兵制度中將同一戶內有三丁者抽一丁充府兵的歷史事實，強調明初點兵率其實是繼承了中國歷史的傳統，而此一傳統的背後，正暗示了中國家族的大小、以及家族勞動力的最低基準[51]。鈴木氏所謂的垜集法，泛指明初的點兵法，而從該文其後的推論來看，可知重點無寧是放在以丁爲準的僉選法上的。這就是王氏所謂的「抽籍」。

「太祖實錄」卷二二〇，洪武二五年（一三九二）八月丁卯條：

上以山西大同等處宜立軍衛屯田守禦，乃諭宋國公馮勝、穎國公傅友德等曰：「屯田守邊，今之良法。而寓兵於農，亦古之令制。與其養兵以困民，曷若使民力耕而自衛。爾等宜往山西布政司集有司者老諭以朕意。」乃分命開國公常昇……往太原等府，閱民戶四丁以上者籍其一為軍，蠲其徭役，分隸各衞，赴大同等處開耕屯田。（史料八）

是抽籍法中一個典型的例子[52]。民戶有四丁以上者籍其一爲軍，至於不足四丁之戶是否也如垜集法一般輳數戶合充，則缺乏說明。我們很難斷言其必無，但是在參考其它以丁爲準僉民爲軍的史料以後，發現不管是以三丁爲準、三丁以上爲準，或是以四丁、四丁以上爲準，諸史料共通的特徵，都是只強調丁，而對戶與戶間的關係絲毫沒有觸及[53]。我們知道元朝在征服中原以後也曾從民戶中僉丁充軍，當時所採取的究竟是什麼方法呢？「元史」卷九八，「兵志」：

> 既平中原，發民為卒，是為漢軍。或以貧富為甲乙，戶出一人，曰獨戶軍，合二三而出一人，則為正戶軍，餘為貼戶軍。或以男丁論，嘗以二十丁出一卒，至元七年十丁出一卒。或以戶論，二十戶出一卒，而限年二十以上者充。士卒之家，為富商大賈，則又取一人，曰餘丁軍，至十五年免。或取匠為軍，曰匠軍。或取諸侯將校之子弟充軍，曰質子軍，又曰禿魯華軍。（史料九）

是丁與戶的兩個原則，都已經存在於元代。這條史料特別是讓我們了解到，鈴木正氏在中國歷史傳統中遍尋而不得其出處的垜集法，其實是根源於異民族王朝元代的制度的。

論到此，我們幾乎可以肯定「垜集」與「抽籍」是兩種不同的方法了。可是當我們查對過更多的史料以後，不免又生出一些新的疑慮，「抽籍」與「垜集」之間似乎有交集之處。例如前述山西太原等府洪武年間抽民爲軍的事例，到了正統年間，似乎又被稱作是垜集。「英宗實錄」卷一一三，正統九年（一四四四）二月壬辰條：

> 大同總兵官武進伯朱冕等奏：奉勅簡選驍勇頭目精銳軍士餘丁，已簡選外，其山西行都司

衛所軍多係平陽等府人，洪武間垛集充軍，更番應當，戶丁往來供送。若便拘入隊伍，非惟驚駭人心，抑且逼迫逃避。宜令各衛所勘實，有二十歲以上，果精銳者，造册在官，聽其照舊貼備正軍，應當別差，有警調用。從之。（史料一〇）

王氏將史料一〇與史料八分別列作垛集與抽籍之證據，他似乎未曾注意到二者在時間與地點上的相似，自然也沒有加以任何說明。陳氏則將二條史料看作對同一事件的說明，因此毫不猶豫的將史料八當作垛集法之一例。史料八與史料一〇確實同樣說的是平陽等府民人在洪武年間經簡選而被派往山西行都司屬下的各衛充軍，可是在史料八則謂「閱民戶四丁以上者籍其一爲軍」，在史料一〇則又明白標出「垛集」之名，這個問題要怎樣才能夠解釋呢？前文曾提到川越氏是主張垛集與抽籍同義的，讓我們利用他所根據的史料，做進一步的探討。

十三册衛選簿中直接使用到「垛集」或「垛充」等字眼的，筆者共檢出十一例，詳見註文㉑。其中平涼衛指揮僉事鄭表條與西安左衛左所實授百戶徐坤條，均是軍官爲事降充百戶，奉命管垛集軍的例子。兩人降調的衛所很巧的都在貴州都司，時間也都在洪武年間。三萬衛的二條都是女直人垛充軍的例子，時間大約都在洪武十七年（一三八四）左右。分配的衛所雖未明記，可推測是即三萬衛。十一條中垛集時間最早的見平涼衛後所副千戶邵泰條，始祖魏關住，南直隸無爲州人，吳元年被垛爲正戶。最晚的見鎮番衛指揮使劉蔯條，始祖劉伯諒，順天府永清縣人，洪武三十二年（一三九九）垛充義勇後衛後所總旗。剩下的五條都與山東有關，始祖出身地有四人是山東，一人是遼寧；分派衛所除一人不詳外，也都集中在山東都司。垛集時間分別是洪武元年、二年與四年（三例）。

表現抽籍法的「抽充」、「充」等字眼，則集中地出現在山西行都司屬下各衛，也就是玉林、雲川、鎮虜三衛。我們仔細比較各例，發現到一個共通的特徵。被使用到抽充、充等字的人，都出身於山西平陽府；他們且都在洪武二十五年被分配到山西行都司屬下的衛[55]。我們很容易的便聯想起前文所引史料八，再配合註[52]所引史料（因太過冗長，正文中只有割愛），這其間的關係就很明瞭了。玉林衛的抽充軍幾全是曲沃、翼城、絳縣的出身，乃是洪武二十五年會寧侯張溫、都督李勝籍軍的結果；雲川衛的抽充軍全是洪洞和浮山二縣的出身，此與宣寧侯曹泰、都督馬鑑籍軍建衛的記載一致；鎮虜衛的抽充軍除一人例外，其餘都是全寧侯孫恪當時籍軍的原班人馬。三衛合計有關的記事雖有上百條之多，却無一條提及正、貼戶之存在。相對的，十一條有關垜集軍的記事裡即有三條是指出正、貼戶關係的。我們雖不能由之即斷二者之異，但更不能以之說明二者之必同。川越氏的說法，其實是缺乏史料根據的。

衛選簿的這些資料，既不能提供更爲積極的證據，我們只有再回到實錄。這裡我們發現「太宗實錄」裡有一條頗爲耐人尋味的史料。同書卷三九，永樂三年（一四〇五）二月丁丑條：

> 巡按福建監察御史洪堪言十事。……其五曰：福建軍役，洪武中先以三戶垜集，正、貼輪當，後貼戶多抽入伍防倭，而又令輪當垜集之軍，是充兩役。乞勑兵部，今後充防倭者，戶丁聽繼本役。其垜集軍仍於正戶及不曾補役貼戶內取充。……上皆納焉。（史料一一）

可知福建一地在洪武年間先後施行了垜集法和抽籍法。第一次行垜集法時被編爲貼戶者，到第二次推行抽籍法時有些又被抽入衞所，而同時還保持著原有貼戶的身分，以致發生同時承當二役的現象。福建抽民丁入伍防倭的記載，見於實錄、明史、方志等多種史料，可以確定是指洪武二十年（一三八七）江夏侯周德興在福州、興化、漳州、泉州等沿海四府抽民戶有三丁者以一丁爲軍的事[56]。這裡出現一個問題，前文說到垜集法中的貼戶都是丁力單薄的戶，抽籍既是選「丁多者爲軍」[57]，何以會抽到貼戶的頭上呢？

從前引衞選簿的史料可以窺知，垜集法早在吳元年即已被舉行了。福建之行垜集因無史料證明無法確知其年代，不過如果假定亦在洪武初年，到周德興抽兵已有近二十年的光陰，這段時間是會使單丁戶變作三丁四丁的。這個說法如果還能成立，我們是不是可以用發生在福建的這種現象來解釋前引有關山西平陽等府的記事呢？這不是沒有可能的。事實上如下面這條史料也多少讓我們嗅到了其間的關係。「皇明經世文編」卷三五，「朱簡齋先生奏議[58]」「請補軍民册籍疏」：

> 臣近往太原等府、遼沁等州縣清理軍伍，為因各處軍民告訐軍役，要吊洪武初年原垛軍冊查理分豁。其各該官吏推稱年久，俱各無存，多被吏書更改作弊，將軍作民、民揑為軍，以致連年告訐，互相推調，空歇軍伍。乞各府州縣掌印官員查自洪武元年以來原造軍民籍冊，并節次原垛及抽丁等項軍冊到官，逐一點看，寫補修整完備。（史料一二）

是山西地方在洪武初年曾施行過垜集法，其後又（節次）行抽丁；原來垜集和後來抽丁的結果，都各別記入文册[59]。正統年間因年久弊生，册籍多被吏書塗改，朱鑑乃提議調出舊册，互相參照改正。

根據以上的分析，我們可以確定抽籍和垛集是兩種完全不同的選兵法。它們的相異處正如前文所指出，在於無關的各戶是否有因軍役被結合在一起？抽籍法早在西魏推行府兵制時即被採用，垛集法則要到了元代，才經蒙古人之手，加入中國的歷史傳統。弄清了這個事實，我們在追究明代軍戶，特別是垛集軍的性質時，就比較的可以掌握住它的實態了。以下擬就垛集軍的性質略作分析。

關於垛集法的內容，「明史」裡留下的記錄並不多。同書卷九二，「兵志四」說到：

> 明初，垛集令行，民出一丁為軍，衛所無缺伍，且有羨丁。……成祖卽位，遣給事等官分閱天下軍，重定垛集軍更代法。初，三丁已上，垛正軍一，別有貼戶，正軍死，貼戶丁補。至是，令正軍、貼戶更代，貼戶單丁者免；當軍家蠲其一丁徭。（史料一三）

意義其實是很模稜兩可的。「三丁已上，垛正軍一，別有貼戶」一語，固可如前引「廣東通志」的說法，解釋爲將不足三丁戶之二戶輳爲一正一貼；另一方面，我們未嘗不能將貼戶解釋作是用來貼補有三丁以上的正軍戶的。也就是說，以三丁以上戶爲正軍戶，不足三丁者則適宜地分配給這些正戶作貼戶。如此一來，負責分担一名軍役的可有兩戶三戶，各戶下的壯丁合起來就可能有四丁五丁了。到底是那一種說法較爲合理呢？筆者以爲兩種方法都是可能的。前引史料一一說到，福建軍役是以三戶垛充的[60]，朱元璋在「御製大誥續編」「逃軍第七十一」裡警告協助逃軍或明知而不首告者說：「你若不聽，便三家兩家垛一丁爲軍。」可以推知三戶還是兩戶並不是重要的問題。那麼，垛集軍的精神究竟何在呢？這裡讓我們舉一個垛集的實例來加以觀察。

「皇明經世文編」卷二〇，「黃忠宣文集61」「奉總兵官英國公」：

本處（廣西）土兵，首賊未就擒時，急于用人，許將各處人民聽役土官自行招集。而有司官謹于奉命，無敢有違。有狥情取占親戚者，有挾讐捉去書正吏卒者，有全縣之民俱被占取者，亦有一家父子兄弟各自充兵，及單丁貧窘自充一兵者。……因循苟且，至于今日。……必須再令都司、布政司官嚴督府州縣官，將原集土兵弁官下隱占家人、田奴盡行取勘見數，汰其老幼單弱者當民差，選其當實丁多者為兵役。先議合用若干衞所，應垜若干土兵，然後照數垜集。總小甲、千百長選管如例，每兵須以三丁共之。……仍造花名貫址文册，三司各收一本照證，按察司仍常委官點閘，不許廢弛，如此庶便。（史料一四）

這一條史料說的雖然是土兵62，但是垜集的方法還是很值得參考的。明朝平定安南是在永樂五年（一四〇七），在此之前，因爲軍事的急要，曾准廣西土官自行招兵，而有司官惟恐不及數，因此在招集時發生很大的弊端。有力者因緣避役，使親戚頂充己役；黠巧者藉機嫁禍仇人使充軍役。而無力者或一家被派數役，或單丁亦得充役。甚至有全縣之民都被占取充軍，以致出征者家業大爲荒廢，屯田者屢受催課壓迫，生活頓形艱苦。不得已紛紛逃亡，造成嚴重的社會經濟問題。黃福提案的重點，一在以三丁協力出一兵役，二則配合實際的需要，照數垜集，以免重蹈舊來濫徵的覆轍。目的在平均並減輕土民的兵役負擔，以保持軍、民間的平衡，換句話說，是同時確保了政府對軍役與民差的徵收。這裡我們必須注意的是「每兵須以三丁共之」一語，前面說到垜集法重視的是戶的原則，這裡却只強調丁，是不是前文的推論錯了呢？

其實不然。從史料中可以看出，單丁戶自充一兵曾造成很大的問題，因此黃福新案裡的三丁，一方面也可說是針對這個問題而做的改革。它可能是一戶三丁，也可能是輳數戶合爲三丁。再者，由於「照數垛集」的第二原則，我們也不難猜想到三丁的基準並不是很嚴格的。丁多之時或可一軍共以四丁、五丁，「三丁」無寧說是黃福所提示的最小限，也就是說，是當時欲使軍政、民政同時順利運營的最低標準。「吏文[63]」卷二，「逃軍邊都里哥等催督禮部咨」中所謂的「今思各人原係（東寧衛）五丁垛集士軍」[64]；「吏文輯覽」卷二，「原垛士軍」條下所註：「垛，集也。集聚五丁，以一丁爲一軍，餘四丁爲貼戶也。」正是這個意義。同樣是以丁爲基準，抽籍軍只從丁多之家抽一丁爲軍，垛集軍則不論丁多丁少，通併各戶，每輳成三、五丁，便編其一爲正軍戶，使其餘爲貼軍戶。當然，爲了區別正、貼，一組內各戶全是單丁戶也不是辦法，這時就要參酌戶數與所須軍數（以一衛五千六百人計算，視建衛的需要決定軍數），做最後的調整工作了。

這樣一來，將前述垛集的定義修正的結果，可知垛集法是配合當時軍政與民政的需要，以丁數爲基準，由數戶協力供辦軍役的方法。以數戶共充一役，他們在戶籍登記上、軍役繼承與分擔上究各擔任著何種脚色呢？

前引史料一二與史料一四都說到垛集之後要將垛軍的結果造册，史料一四將之稱爲「花名貫址文册」，由都布按三司各收一本以供對照查證。文册的內容至少包括了「祖戶姓名、原垛丁戶、充軍來歷、衞所、鄉貫」等等。所謂「原垛丁戶」，應是指垛集當時被指派爲同組之各丁及其所屬之戶。從衞選簿的記錄可以推知，正戶、貼戶的區別也應明白記入册中[65]。以備其後有丁老疾或逃故的情形，可供作爲僉丁補役的參考。

正、貼軍戶戶籍上的差異，由嘉靖「興國州志」也可以窺見其大概。興國州是湖廣布政司下的一州，屬武昌府[66]。其永樂八年（一四一〇）與嘉靖二十一年（一五四二）的戶口統計中開列的戶籍，就是明白的區分開軍戶與貼軍戶的。其目計有官戶[67]、軍戶、貼軍戶、醫戶、僧戶、道戶、雜役戶、匠戶、民戶等。值得注目的是軍戶、貼軍戶和民戶的比例。興國州永樂八年軍戶、貼軍戶總數占全人口的百分之九一·四，軍戶與貼軍戶比是一：〇。七五三；同年大冶縣軍戶和貼軍戶總數占全人戶的百分之八四·六，軍戶、貼軍戶比是一：〇·七九六；通山縣軍戶和貼軍戶總數占全人戶的百分之八一·五，軍戶、貼軍戶比爲一：〇·六三一。與此相較，民戶的比例非常之小，與國州項下甚至漏計（或根本沒有）民戶，大冶與通山則各占全人戶的百分之七與百分之七·二[68]。

有關記事見「太宗實錄」卷一五，洪武三五年（一四〇二）一二月壬戌條：

> 定垛集軍更代法。初衡州府耒陽縣民王丑保言：洪武中戶三丁已上垛正軍一名，別有貼戶。正軍病死，貼戶丁補役。今編黃冊，未審惟編正戶為軍或改編貼戶。命禮部會官議。禮部議奏，會議以正軍、貼戶造册，一如舊制。輪次更代，週而復始。若貼戶止有一丁者免之，當軍之家免一丁差役。從之。（史料一五）

可知到了建文四年（一四〇二）十二月，將正軍、貼戶之別明白記入黃册的制度已完全確立。提案者雖是湖廣籍人[69]，經由禮部議定以後的制度，不想而知是適用於全國各地的。

將正軍、貼戶登入册籍的目的，一如諸史料所指出，是爲了在更代時作爲僉丁的根據。由史料一三與史料一五可知，正、貼戶都有可能輪當到軍役。建文四年以前有關正、貼戶充役的規定，我們只在「大明會典」裡找到一條，是洪武二十四年（一三九一）發布的：「令垛集軍故，戶止一丁者，勾有丁貼戶起解。[70]」大概是明初垛集充役的正軍，到這時陸續面臨了交替的問題，於是決議正軍戶只一丁者由有丁貼戶補役。事實上在這個方法條規化以前，也就是洪武二十四年以前，正軍戶也是負有著較大的軍役義務的。前述衞選簿的記事裡有兩條就是正軍戶丁繼承病故父親的軍差而繼續充當軍役的[71]。當然，遇有正軍戶缺乏人丁的場合，貼軍戶也自然成爲繼承的人選。「平涼衞選簿」所見陳斌的一條，就是很好的例子。陳斌本是貼戶丁，洪武十九年（一三八六）正戶龍保兒病故，便以貼戶陳斌補充其役[72]。不過，無論如何在這一段期間裡正軍戶還是負擔了最大的任務的。建文四年更定垛集軍更代法，正、貼戶擔當軍役的機會較前是均等多了，但在單丁的時候，貼戶還是有優先免役之權[73]。這些都無非是爲了確保各戶民差的供應。另外有關正軍戶負擔減輕的問題，如果考慮到三十年來人口消長的問題，便也不難體會出明朝政府的苦心了。

這樣到了成化年間，垛集軍中因功陞官的人也有不少了，因陞官調衞而產生的空缺，常僉貼戶戶丁補足，而正戶陞官並不同於缺役，用貼戶補役其實是造成了重役。「南樞志」卷八九，「三戶共軍聽繼解補」（成化一三年，一四七七）：

三戶垛充軍士，正戶陞官，除已清解貼戶補役食糧年遠不動外，今後有此正戶陞官、差操

不缺者，將原衛軍伍住勾，其二三貼戶暫免起解，令其聽繼應當民差，以後本官設有事故，照舊解補原伍[74]。（史料一六）

就是針對重役情形所作的補救。惟貼戶在例前補役、支糧年久者不能即時放免，爲將來開了一個混亂之源，又是不能看過的。

單丁正、貼戶的免役當與前文所述垛集法對民政上的配慮有關。軍役固然重要，但若因此影響到民差的供應，也是不受歡迎的。關於此點，我們還可舉出下條史料作爲證據。「太宗實錄」卷一五，洪武三五年一二月壬申條：

戶部尚書掌北平布政司事郭資奏：北平、保定、永平三府之民，初以垛集充軍，隨征有功者已在爵賞中矣；其力弱守城者病亡相繼，輒取戶丁補役，故民人衰耗，甚至戶絕，田土荒蕪。今宜令在伍者籍記其名，放還耕種，俟有警急，仍復徵用。其幼小記錄者乞削其軍籍，俾應民差。從之[75]。（史料一七）

便很清楚的告訴我們垛集軍的特殊性。明代對戶籍的規定非常嚴格，一經入籍，永世不得改變；通說以爲軍籍者除非陞至兵部尚書，否則是不能脫籍的[76]。可是垛集軍就不同了。因爲它是順應一時軍事上的需要，從民戶中抽丁爲軍而成；當軍役的實行影響到民差的辦納時，政府就必須在二者之間作一取捨。或將軍籍改作民籍，或任憑民業荒廢。單丁戶的免役可說是這兩種方法的中間策，除一方面可達保持軍役的目的外，另一方面也做適度的讓步，使單丁戶不至因此荒棄家業，造成民政的損失。

垜軍更代的原則雖是在正軍死後才由貼戶更替，但實際上施行之際，常發生彼此推卸的現象。結果是正軍、貼戶戶下各丁一年一更[77]，更有人利用此一正、貼更代的原則，隨補隨逃。衞所在發册清勾時只勾其次應輪充役的戶，逃走的正戶（貼戶）軍丁，便可因此獲得免役的實惠[78]。結果「在役者不過消遣，月日未滿即逃，連年勾擾，軍伍久空」[79]。政府的對策是在三戶內選定壯丁一名[80]，帶領妻小常駐衞所操練，「而以其二戶供送。至二十餘年，乃於二戶內選一以代」，他戶供給的情形「亦如之」[81]。

關於正軍、貼戶減免徭役的規定，除史料一三和史料一五所稱「當軍之家免一丁差役」外，洪武七年（一三七四）尚有對其土地免除雜泛差役的規定。洪武七年以前正軍、貼戶是全免雜泛的，可是到了洪武七年，由於山東地方軍地多民地少，「民之應役者力日殫」，遂改爲當軍正戶全免差役，貼軍戶則只免百畝以下，其百畝以外餘田，「計其數與民同役」[82]。山東地方的此一政策是否適用到全國，因缺乏史料，無法確認，可是有關軍田免役的規定，從此不再見於記載，其實態尚有待日後的研究。這裡只想指出：正軍戶全免差役固然是作爲其承應軍差的補償，貼戶免役則是因爲它雖然不須直接當軍，却須協助正軍，供給正軍在承應軍差時的各項費用。由前引史料可知，貼戶的供應並不經由政府之手，而是基於貼戶與正軍直接的接觸而舉行的。因交替繼承軍役和協力承當軍差而被緊密結合起來的正戶和貼戶，彼此間既缺乏血緣的連繫，單是憑「法」究竟又有多大力量能維持關係於長久呢？前文提到垜集法是源諸元代正軍、貼戶制，讓我們回顧一下元代的正軍、貼戶制度，看看這一制度在元代是在何種情況下如何被引進了中國社會？又曾經面臨了何種問題？最後又係以何種形態殘存下來，而成爲朱元璋所繼承的元制之一的？

元代軍戶採用正軍、貼戶制的，只限於漢軍[83]。漢軍，箭內亙氏將之定義爲滅金以後收華北漢人而成立的軍隊[84]。可是在滅金以前曾經協助元朝對抗金朝的華北漢人世侯集團的軍隊，不用說也是屬於漢軍一類的。太宗元年（一二二九），金朝已近崩滅，蒙古政權爲了加強對屬下漢地的統治，並推行賦役制度，採用耶律楚材的建議，設定了「合戶制度」。其法是將貧富不等的數戶合併爲一個納稅的單位，課稅之際則由每一單位提供同額的賦役[85]。這一方面是因爲顧慮到漢人社會貧富差距甚大的現象，將各戶編成均一的單位，在徵收上可減少很多手續；一方面也趁此機會將漢人社會重加編組，欲加強中央集權國家統治的力量[86]。耶律楚材的這個方法，雖能一時緩和住蒙古大汗欲對漢人社會也施行「以丁納稅」的要求，但對私有制度發達的漢人社會來說，無寧是違反時代潮流的。太宗七年（一二三五）編定乙未年籍的時候已不再採用，可是軍戶因爲需要「自辦軍費」，爲了確保軍役的承應，丁力不足的人戶猜想是仍然保留了若干合戶制度的原則的[87]。

太宗六年（一二三四）金朝滅亡，這以後元朝君主不斷的嘗試要征服南宋，而在侵略南宋的過程中，又多次舉行大規模的僉軍。其最初也許以獨戶軍爲原則[88]，從富強丁多有力上戶僉起。但到後來能達到這種標準的戶漸漸少了，自辦軍費的軍役對一般民戶來說成爲過重的負擔。於是借取以前施行合戶制的經驗，將數戶合併爲一戶，分定爲正軍戶與貼戶，協力供應一名軍差。至元八年（一二七一）制定戶例——戶籍法，將各路軍、民等戶按戶籍加以區分，又將軍戶按路攢報作成軍籍簿，同時也制定了有關軍戶的條例。其中說到「七十二萬正軍津貼戶」，是爲正軍、貼戶制的最終確立。這一年，離元朝統一中國還有八年[89]，元朝手下除了蒙古軍、探馬赤軍外，還有七十二萬戶的漢軍[90]。當然，一如史料九所指出，元代僉軍方法不止一端，七十二萬正軍、貼戶中也不乏獨戶充軍者存在，當是不辯自明的。

這種合數戶充一役的制度，在平宋以後並未被推廣到江南。大島立子氏以爲這是因爲江南大土地所有制的發達，各戶間戶等的差距極大，如果再強制推行正軍、貼戶制度，將會打破南人生活的基礎，招惹極大的反抗。因此元朝雖也收南宋軍隊編爲新附軍，但維持南宋以來單戶充軍的原狀，軍人的生活費用且均由政府支給。正軍、貼戶制終於只局限於經濟較落後的華北地區。而元代藉徭役對漢人施行分離支配體制的崩潰，可說從這個違反時代潮流的制度中已窺見了一些端倪[91]。

綜合上述，我們不難理解，正軍、貼戶制的成立，人爲因素大於自然因素。也就是說，這個政策之所以能夠成立，大部是憑藉了異民族征服王朝從上而下的壓力，並且是在忽視中國社會結構的情況下被完成的。以此爲前提，再回頭來想想明代的情形，我們不覺發生兩個疑問：第一，明代垛集軍法雖說是在戰亂期應軍事需要不得已的方法，但作爲其社會經濟的背景，必有促使此一制度成爲可能的因素存在。第二，元代正軍、貼戶法只適用於華北，明代卻遍及浙閩湖廣，這又因爲什麼道理呢？

要解決這些問題之前，首先讓我們復習一下明代究竟有那些地方施行了垛集法。從前引諸史料可知，明代至少有山東、山西、遼東、陝西、南直、北直、浙江、福建、廣東、廣西、湖廣、貴州等地是曾經垛民爲軍，或分派有垛集來的軍隊的。從另一些記載也可窺知，垛集軍法推行的範圍相當廣泛[92]；唯這些史料的內容多失於粗泛，並不足以給我們任何更具體的印象。這裡沒有辦法將上舉各地在明初的生產力一一加以討論，不過，如衆所周知的，中國社會在元末因爲蒙古官僚的壓榨原本就已顯得疲弊不堪，經過元末明初的一場浩劫，更是大爲凋零。到朱元璋建國之際，中國的社會經濟幾可說是退回到了實物主義的自然經濟狀態。明代軍人雖有政府支給的月糧一石做爲生活費用，不像元朝漢軍一般全須自辦；但若軍裝盤費之屬，還是以自辦爲原則的[93]。這在經濟殘破的明初，想來也構成了人民的一大重荷，因此引進元代的正軍、貼戶制度，使當軍之戶可以稍減負擔。這對當時的中國社會說來，也許倒是最適切的方法也未可知。

也就是因爲這個緣故，明代正、貼戶制不止被用在軍戶，連灶戶也是由正、貼戶編成的[94]。灶戶如此，養馬戶如此[95]，連後期僉選民壯，有些地方也使用正、貼戶法合諸戶之力共充一役[96]。明初「均工夫法」不足一頃者合數戶出一夫[97]，不正也是此種精神的表現嗎？這麼說來，正、貼戶制到了明代，似乎又是以一種極其自然的姿態溶入了中國社會，這與上文所強調的來自異民族王朝統治者的人爲要因乍看大不調和，但若我們再將視點放在合數戶之力共當一差的一點時，便又不由得連想起王安石變法中以單丁、女戶出錢助役的免役法[98]。就這個意義來說，是在舊來中國的傳統中已經爲它舖下了一點成立的基礎。只是免役法中的各戶，將免役錢、助役錢交給政府，由政府雇人充役，各戶間沒有直接的、橫的連繫。垛集法下的正軍、貼戶制則至少在原則上是規定被編爲一組內各戶，須輪流由其中一戶充役，而由他戶協助供應費用的。這在自然經濟的社會，或許是確保徭役的不二法門，但當明代的社會經濟狀況漸趨回復，而終於朝向飛躍的發展時，也惟有改成銀納雇役的方法，才能維持其於不斷。常州民壯的正、貼戶制就是一個很好的例子[99]。至於食古不化的軍戶制度，因爲堅持舊來正、貼戶更代以及協力供辦的原則，早早便顯出破綻，如前文指出的屢逃屢補、形同空役的一點，便是一無法克服的難關。

以上是筆者對垛集軍法的一點淺見。因爲其它諸法都是中國傳統中固有的取兵法，惟有垛集較爲特殊，是自元代以來才出現的，因此略費篇幅簡單的介紹了垛集軍的性質。不過，一如筆者在最後所指出，正、貼戶制到了明代不僅限於軍戶，在許多其它有關役法的制度上也可看出；而如果將正軍、貼戶輪流充軍的一點置諸度外，光由合數戶應當軍役的一點來看，又與宋代的免役法相似。可是，正軍、貼戶每隔數十年便須交代充軍，輪空者除去分擔若干經費以外過的生活也與民戶無異，因此無形中有了半軍半民的特性，却又較民戶來得受約束。中期以後，貨幣經濟逐漸發展，軍役却不能順時改成銀納，仍一昧堅持輪充的原則，終於成爲明代衞所軍制的一大致命傷。

明代軍戶的來源大致就如上文所介紹。另外一如王毓銓氏所曾指出，元代的軍戶到了明代仍照樣被勒爲軍戶，這在第二章還會敍及，這裡從略。我們由此可以了解，明初選兵實有多途，要在認清它們的性質，否則徒由史料字面遽下判斷，是不能正確的加以分類的。

❶ 討論過這個問題的論文主要有如下數篇：㈠吳晗「明代的軍兵」（「中國社會經濟史集刊」五—二，一九三七。收入氏著「讀史劄記」，三聯書店，一九五六），㈡解毓才「明代衞所制度興衰考」（「說文月刊」二—九～一二，一九四〇、二一，一九四一、三。收入明史論叢「明代政治」，學生書局，一九六八），㈢鈴木正「明初の點兵法」（「史觀」三一，一九四四），㈣王毓銓「明代的軍戶」（「歷史研究」一九五九、八。收入氏著「明代的軍屯」，中華書局，一九六五），㈤川越泰博「明代海防體制の運營構造—創成期を中心に—」（「史學雜誌」八一—六，一九七二），㈥陳文石「明代衞所的軍」（「歷史語言研究所集刊」四十八本二分册，一九七七），㈦川越泰博「明代衞所官の都司職任用について—衞選簿を中心に—」（「中央大學紀要」史學科第二十四號，一九七九）。筆者之畢業論文完成於一九七七年六月，約與陳文石氏論文同時，題名「明代前期的世襲軍戶制度」，未發表。

❷ 有關朱元璋崛起過程的記述，參考了吳晗「朱元璋傳」（三聯書店，一九六五），第二章：紅軍大帥。下同。

❸ 「太祖實錄」卷一，癸巳年六月丙申朔條。

❹ 「太祖實錄」卷一，乙巳年八月辛卯條。

❺ 關於衞選簿的編成方法與意義，在本文第三章第三節中會詳細介紹，這裡從略。不過必須要指出的是，選簿的記事並不非常嚴密，例如由附錄二很明顯的可以看出，「抽充軍」有時是被略作「充軍」的，而使用到「充」字的，另外還有「垜充」、「收充」、「發充」等等。很難保證它們就不被簡稱為「充」的。這麼一來，單由一個「充」字就很難判斷該軍究是屬於何類。同樣的，

「從軍」一詞也有相同的問題，這在下文還會討論到。由此可以了解，我們使用衞選簿的資料，不能光由它的字面，必須經過詳細的比對分析，才可下斷言。

❻ 鈴木正氏在前引文註六舉下例作爲說明。「太祖實錄」卷二六，吳元年十月壬子條：「命放廣德府民義四百六十人歸農。初廣陽、建平等縣驗丁出兵，謂之民義，以守廣德。至是上聞其妨農，悉放罷之。」這條史料在正文中又一次被引用，由鈴木氏的解釋可知他誤讀了這條史料。史料中說到廣陽等縣的民義最初是「驗丁出兵」，也就是按丁數的比例抽取而成，後因妨農而得免。鈴木氏却解釋爲「使作爲義兵的民義歸農，再重新由驗丁出兵的方法編成地方守備軍。」更令筆者不解的是，他在註六中舉此史料是作爲明朝從征軍中有由募兵或自由意志而參加者的例證，可是稍後在正文中解釋這條史料時，又說這表示了「動盪之際會不分彼此的、強制性的使出義兵」。使人捉摸不清他對這條史料究竟抱着何種看法。還有他舉爲募兵法之一例的，如朱健「古今治平略」卷二五，「國朝兵制」：「初定州縣時，張赤白旗二，立之郊。下令曰：願爲吾兵者立赤旗下，願爲吾民者立白旗下，因著籍。而律嚴人戶以籍爲定之條。蓋軍、民遂分。」筆者對這條史料甚感興趣，但未加以採用。不採用的原因，第一是因爲這裡所說的取兵法祇限於新平定的州縣的人民，也就是歸附者。就筆者看來，無寧說劃入「歸附從軍」的一例比較適當。第二，我們知道，明代的戶籍不祇軍、民二類。史料中說經紅白旗所劃分出的軍、民，從此就固定爲其戶籍，這與我們一般的認識，也就是說，按照元代既有戶籍申報定籍（參見第二章）的概念相去太遠，令人輕易不敢採信。不過這條史料也並不是完全孤立的。例如筆者在「明文在」中找到的下條資料，就可讓人嗅到其中的一些氣息。同書卷八〇，王錫爵「明太僕寺寺丞歸公（有光）墓誌銘」：

「……縣有勾軍之令。每闕一人，自國初赤籍所注，一戶或數百人，及鄉保里甲人人詣縣對簿。」

「赤籍」的出典不詳，或許由立紅旗下而得名？未審其詳。謹附記於此。

❼ 參見解氏前引文，第二章第六節：軍士的來源、數目，和性質。

❽ 參見川越氏前引文（註❶—七）。「歸附從軍」的例子如「安東中護衛選簿」左所世襲百戶邵昂項下內黃查有：「邵英，和州人。有外祖父張三，乙未年於郡四總管歸附從軍。」「歸附」的例子如「西安左衞選簿」指揮使榮徵項下內黃查有：「……始祖榮勝，舊名姓武，丙申年歸附，壬寅年選充小旗。」「從軍」的例子又如同書衞鎮撫程尚華項下內黃查有：「程艮，甲午年從軍，丁酉年充總旗。」又參見本文註❺。

❾ 甲午年歸附者如十二・鄭資、三七・陳得興、五四・丁寬，乙未年歸附者有六：陶德、八六・朱野。以下依次是八一・劉興（丙申）、一九・黃禮（丁酉）、七五・成德（庚子）、一一・甘傺、二二・田勝（辛丑）、二八・施榮、五五・朱成、七七・廖清（癸卯）、二七・宋旺（甲辰）、二六・林成、四六・李成（丙午）、二九・丁賢、六八・徐成、九四・劉理（吳元年）、三二・花信（洪武九年）等。又二之把失塔於宣德三年來降，應亦列入此類。

❿ 「太祖實錄」卷三，乙未年五月丁亥條。

⓫ 「太祖實錄」卷四，丙申年三月辛巳朔條。

⓬ 「太祖實錄」卷四，丙申年三月庚寅條。

⓭ 「太祖實錄」卷一九，丙午年三月丙申條。

⓮ 「太祖實錄」卷二八下，吳元年十二月丁卯條。

⑮ 同註⑭。

⑯ 「明典章」洪武元年八月十一日詔。

⑰ 「太祖實錄」卷七四，洪武五年六月癸卯條。

⑱ 「太祖實錄」卷七六，洪武五年十一月己酉條。

⑲ 「太祖實錄」卷七七，洪武五年十二月辛巳條。

⑳ 「太祖實錄」卷七八，洪武六年正月乙巳條。

㉑ 「太祖實錄」卷八〇，洪武六年三月癸卯朔條。

㉒ 「太祖實錄」卷八三，洪武六年七月丁卯條。

㉓ 「太祖實錄」卷九一，洪武七年七月己丑條。

㉔ 參見陳氏前引文，一：衞所軍的來源。籍舡戶、屯田兵、蛋戶爲軍的例子分別見於「太祖實錄」卷七〇，洪武四年十二月丙戌條；卷一一八，洪武十一年四月辛未條；「明史」卷一二九，「趙庸傳」。這三個例子王毓銓氏將之分別列入歸附、其他、抽籍的三類。並在說明歸附類時用到「收籍」的字眼。與筆者所見不同。

㉕ 參見川越氏前引文（註❶—七），三：都司職任用的實態。川越氏利用衞選簿從事明代軍制史的研究，業蹟卓著，然而缺點在祇想用選簿的資料來解釋選簿，不參考其他文獻，因此造成許多類似的錯誤。

㉖ 歸附與收集不同，由下例亦可看出。康熙「杭州府志」卷一五，「兵防」「軍額」記杭州前衞、杭州右衞軍戶的來源，是將歸附、收集與垜集分開的。如杭州前衞軍五六〇〇人中，歸附從軍者

一九九二，收集充軍者一七九八，垜集充軍者一八一〇，很清楚的告訴我們三類是完全不同的。川越氏將收集與垜集當作一類（收集＝垜集），這在前面已經指出了。王氏雖引用了這條史料，却不對收集法加以任何解釋，且將筆者所舉諸例毫不猶豫的列入歸附項下（收集＝歸附）。這點是爲筆者所不能理解的。不過，由以上各項說明，相信大家已可了解，有關明代軍戶來源的史料雖然有限，諸家的解釋却有很大的出入。筆者以爲這是因爲受到本節所引史料一的限制，硬要將所有史料限定到從征、歸附等幾個有限的分類裡；而各人對史料理解程度又不同，因此各據一詞，令人有愈辨愈不明之感。其實明初選兵的方法極多，要之能夠了解其實態即可。至於分類，固不必侷限於從征等類。本文第一、二節標題所舉從征、歸附、謫發、垜集、抽籍等，也不過爲介紹舊說時方便起見，並不是說明代選兵法祇此五種。這是必須說明的。

㉗ 以上見「明史」卷九三，「刑法一」。

㉘ 「太祖實錄」卷二三二，洪武二七年四月癸酉條。

㉙ 見沈德符「萬曆野獲篇」卷一七，「恩軍」。

㉚ 參見「明史」卷九三，「刑法一」。

㉛ 關於主文、野牢子、直司等，可參考「御製大誥續篇」「松江逸民爲害第二」、同書「再明遊食第六」及「斷指誹謗第七十九」。

㉜ 見「諸司職掌」，「刑部」「司門科」「編發囚軍」。

㉝ 同註㉜。

㉞ 以軍職犯罪降充百戶者領謫發軍的記錄，如「寧夏中屯衛選簿」後所世襲百戶吳江項下：「二輩，

吳伯吉。舊選簿查有：洪武三十年二月，吳伯吉，泗州衛屯田前所故世襲百戶吳達親姪，叔爲事降試百戶，領恩軍。」這類記事都集中在洪武年間。

㉟ 見萬曆「溫州府志」卷六，「兵戎」「衞軍食糧則例」。明代衞軍月糧，通說以爲是一石。但由這條史料可知，其實是按其分擔工作、身份等而有所不同，且多不及一石。筆者對明代衞軍的經濟生活甚感興趣，將來有機會希望能作進一步的探討。這裡只舉出此條史料，作爲參考。

㊱ 「太祖實錄」卷二三六，洪武二八年正月庚子條。

㊲ 「太祖實錄」卷二四四，洪武二九年二月甲午條。

㊳ 「南樞志」卷九一，「遇革先逃仍勾補伍」（正德七年）。

㊴ 「南樞志」卷八九，「充軍給與開註戶繇」（弘治九年）。

㊵ 「太宗實錄」卷一六三，永樂一三年四月辛卯條。

㊶ 「皇明經世文編」卷二一，鄒緝「鄒席子奏疏」「奉天殿災疏」。

㊷ 參見「皇明名臣奏議」卷二，范濟「陳八事疏」（宣德元年）。

㊸ 周忱，吉水人。字恂如，謚文襄。永樂進士，官至工部尚書。「明史」卷一五三有傳。

㊹ 「明史」卷九三，「刑法一」。

㊺ 章潢「圖書編」卷一一七，「軍籍抽餘丁議」：「蓋國初之爲兵也，取之亦多途矣。有從征，有歸附，有謫發，有籍選。……籍選拔之編戶。」

㊻ 參見王毓銓前引書，頁二二四－二三〇。

㊼ 如韋慶遠「明代黃冊制度」（中華書局，一九六一），第二章第一節：軍黃冊和民黃冊的關係，

頁六〇，便是完全繼承了王氏的說法。

㊽ 參見川越氏前引文（註❶－七）及本章註㉕。川越氏最初討論到明代軍戶來源是在註❶－五所引文中，但僅在註裡提示了幾條史料，顯示出其想法尚未成熟。註❶－七則使用衞選簿的資料，明白指出垛集法又叫做收充、收集、選充、抽丁、抽充、充等。究其內容是「由民間一家五丁或三丁者徵一爲兵」（頁一〇〇和註⑲）。也就是說，川越氏雖未直接使用「抽籍」這個名詞，但他對垛集所下的定義，却很明顯的是指王氏所謂的「抽籍」。抽籍、垛集的內容詳下文。

㊾ 參見陳文石前引文。這條問題史料就是本文所引的史料八。詳見本文頁一一－一五。

㊿ 參見王毓銓前引書，頁二二八。史料七則是以二戶爲單位，其異同詳本文頁一六－一八。

(51) 參見鈴木正前引文，第六章第一節：「三丁取一丁」と「三丁以上取一丁」；和該文註一二。鈴木氏從歷史中找傳統，是研究制度史不可或缺的一道手續，可惜他完全忽視了元制對其後中國政治社會的影響。這裡並因爲後魏、唐、宋以來抽兵罕有以戶爲對象的一點理由，放棄了對戶數原則再作深論。不僅是鈴木氏犯了這個缺點，如王毓銓氏在討論明代軍戶來源時，雖能注意到明代軍戶中有大量是繼承元代的軍籍而仍爲軍者，但對元代軍戶的實態又不表示關心。有關元代的軍戶，日本學者有數篇力作頗值參考，下文還會介紹。筆者不揣淺陋，唯願能稍稍填補元、明史間的空白。又，本文借用鈴木氏的說法，以戶的原則和丁的原則區別垛集和抽籍，完全是爲敍述上的便利。由下文的分析也可知道，這種區分尚有商榷的餘地，參見本文頁一七－一八。

(52) 這一次抽籍的結果，見「太祖實錄」卷二二三，洪武二五年十二月壬申條：「宋國公馮勝等籍民兵還。先是，上遣勝等往太原、平陽選民丁立部伍，置衞屯田。至是還，以所籍之數奏之。鳳翔侯張龍、徽先伯桑敬籍平陸、夏縣、芮城三縣民丁爲一衞；定遠侯王弼籍臨汾、襄陵、蒲縣民丁爲一衞；宣寧侯曹泰、都督馬鑑籍洪洞、浮山二縣民丁爲一衞；會寧侯張溫、都督李勝籍曲沃、翼城、絳縣三縣民丁爲一衞；……全寧侯孫恪籍隰、吉二州及石樓、永和、太寧、河津四縣民丁爲一衞；……。」史料中雖稱「籍民兵還」，但所籍之兵既分入衞所，即爲正規之衞軍，與民兵不同。軍與兵的概念見吳晗前引文。

53 參照鈴木正前引文，第六章：明初の點兵法。爲避免重覆，不一一列舉。惟下文仍有論及者，將隨處揭出。

54 十一條的記事如下：一、「平涼衞選簿」指揮僉事鄭表條：「二輩鄭忠，舊選簿查有：洪武二十六年五月，鄭忠係威清衞（貴州都司）右所故百戶鄭資嫡長男。父原任副千戶，爲受賍容留年老總旗在伍，犯徒罪，降百戶，管垛集軍。」二、「西安左衞選簿」左所實授百戶徐坤條：「三輩徐勗，舊選簿查有：洪武二十七年十月徐勗係龍里衞（貴州都司）中所典刑百戶徐勉嫡長男。祖徐甲任所鎭撫，病故。父襲職，爲事調管垛集軍百戶。」三、「三萬衞選簿」指揮使佟國臣項下內黃查有：「佟國臣，女直人。始祖滿只，洪武十六年歸附。故，高祖荅剌哈垛集充軍。」四、「三萬衞選簿」指揮使裴承祖項下外黃查有：「裴牙失帖木兒，女直人。前店哈千戶所達魯花赤。洪武十七年垛充小旗。」五、「平涼衞選簿」後所副千戶邵泰項下外黃查有：「邵禮中，無爲州人（南直隸）。吳元年蒙沈指揮將正戶魏關住垛集充軍。……（洪武）二十八年正戶殘疾，禮中代役。」六、「鎭番衞選簿」指揮使劉陳項下外黃查有：「劉淵，永清縣（順天府）人。有父劉伯諒，洪武三十二年充義勇後衞（後府在京衞）後所總旗。」「二輩，劉淵，舊選簿查有：永樂二年四月，劉淵係義勇後衞後所副千戶劉伯諒嫡長男。父原係民，垜充總旗，節次陞進有功，歷陞前職，齊眉山陣陷。」七、「鎭虜衞選簿」指揮同知史元臣項下內黃查有：「史貴，年五十九歲，臨淄縣（山東）人。洪武元年垜集充軍。故。父史大補役。二年撥大興右衞前所。十八年貴代役。」八、「平涼衞選簿」中所實授百戶陳諫項下內黃查有：「陳斌，章丘縣（山東）人。洪武二年垜集，將正戶龍保兒充濟南衞（山東都司）軍。十九年病故，斌係貼戶，頂戶補役。」九、「雲川衞選簿」右所副千戶張一中項下內黃查有：「張榮，即墨縣（山東）人。洪武四年垜集，將正戶張端兒充膠州守禦千戶（山東都司）軍。五年調密雲衞中所。二十八年眼疾，取榮代役。」十、「安東中護衞選簿」群牧所實授百戶李鑾項下外黃查有：「李貴，青城縣（山東）人。父李小興兒洪武四年垜集土軍，選充濟南衞（山東都司）小旗。五年充總旗，十九年征進江西，病故。將兄李英兒併，將補役，仍充總旗。」十一、「玉林衞選簿」左所實授百戶王臣項下外黃查有：「王宣，高祖王興，海城縣（遼寧）人。洪武四年垜充平山衞（山東都司）軍。十四年奇功，陞府軍前衞中所總旗。二十二年陞羽林右衞前所世襲百戶，二十四年爲事充軍，二十五年復職。二十六年除玉林衞左所世襲百戶。永樂二年故。曾祖王禮係嫡長男，襲職。」一—十一是照正文敍述的順序編列的。十三冊選簿的數量相當龐大，筆者雖曾全部過目，但不能保證沒有缺漏，這是必須聲明的。

55 參見附錄二。關於抽充，選簿的記載頗不一致，有省略掉「抽」字，只稱「充軍」的。如果不仔細分辨，乍看會以爲是謫發充軍的用例。但參照諸人充軍的年代、出身籍貫以及分配的衞所，可知是對同一事之略稱。諸軍的籍貫，除去「年遠事故」者記事殘缺不全不計外，綜合三衞筆者所檢出的例子共有一百多條。其中除二例爲平遙縣（汾州府）、二例爲陽曲縣（太原府）人，其它都是平陽府出身者，且與註(55)所引史料完全吻合。再看看這些衛的成員，除去這些山西本地人外，尚包括了來自全國各地的軍人。他們可能是後來改調來的。因與本文論旨無關，暫且從略。

(56) 如「太祖實錄」卷一八一，洪武二〇年四月戊子條、「明史」卷九一，「兵志三」。同樣的記事又見嘉慶「惠安縣志」卷一八，「兵制」，但後者以爲抽丁是在周德興赴閩以前即已舉行，與實錄等說法不同。

(57) 「太祖實錄」卷二三三，洪武二七年六月甲午條。福建的抽籍充軍，參見註(56)；浙江方面則見於「太祖實錄」卷一八七，洪武二〇年十一月己丑條。這裡必須注意的是「土軍」一詞的用法。「明史」卷九一，「兵志三」有「土兵」一項，查其義是指邊境土著之民應募或被選編爲兵者。閩、浙位居中國沿海，也許是在這個意義上實錄卷二三三用到「土軍」一詞。可是同樣在「明史」「兵志二」或卷一三二，「周德興傳」裡，敍述到閩、浙此次籍民爲軍的事件，却是將之列入「民兵」的分類下的。我們知道，洪武二〇年閩浙選兵的結果，是編民爲衛所軍，與民兵之不隸衛所者，實應區別清楚。那麼何以「明史」裡會發生這種敍述上的混亂呢？梁方仲「明代的民兵」（「中國社會經濟史集刊」五一二，一九三七）一文，很清楚的指出這是因爲「當時又於衛所間錯置巡檢司，以民兵策應，這纔是眞正的民兵。」（頁二〇五）衛所間錯置巡檢司的記載參見註(56)實錄的記事。從這裡我們可以體會出，明代軍隊的來源非常複雜，即使是當時人或離明代不遠的人已不易分辨；後人論明代軍兵與民兵，津津於其間之差異，但若在引用史料之際不加注意，只憑一條史料倉促將之歸類，是很容易掉入陷阱的。前引梁方仲的文章便也不免於此弊；同頁他敍述到洪武二五年山西籍兵，只因「明史」卷一三三，「濮英傳」內有「洪武二十五年……令（濮璵）籍山西民兵」云云一語（參見該文註三），將之速斷爲民兵之類，又是非常失策的。還有如該文頁二〇六—二〇七引「明大政紀」，將建文四年十二月放還北平、保定、永平之民應募在伍者使耕種舊業的記載歸入民兵類，也有待商榷。這條史料出於實錄，見本節所引史料一七。文中很淸楚的指出他們是有軍籍的。梁氏是在短短數頁之中，犯了互相矛盾的錯誤。筆者以爲，明代「土軍」一詞雖是泛指邊境或沿海以土著爲軍者，但因充軍者的種族（漢族或邊境少數民族）、分配衞所的性質（實土衞所或非實土衞所）而略有不同。至於屬土官直接管轄，不分入衞所的，又應改稱「土兵」了。惟與本文目的甚遠，留待將來再詳加討論。

58 朱鑑，晉江人。字用明。舉鄉試，爲蒲圻教諭。尋擢御史，按行湖廣、廣東。正統中，至山西左參政。尋以土木之變，勤兵勤王事，遏南侵，陞山西巡撫。「明史」卷一七二有傳。

59 有關管理軍戶所用的册籍，詳見第二章。

60 其它以三戶垜充的記錄，尙見於「英宗實錄」卷三一六，天順四年六月庚申條；「憲宗實錄」卷一五三，成化一二年五月丁巳條；「孝宗實錄」卷一八〇，弘治一四年十月癸酉條等。英、孝宗實錄的記事，應同是指永樂間垜湖廣民充貴州衞軍的事。憲宗實錄惟稱「天下衞所」，其內容與本節所引史料一六同。又，根據此一前提，如「太祖實錄」卷六三，洪武四年閏三月庚申條謂：「命侍御史商暠往山東、北平收取故元五省八翼漢軍。暠至，按籍凡十四萬一百十五戶，每三戶令出一軍，分隸北平諸衞。」雖未用到垜集一詞，但三戶間如有正、貼關係存在，則應屬垜集一類。不詳，待考。

61 黃福，昌邑人。字如錫，號後樂翁，謚忠宣。太學生，官金吾前衞經歷。上書論國家大計，遷工部右侍郎。成祖時為尚書，鎮交阯，在任一九年，交人敬如父。初鎮交阯在永樂五年六月，時以工部尚書兼掌交阯布、按二司事。見「明史」卷三二一，「外國二」「安南」；卷一五四，「黃福傳」。

(62) 參見註(57)。筆者猜測史料前半出現的土兵，因屬土官管轄，性質比較單純；待平定交阯之後，在交阯設衛，因係將重新編選得的土兵納入衛所，似宜稱為「土軍」。

(63) 「吏文」是朝鮮人將明朝政府與李朝間往來文書編纂成書以供本國人學習吏文之用的。嘉靖一八年崔世珎為之作註，是為「吏文輯覽」。由於註中幾全用漢文，對吾人之欲了解明代的制度和各種專門用語有很大幫助。日人將之加註出版，是為「訓讀吏文（附）吏文輯覽」，前間恭作註，末松保和編，極東書店影印，一九六二。

(64) 有關東寧衛，參見「太祖實錄」卷一七八，洪武一九年七月癸亥條：「置東寧衛。初遼東都指揮使司以遼陽、高麗、女直來歸官民每五丁以一丁編為軍，立東寧、南京、海洋、草河、女直五千戶所分隸焉。至是從左軍都督耿忠之請，改置東寧衛。立左右中前後五所，以漢軍屬中所，命定遼前衛指揮僉事芮恭領之。」東寧等五所並見顧炎武「天下郡國利病書」第三冊，北直下。由此可知，東寧衛的土軍是包括漢人、高麗人和女直人的。

(65) 如註(54)所引史料五、八、九。

(66) 「明史」卷四四，「地理五」「湖廣」。

(67) 此處所謂官戶性質不詳。按明代有將「軍戶」中世襲為武官者稱作「官戶」的。見章潢「圖書編」卷一一七，「官軍戶說」：「官軍戶者，無是稱也，蓋自後世始。武階之家，嫡嗣職，孽受庇，於是稱官戶。」嘉靖「亳州志」卷一，「戶口」項下官軍戶，應即是官戶與軍戶的合稱。「興國州志」的官戶如是此一官戶，則下文所述該州及屬縣軍戶的比例將更大。茲列表如下：

地區	年代	官戶	軍戶 x	貼軍戶 y	小計 a	民戶	匠戶	雜役戶	醫戶	僧戶	道戶	總計 b	州志所記總數 c
興國州	永樂八年	一五	四三二二	三二五五	七五九二		九一	六〇〇	一	一	一	八二八六	九〇九二
大冶縣	永樂八年	八	一九九六	一五八八	三五九二	二二九八	三九	三〇六	一	一	〇	四二三七	四一五八
	嘉靖二一年		一三七一	一二七一	二六四二	七〇二	五八	二二〇				三六二二	
通山縣	永樂八年	九	四七四	二九九	七八二	六八	一〇	八八				九四八	九四七
	嘉靖二一年		四六一	二四六	七〇七	一三四	一	七一		六	一	九二〇	九三〇

這麼一來，永樂八年各地軍戶所占全人戶比，應改寫爲$\frac{a}{b}$＝九一・六%、八四・八%、八二・五%（正文所列爲$\frac{x+y}{b}$）。興國州項下沒有民戶，但其b、c值相差八〇六，與其它各項比較，差額太大，可能是因爲漏寫民戶一項引起的結果。這一條史料裡平均正戶一戶分不到一戶貼戶，可知與註60三戶垛充一軍原則不同（三戶垛軍，貼戶數應爲正戶二倍），無寧是與「廣東通志」（史料七）裡的原則有關。與此相對，抽籍法下的軍、民戶比例又如何呢？嘉慶「惠安縣志」裡也爲我們留下一個記錄，是嘉靖元年惠安縣的人口統計，見該書「嘉靖志」卷一二「戶口田賦」。總戶數四五四九戶中民戶二八三三戶，軍戶一三六八戶，戶口統計之後載有襄惠公之論，謂「吾

觀版籍軍民戶額，軍戶幾三之一，其丁口幾半於民籍，噫何其多也。國初患尺籍不足，三丁一抽，有犯者輒編入戎伍，至父子兄弟不能相免也。」當然，一如文中所指出，惠安軍戶除抽籍充軍者外尙有謫充者在，但是儘管如此，軍戶總數尙不及民戶之半。可以想見明初抽籍之時三丁以上戶並不太多。這和施行垜集法的湖廣地區軍戶占了壓倒性多數的情形大不相同，也可用來說明二法之相異。

68 參見註67。

69 王丑保可能是負責編冊的基層人員——里老。參照第二章第二節，頁七四。

70 「大明會典」卷一五四，「軍政一」「勾補」。

71 正軍戶下不止一丁時，續由正軍戶補役，此由註54所引史料七、九、一〇可知。

72 參見註54所引史料八。

73 不用說，單丁貼戶免充軍役，並不是說軍役就因此輪空。遇有此種情況，當是由其它貼戶或正戶遞補充役，被免役的貼戶仍如前出資供役。

74 這條史料令人覺得不解之處，是在陞官者本人事故後，將貼戶照舊解補原伍的一點。明代武官有世官、流官之分，世官子孫是世世代代繼承其官職的。如果該正戶所陞官是世官，本人事故，即有子孫補役，並不妨礙所謂「差操不缺」的原則，何須再勾取貼戶丁補役？同樣的，貼戶陞官者子孫亦世襲其官，如註54所引史料五、八的二例就是。如果所陞爲流官，流官不世襲，待本人事故，所缺軍役由貼戶補足，則尙可想像。流官與世官的問題參見第三章第一節，頁一四六、及註24。又，貼戶陞官，子孫承襲者，正戶和其它貼戶是否亦「暫免起解，令其聽繼應當民差」？史料雖未說明，但猜想應該是相同的。

75 參照註57對梁方仲氏的批判。

76 「明史」卷九二，「兵志四」「清理軍伍」：「戶有軍籍，必仕至兵部尚書始得除。」以吳晗爲首，所有討論到軍籍的人，都引用此說。

77 「孝宗實錄」卷一八〇，弘治一四年十月癸酉條。

78 「英宗實錄」卷三一六，天順四年六月庚申條。

79 「南樞志」卷八九，「軍士戶丁不許輪替」（正統元年）。文中所謂抽垛，指抽丁與垛集，參見「大明會典」卷一五四，「軍政一」「勾補」正統元年條。

80 同註77。

81 同註77。註79「軍士戶丁不許輪替」別無二十年的限制，要待老疾才得替補。可能因時因地，規定略有不同。

82 「太祖實錄」卷八九，洪武七年五月壬午條。

83 正軍、貼戶制只實施於漢軍之間，可參考太田彌一郎「元代の漢軍戶とその農業生產」（「集刊東洋學」三一，一九七四）。關於此點，村上正二氏在「元朝兵制史上における奧魯の 制 度」（「東洋學報」三〇—三，一九四三）中的見解是大不相同的。他以爲正軍、貼戶制度其實是來自蒙古社會「家族共同體」的社會形態。因此是施行於蒙古軍與漢軍間最普遍的制度。他並且以元朝軍制中的「奧魯制度」來說明蒙古軍制對元代的影響。根據村上氏的理解，正軍、貼戶制才是元代軍制的主流；江南的新附軍因不見此制之施行，只能算作「雜軍」，而非「正規的軍戶」。

軍戶是奧魯的基本單位；奧魯制在軍制上的意義，便是維持這些由正、貼軍戶所組成的家族共同體體制，並管理其機能。正軍戶代表軍戶之全體，管理共有地之所有權，是即「家族共同體」的家長。正軍、貼戶同屬一戶籍，共有一定的土地，然而彼此間的關係是根據法制作成的人爲關係。村上氏的說法對筆者來說是非常有衝擊性和暗示性的，可是却受到岩村忍氏的痛擊。參見岩村忍「モンゴル社會經濟史の研究」（東大出版會，一九六八），第三章：兵員の補充と物資の補給，註五。根據岩村氏的說明，村上說的形成似乎完全是基於對史料的誤讀與妄解，筆者個人對元代特別是蒙古漠北時期的生活狀況缺乏了解，又不曾深入接觸元代的史料，不能遽下斷言。這裡所以未採村上說法，是因爲至少就岩村氏在該文註五中所批判的各點來說，批判者尙有若干說服力的緣故。可是如村上氏所指出奧魯與萬戶間的關係、正軍與貼戶間的關係等問題，却不能不喚起吾人之注意。明代衞所與原籍相隔極遠，是後來促使軍士逃亡的一大要因，這與起源於蒙古遊牧社會的奧魯制度，是不是有些什麼傳承上的關連？衞所軍人與原籍戶丁之間，因爲軍裝供應、繼承代役等問題，經常保持著直接的連繫，這又與元代奧魯、萬戶間的關係一致。可惜的是，以後探討元代軍戶的學者，常避開村上氏的說法，不從正面加以討論。因此在說明正軍、貼戶制度的起源時，常令人覺得哪裡缺了一點什麼，不知該如何補足。筆者力不從心，這裡姑且採太田氏說（是爲岩村說的繼承）。前所舉者，只有留作日後的課題。又，下文有關元代軍戶、稅制等的敍述，參考了愛宕松男㈠「蒙古人政權治下の漢地に於ける版籍の問題－特に乙未年籍、壬子年籍及び至元七年籍を中心として－」（「羽田博士頌壽記念東洋史論叢」，一九五〇），㈡「元朝稅制考－稅糧と科差について－」（「東洋史研究」二三－四，一九六五），大島立子「元朝漢

民族支配の一考察—軍戶を中心として—」（「史論」二三，一九七一）等文。下文非有必要，不另外指出。

84 參見氏著「元代の官制と兵制」（「滿鮮地理歷史研究報告」八，一九二一）。

85 結果將七三萬餘戶合併爲二十萬個稅戶，每一稅戶須交納粟二石以充稅糧。參見愛宕氏前引論文二，頁七。

86 見大島立子前引文，頁一七—一八。

87 有關正軍、貼戶制與合戶制的關係及與中國社會的矛盾等問題，本文大體採用了大島氏的說法，但如太田氏前引文，無寧說是反對正軍、貼戶制與合戶制有直接傳承關係的。太田氏以爲，至少在太祖、太宗朝，蒙古大汗主要是以抗金漢人的自衞集團降元者爲軍的，由民戶中僉軍者甚少。滅金以後多次僉軍，最初也是遵守「漢人田四頃、人三丁者僉一軍」的規定，以獨戶軍爲主流。當時華北農民平均的土地所有面積雖不詳，但若大島氏的推論沒有錯誤，則普通皆不過一頃前後，在大量僉軍而且要求以中戶爲軍（富者不充軍）的時代，四頃的標準當是很難達成的。這裡我們不難聯想起明初軍田三頃以下可以免役的規定，這三頃的標準又是根據什麼條件作出來的呢？因爲史料的限制，明初的中國社會除了凋零破敗等形容詞外很少具體的數字性的陳述。筆者學疏力淺，這些疑問都只有留待將來再詳加研究。

88 參見註87。

89 至元十六年，即南宋祥興二年（一二七九年），帝昺投海自盡，南宋亡。

90 參見太田彌一郎前引文，頁一六二—一六三。村上氏將之設定爲蒙古軍與漢軍的總數，但史料中既已指出係正軍、貼戶之數，村上氏對蒙古軍亦採正、貼戶制的說法又有可疑之處，姑從太田說。

(91) 參見大島氏前引文，頁二四—二五。

(92) 如章潢「圖書編」卷一一七，「議隨里甲以編民兵」謂：「國初衞軍，籍充、垜集，大縣至數千名。分發天下衞所，多至百餘衞、數千里之遠者。」籍充應即是本文所論的抽籍。由抽籍、垜集所獲得的軍人，大縣甚至一縣內即達數千名。下文所稱「分發天下衞所，多至百餘衞」者，語意不明，可有兩個解釋。一是同縣內抽垜爲軍者被分配到百餘不同的衞，二是全國各地抽垜爲軍者分配之衞合計共百餘。後者有可能是將某地抽垜來的軍人集中分派到某一衞所的。衞選簿中有軍官被謫爲百戶管垜集軍的記錄（見註(54)所引史料（一、二）），可見垜集軍有可能是以百戶爲單位集中被管轄的。山西的抽籍軍集中被分派到山西行都司下各衞，貴州都司的垜集軍全爲湖廣人民，這些在前文也都多少觸及。又加之抽籍、垜集法又常與土軍有關，因此筆者以爲，從民戶中抽垜爲軍的方法，原則上應該是派遣到在原籍附近的各衞，以後因爲犯罪改調等事項，垜集軍的蹤跡也隨之遍布到全國。因爲缺乏有力的證據，只有存疑。

(93) 參考本文第二章第一、二節。

(94) 「明史」卷七八，「食貨二」「賦役」「役法」：「竈戶有上、中、下三等。每一正丁貼以餘丁。上、中戶丁力多，或貼二三丁，下戶概予優免。」參見和田清「明史食貨志訳註」（東洋文庫，一九五七），「役法」，註六〇五、六二七、六二八等。根據該書註六〇五，明代的役有些是有頭戶（或正戶）、貼戶之別的。正戶實際服徭役，貼戶協助正戶，支辦費用。註中引用崇禎「元氏縣志」，但未說明是那些役。山根幸夫「明代徭役制度の展開」（東京女子大學學會，一九六六），頁一一一引用此條，以爲是均徭役。

95 參見谷光隆「明代馬政の研究」（京大東洋史研究會，一九七二），第二篇第二章第四節：倒損虧欠と賠償の責任，頁一八七。馬頭戶以上戶充之，負有養種馬的義務，貼戶則以中戶充之，負責支辦草料、分擔賠償。

96 如嘉靖「亳州志」卷一，「田賦考」「民壯」條，可知亳州到嘉靖八年爲止，在僉取民壯時是導用過正、貼戶制的。又由嘉靖「潁州志」卷下，「兵防」「民壯」條可知，亳、潁二州情形正相反。潁州初以上戶充役，因上戶勾結里老胥吏避役，差事都落到下戶頭上，因此李宜春建議引進正、貼戶法，根據戶等高下，使各戶均平負擔。由於以戶等高下定正、貼戶，貼戶又只要出銀，筆者推斷李宜春理想中的正、貼戶制，不過是政府文書作業上的問題，並不須指定那些貼戶是須供應那一正戶。這與王安石的助役法更相似了。惟宋之助役，同時也施行免役，上戶亦只出貲而不親自赴役；明代則由正戶者任役，是最大的不同。又，驛傳之役中亦有正、貼戶制，參見山根幸夫前引書，頁一六七。是於各種雜役均曾採用過正、貼戶制。唯推行範圍不詳。

97 「明史」卷七八，「食貨二」「賦役」：「役法定於洪武元年。田一頃出丁夫一人，不及頃者以他田足之，名曰均工夫。」

98 參見註96。

99 康熙「常州府志」卷六，「兵禦」「額兵」條。是按丁力、田力分別正、貼，各出銀雇役。民壯的正、貼戶制與銀納化，參照山根幸夫前引書，頁一六二—一六四。

第二章　軍户的世襲與清軍

軍戶制度的最大特徵，不用說就是將軍人用戶籍固定起來，使其世代當軍，永遠成爲明代軍隊的中堅。「明史」「食貨志」謂：「凡軍、匠、竈戶，役皆永充」❶，「畢以其業著籍」❷，就是這個意義。將特殊身分的人孤立其社會關係，立爲特殊戶計的情形，在中國的傳統中雖亦不難發現；但是將所有人民按其職業全部以戶籍統治的方法，則開始於元朝❸。明初繼承了這個系統，「大明會典」卷一九，「戶口」「凡立戶收籍」❹：

> 洪武二年令，凡各處漏口脫戶之人，許赴所在官司出首，與免本罪，收籍當差。凡軍、民、醫、匠、陰陽諸色戶，許各以原報抄籍為定，不許妄行變亂，違者治罪，仍從原籍。（史料一八）

說明了明代不但繼承了元代的戶計制度，甚至還讓各戶維持了元代原有的戶籍❺。從「漏口脫戶」一詞可以窺知，洪武二年（一三六九）以前明朝即爲戶口統制施行過某種措施，但以戰亂災傷等故，無法掌握住所有的人口。這種情形並且持續了相當長久，同時因戰爭元代原有的戶籍册已大部毀損，因此對舊有戶口版籍的收集，也就成爲明初政府的一項急不可緩的作業。「明典章」洪武元年（一三六八）十月詔：「戶口版籍應用典故文字，已令總兵官收拾，其或迷失散在軍民之間者，許令官司送納」，就是一個明證。

明朝成立以後最初的一次全國性大規模戶口普查，似乎是在洪武三年（一三七〇）。是年「詔戶部籍天下戶口及置戶帖，各書戶之鄉貫丁口名歲。以字號編爲勘合，用半印鈐記。籍藏於部，帖給於民。令有司點閘比對，有不合者發充軍，官司隱瞞者處斬」。開始普查之前，並對脫漏人戶下了一道最後通牒，要求「凡有未占籍而不應役者許自首。軍發衞所，民歸有司，匠隸工部」❻。因此我們可以推知，洪武三年戶帖成立之際，軍、民、匠等籍也已大致確定。雖然根據韋慶遠氏的說法，戶帖上因爲不像黃册一般逐一標明了各戶之軍、民、匠籍，因之無法起到與黃册同樣的作用，「用來檢查和管理各類人戶」❼，但是這並不能就作爲我們以爲明代在這時缺乏對各戶籍之管理的證據。徐禎卿「翦勝野聞」謂：

太祖於後湖中築一臺以藏天下兵册，避火災也。築屢潰，乃命晨所誅髑髏為基，其臺卽就。此洪武三年事也。（史料一九）

是在編造戶帖戶籍的同年，也編成了軍册。遺憾的是相關記錄不見於實錄或其它正史，使我們無法確定編兵册與戶口普查的關係。不過至少有一點可以指出的是，至遲到了洪武三年，即使明朝對管下戶口的統治還不夠充分，可是所有登入戶帖的人戶也同時有了明確的戶籍。也因此，洪武三年以後我們雖然還陸續可以看到收故元遺民爲軍，或以元末群雄所領兵爲軍的記錄，但是這些都是應特殊的需要，由政府主動出面收集，以補軍隊之不足的❽。至於民間若有「以陳氏、張氏之軍相告者禁之，雖已告者亦免取」❾，是對已經確定的戶籍給與相當的保障。表面看來雖然像是違反了所謂以歸附爲軍的原則，但由之也正暗示了我們：爲了維持一個安定的統治，與其斤斤計較於收歸附爲軍，不如承認既成的現狀，將各種戶籍先固定起來，以備將來能世代不斷的供役。軍役方面如果實感不足，尙可採用垜集、抽籍之法，從民戶中抽取。固無必要因小民間的仇怨妄訴而毀掉立於千辛萬苦之戶籍制度也[10]。

不過，也正如韋氏所指出，明代一直要到洪武十四年（一三八一）成立黃册制度以後，才將各種的人戶戶籍置於同一系統的管理下[11]。「續文獻通考」卷二〇，「戶口考」「册籍」：

> 天下府州縣戶口隨田土創編黃册，分豁上、中、下三等。立軍、民、竈、匠等籍，使因以受役之輕重，而不盡人之力也。（史料二〇）

讓我們更深一層的了解到「籍」與「役」間的關係，並且體認出明代用「册籍」控制住「籍」，進而掌握住「役」的統治形態。我們知道，明代的軍隊平時都是集中在各個衞所的，衞所與軍士的原籍又時常相隔得極遠[12]。軍戶雖然有負担軍役的義務，但並非家族全員都被派作軍人，理論上是以一戶一丁爲原則的[13]。當在衞所之軍丁遇有逃故老疾不能負担軍役的情形時，如何勾取戶內他丁或逃軍本身補役是維持軍戶世襲的關鍵所在；而明代爲了鞏固其中央集權專制國家的統治，如何藉軍戶制度把握住軍隊的來源，是筆者最感關心的問題。本章擬就明代對軍戶的掌握，從册籍、淸勾等面加以分析[14]。

第一節 明前期的軍戶

明初對於軍戶（籍）的管理似乎缺乏一套完整的計劃，這由實錄中有關記載的缺乏也可查知。實錄中所見最早的一條記錄，繫於洪武十六年（一三八三）九月，「是月，命給事中潘庸等及國子生、各衞舍人，分行天下都司衞所清理軍籍」[15]，時距第一次黃册的編定只有兩年。僅只兩年的光陰，何以須派人如此大規模的清理，理由雖然不詳，但是據「明史」「兵志」可知，當時曾因缺伍士卒太多，由五軍都督府發令在外各衞，要求速逮歸伍。我們知道明代自創成期即有軍士逃亡的現象，到洪武三年，爲數已達四萬七千九百餘，政府雖一再嚴法懲戒，但是總不能抑止[15]。另一方面，現役軍人因戰爭傷亡或病故老疾需要交代的例子也愈來愈多，後繼者的勾補以及逃軍的根補乃成爲兵部的兩大作業。「太祖實錄」卷一四七，洪武十五年（一三八二）八月癸巳條：

> 遣使勅諭平山衞指揮使司曰：近東昌府奏言：平山衞遣軍三百餘人，歷郡縣，追逮軍役，凡民家養子贅壻悉被拘繫。夫朝廷軍伍之制，有應補者當明移文取之。今不上稟朝廷而妄自遣軍，徧擾吾民，可謂無法矣。勅至，其指揮陳鏞親率幕官至京，具陳其由。（史料二一）

顯示出當時勾補軍役時混亂的狀況。朝廷雖然規定衞所在缺軍時，應移文取得明示後再派軍出去勾取，但實際上有不經上報便擅自遣軍四出勾補的。並且勾及民家養子贅婿，混亂軍民戶籍。洪武十六年的清理軍籍，猜想便是記取了這次的教訓，爲求在清勾時不止能掌握住逃軍的去向，並且避免以民爲軍、以軍作民的弊端而舉行的。

清理的結果究竟如何，因爲史料的缺乏不得而知。但是就在次年，明朝又因勾軍擾民被迫改變了原有的體制。「太祖實錄」卷一六四，洪武一七年（一三八四）八月己巳條：

> 兵部尚書俞綸言：五府十衛軍士亡故者，皆遣人於舊貫取丁補伍。間有戶絕丁盡而冒取同姓名者，或取其同姓之親者，致民被擾，不安田里。自今乞從有司覈實發補，府衛不必遣人。上從之，令見差者悉召還京。（史料二二）

由於五軍都督府、親軍各衛派人勾軍，常會因妄意得軍，將同姓或同姓之親用以補絕戶軍之軍役，擾害到人民不能安於生業，遂改由有司官吏審核之後再行發補，意圖有司官吏能站在民戶的立場，減少變亂版籍的宿弊。

可是不到四年的工夫，新的問題又產生了。派出勾補逃軍的司府州縣官玩法怠惰，「俱無回報，是致軍伍久闕」。而且不但舊來以同姓塘塞的問題沒有解決，甚至公開收賄賣放正軍的惡例也出現了⑰。不論由衛所直接差人勾軍，或是經由有司覈實發補，弊端都不能稍免，明朝面臨此一難局，遂下決心由整頓軍戶戶籍著手。「太祖實錄」卷一九三，洪武二一年（一三八八）八月戊戌條：

> 上以內外衛所軍伍有缺，遣人追取戶丁，往往鬻法，且又騷動於民。乃詔自今衛所以亡故軍士姓名鄉貫編成圖籍送兵部，然後照籍移文取之。毋擅遣人，違者坐罪。尋又詔天下郡縣以軍戶類造為冊，具載其丁口之數。如遇取丁補伍，有司按籍遣之，無丁者止。自是無

詐冒不實、役及親屬同姓者矣。（史料二三）

可知經過明初的挫敗，明朝政府首先企圖是用册籍來掌握住所有的軍士。洪武二十一年八月下詔編成的册籍，計可分作二類。其一記載了亡故軍士的姓名、鄉貫，由衞所編造後送兵部轉發清勾，可稱作「清勾册」。另一則包括了天下郡縣所有軍戶及其丁口之數，由各府州縣編造，可稱作「軍戶戶口册」⑱。衞所勾軍，先造册送兵部立案，兵部在收到各衞送來的清勾册後，即按各軍之原籍移文各該有司，有司查照軍戶戶口册，遣丁補伍。如戶口册內記載無丁，應立即停止清勾。這種衞所——兵部——州縣三方的連繫，似乎發生了若干的效果，一時之間，那些詐冒不實或勾取親屬同姓的弊端，似乎都消去了踪影。同年兵部又設置了所謂的「軍籍勘合」，遣人分給內外衞所軍士，謂之勘合戶由。其中開寫從軍來歷、補調衞所年月、及在營丁口之數，可說是在營軍全戶的戶籍謄本。勘合的底簿藏於內府，戶由則交軍人收執，作爲點閱時查驗之用⑲。

這一套體制一直到宣德年間都沒有什麼大變化。宣德年間以御史、給事中清軍，成立軍政條例，是清軍史上的一個大事件，我們在下節還會詳細討論。這裡首先想要說明的是，自洪武二十一年成立清勾等册到宣德年間，明代軍戶面臨軍役交代或根補逃軍之際一些原則性的規定，以及從清勾到解補所發生的問題。軍士老疾病故勾取戶丁補役的方法叫做「勾補」，逃亡者勾取正身補役的方法叫做「根補」⑳。

這個時候勾取逃軍或補役戶丁的責任主要在於衞所。軍士缺額，直接管理該軍的百戶、試百戶是第一個要負起連帶責任的。「寧夏中屯衞選簿」年遠事故後所世襲百戶一員項下：

> 洪武二十四年六月，李廣係廣武衛世襲百戶。先為少軍三名，除官替下勾補足備，欽調和州衛。今改寧夏中屯衛後所，隨軍立衛。（史料二四）

即是因屬下軍人缺少三名，受到降職處分，奉命親自勾補歸衛的㉑。史料中雖不曾言明，但是由缺軍而致管軍官降職的一點來看，所缺之額必是因逃亡而起㉒，不然即是有病故等情，管軍官未及時申報勾補，致軍伍長期闕失而起㉓。

衛所軍逃，罪及管軍官的規定，很早即已出現。目的是在加重武官監督的職任，同時對不法賣放、私役、逼軍逃亡的管軍官也有警惕的作用。「大明律」（洪武六年，一三七三）「兵律」「軍政」「從征守禦官軍逃」：

> 其親管頭目不行用心鈐束，致有軍人在逃，小旗名下逃去五名者降充軍人，總旗名下逃去二十五名者降充小旗，百戶名下逃去一十名者減俸一石，二十名者減俸二石，……逃至五十名者追奪降充總旗。千戶名下逃去一百名者減俸一石，……其管軍多者驗數折算減降，不及數者不坐。（史料二五）

與選簿中洪武後期的情形相較，是相當輕的。不過這並不代表明代對管軍官的罰則就逐漸加重；事實上因為逃軍數字愈來愈多，政府罰不勝罰，有時為避免衛所基層人員調動太過頻繁，影響到國家防禦大局，不得已也會自動降低標準。宣德四年，行在兵部因北京直隸諸衛及遼東、大寧二都司、山西行都司所屬衛所軍士逃亡者多，乞取勘降罰，宣宗答曰：「行事須有次第，遽降罰則過於急，且定為三限，半年一次回報。三限之中，皆須勾補完足，不完則如例降罰不貸」㉔，即是基於這個配慮而發的。

除逃軍原則上由所管官旗親自根補外，其它有應勾補役軍丁的，則由衞所另行派遣適當人選。所謂適當人選，是指在營有丁口、家業者㉕，既有所留戀，才可防止他們趁機逃脫或遷延時日，不負責任。不過，我們從下條史料也可看出，明初實際負責勾軍的都是些什麼樣的人選。「皇明經世文編」卷二九，「范司訓奏疏㉖」「詣闕上書」：

> 凡衞所勾軍，有差官六七員者，百戶所差軍旗或二人或三人者，俱是有力少壯及平時結交官長、畏避征差之徒。重賄貪饕官吏，得往勾軍。及至州縣，專以威勢虐害里甲，既豐其餽饌，又需其財物。以合取之人及有丁者釋之，乃詐為死亡，無丁可取。是以宿留不回，有違限二年三年者，有在彼典顧婦女成家者。及還，則以所得財物賄其枉法官吏，原奉勘合朦朧呈繳。較其所取之丁，不及差遣之數。（史料二六）

可知勾軍之差是相當有油水的工作，被派勾軍又可免除在衞征操服役之苦，因此有財力者人人都欲謀得。衞所官亦只憑賄賂分派，並不介意其人選是否適宜也。

這些被派往勾軍的人，出發之前，須先由都司塡給勘合，直隸衞所則係由兵部編發㉗。勾軍官旗憑勘合赴各軍原籍勾取。勘合的作用雖不詳，但可猜測出有證明其勾軍身分的作用，並兼作路引。其上或許也記載了奉命清勾軍士的姓名、鄉貫、充軍來歷等。勘合既由都司發出，其底簿藏於都司，是在都司亦留下記錄。都司須將所派出勾軍人員的姓名預先通報各地按察司，以俟勾軍人員到達之時，按察司官能據以稽考㉘。查明無誤，方准勾軍人員展開淸勾的工作。

這時，由衛所造報的清勾册也經兵部的整理，照各布政司、直隸府州之別發到地方，地方官查對軍戶戶口册大抵可掌握到應勾軍戶戶下所有丁口的狀況。因此當勾軍人員到達之時，便由有司委派里老協助勾軍。「皇明制書」卷九，「教民榜文」（洪武二十一年，一三八八）：

> 一、各處衛所軍士，專在禦侮防奸，保安黎庶。邇年以來，有因征進在逃，有在衛逃亡，及有為事充軍逃故者。各該衛所往往差人勾丁補役，捉拏正身。其良善里甲老人不敢隱占，即時勾發。有等無知之徒，罔知利害，互相隱蔽，買囑有司，却作無勾戶絕等項虛揑回申。及至再行差人挨究，却又有丁，如此作弊，獲罪者亦多。今後老人里甲凡遇勾軍，即便發遣，免致官府往復差人勾擾，連累鄉里不得安業。若有名姓差訛，冒名勾取者，許於老人里甲處陳告。其老人里甲即與體審窮究。將應合當軍人的確姓名，連人解送，免致赴京陳告，展轉照勘，紊煩官府。其應合當軍人，恃頑不行赴衛，欺瞞官府，揑詞妄告者，許老人指實呈解有司問罪。如是老人不理，亦治以罪。（史料二七）

可供我們了解里老在清勾時所負的責任。他們不止在受命勾軍時須出面到戶發遣，凡遇軍衛作弊，冒名妄勾，引起訴訟的場合，里甲亦須爲之查明。有誤勾者，查出應補者的確姓名，交勾軍人員解補；非屬誤勾而係應當軍丁避役不願赴衛，故意揑詞訴訟以求蒙混者，則交付有司問罪。

　　這裡發生一個問題，軍戶戶內如果同時有數名壯年男子，清勾者應取何者赴役？相反的，戶內若只有一丁，該丁且因年幼或殘疾等因無法担負軍役時，又該如何處置？明初有關此方面的規定幾不可得見，我們惟有從衞選簿所載內、外黃的記錄加以推察。結果發現，除一般以父子兄弟關係繼役者外，又以義男、女婿代役的情形也不少[29]。義男、女婿就血緣來說乃是外人，由前引史料二一可知，應是由候補者中除外的。那麼又是在何種情況下被允許補役的呢？宣德四年（一四二九）的清軍條例對各種特殊個案加以明確規定，有助於我們了解明代前期——事實上這些原則大抵一直被採用，因此又可說是代表了有明一代——的軍戶世襲法則，茲整理於下，以備參考[30]。

一、勾軍應先儘在營之丁收役。在營有丁者，衞所應立即收補軍伍，不許發册回其原籍勾擾。違例發勾者，有司應即覈實覆報[31]。

二、勾軍應以正軍戶內精壯戶丁赴役。正軍戶內有丁，不得以所買輭弱家人小厮或義女、女奴之夫冒名代役。必實在無丁，方許以同籍女婿或少壯義子補之[32]。若正軍戶下只有一丁，該丁係年七十以上或篤廢殘疾不堪應役者，則經覈實覆報，不必起送[33]。一丁爲幼丁者，依法記錄，待其出幼（亦即十五歲時），再行解發[34]。壯丁不得因懼怕當軍而故意傷殘肢體，違者許隣里捉拿首告，全家發煙瘴充軍[35]。

三、義男女婿代義父妻父之家爲軍者，有故止許於義父妻父之家勾補。如義父妻父之家戶絕，應轉達兵部覆勘開豁，不得於該義男女婿之本家勾擾[36]。又若義男女婿的本家和義家均爲軍戶，兩家遇該勾丁時，又除該義男女婿外別無人丁，則以該丁繼本家之軍役，而將義父妻父家判作戶絕，開豁軍伍。本家屬民籍者，則以之繼義父妻父家之軍役。不過這是以自小過房與人爲子爲婿者爲限，以逃避軍役或民差爲目的的過房是被禁止的[37]。

四、官員軍民之家，若有家人義子女婿自願充軍的，或因己事被判永遠充軍的，故絕之際，止於其人本房丁內勾補。如本房丁已絕，轉達兵部覈實開豁，不許勾擾主家戶丁㊳。

五、軍戶不得以躲避差役而分戶㊴。原屬民籍者亦不得因戶內人丁犯事充軍，懼及於己而分戶。易言之，凡同籍者不論族屬疏遠或為異姓，當正軍本房無丁，都有可能被派補軍役。即使違規分戶，查出亦應將舊來同戶之丁解補。若充軍在分戶之後，則止許於有罪之人戶下勾取㊵。同籍之內若有數人同時或先後充軍，因而遺下數名軍役者，各人應儘各本房內人丁解補。本房無丁，他房有三丁以上者，借他房之丁補役。若他房不及三丁，則具本房無丁緣由，轉達兵部開豁本房軍役㊶。

六、減輕重役戶的負担㊷。一戶有二丁三丁同時在衛充軍者，遇勾取之時，若戶下止有幼丁二名，宜俟出幼後轉達兵部，決定應派衛分。以一丁充軍，以另一丁充繼丁，以備將來繼補其役。其餘各衛的軍役盡與開豁㊸。若有因召募等故戶內各丁全部充軍者，勾補之際，宜先以一人解補。並將戶下實有人丁悉數報部，由兵部斟酌人數，決定該戶內其它各役應除應補㊹。

七、故軍戶下只有一丁，清勾之際為生員者，起解兵部奏送翰林院考試。成績優秀者許依例開豁其軍伍，否則仍發充軍㊺。單丁為僧道者，須考查其出家度牒。若出家在父兄未充軍之前，經兵部覈實開豁軍伍；出家在充軍之後，則有避役之嫌，應仍發充軍㊻。若係僧道本人犯事充軍，亡故之後，因其無後，不須勾丁，仍轉達兵部開豁軍伍㊼。

八、丁盡戶絕，經有司軍衛三次挨勘都查不到的，應立時開豁其軍伍，停止勾軍。住勾之際，軍衞有司各自造册，將各軍從軍履歷、三次挨勘所差人員及最後具結上報官吏人等的姓名、勾查不到的理由等等，明白記入，轉繳兵部。兵部憑册開豁，從此不許再勾。各官不得因懼怕連帶責任，拖延不肯具結，致每年重覆勾擾㊽。

從以上八大原則可以看出，明代軍役的替補，是以在營壯丁爲優先的，這些營丁猜測應是與正軍血緣最近的人。若在營無丁，回原籍勾取，這時又是由該軍之本房，逐漸擴大到同戶內他房戶丁。分戶在後者，只要原屬同籍亦有頂補之可能。戶籍相同沒有直接血緣關係的義男女婿，當不妨礙其本家軍役的繼承時，亦有可能替補其義家妻家之役。要之軍戶戶役的繼承，除了血緣，還有一個重要的原則，是即同籍關係。這與明初規定軍戶不能分籍的意義相合，正說明了明代爲保持軍役的繼承所費的苦心。另一方面，同戶內有多丁同時充役，亦即所謂重役的場合，除犯罪充軍者爲示懲罰之意，仍悉數取足充役外；因召募或其它原因而致多軍在衞者，兵部都會斟酌情況，量減戶內軍額的。這是因爲同戶內充軍者多，將無暇顧及民差的供應；同時附隨軍役而起的各項負担，如軍裝盤費之屬，不但是相當龐大的費用，經常又是促使軍戶逃亡的原因之一。爲使軍戶能長遠的持續下去，不斷供給軍役，也惟有採此一途㊾。最後有關生員免役的規定，不用說是基於國家作育人材的想法。而僧道免役，則在顧慮到民間信仰的同時，又強烈的顯示出政府對人民利用出家以逃避差役的戒心。

經由上述各項原則選擇出來的戶丁，原則上仍由原差勾軍人員起解回衞㊿。衞所與原籍距離在一千五百里之內者不給口糧，一千五百里以外者，超過一千五百里的部分可計算路程按限發給行糧。由經過各地官司支給，每日有米一升，限外仍未解到者不與[51]。新軍到衞，最初半個月的時間只須坐收月糧，其後又有兩個月的空檔可供葺理居室[52]。待生活安定之後，才須應役。衞所官旗敢有不遵此例，生事虐害者，聽御史、按察司等究治[53]。各軍同時並免在營和原籍各一丁差役，以便「專一供給軍士盤纏」[54]。軍士收伍，「軍衞有司各具收過軍士姓名，造册繳奏，以憑稽勘」[55]。

讓我們再簡單的回顧一下上述清軍過程中，從衞所造册送兵部、塡勘合差人勾軍起，到勾軍人員取得補役戶丁回衞止，中間共動員了多少人。除去前文所提到的都、布、按三司有關人員以及衞所軍旗、里老外，在最上層還有兵部職方司、武庫司的官員[56]。而布政司與里老之間，又不知經過多少州縣官吏之媒介。各級官司間有關文書的移動，以及針對軍、民籍所發生的爭論姑且不論，直接被指派用以撥充軍役的里老與負責勾軍的軍旗之間，是否就能相安無事呢？前引「皇明經世文編」「范司訓奏疏」「詣闕上書」一文，說到勾軍官旗到了州縣，「專以威勢虐害里甲」；「湧幢小品」卷九，「勦獻千戶」亦謂：「洪武間有勾軍千戶舞威虐，民無敢抗」。在職軍人到了地方，是怎樣扮演了勾軍的脚色呢？

「大誥武臣」「勾軍作弊第二十五」：

永平衞所鎮撫馮保，他本衞差他去仁和縣勾逃軍沈福七、謝福二兩名。他到那裏，勾到沈福七親兄沈福六，他接受本人銀十兩、鈔四十貫、白綾襖子一件、綿布二疋，將本軍脫放。却拿里長施一，代他解官。又將百姓謝一，打要招做逃軍謝福二解官。事發，貶去金齒充

軍。他本等的正軍將脫放了，却將好百姓拿去替他做軍，如此害人，着百姓每埋寃負屈，
你怕他這等人能勾長久。（史料二八）

永平衞所鎭撫馮保，奉命到逃軍沈福七、謝福二之原籍勾補。他在勾到沈軍親兄後受賄脫放，却將里長施一拿來補役；另將與謝軍同姓民籍謝一屈打成招，認作謝軍本人解官塞責。類似這樣勾軍與軍戶、勾軍與民戶，甚至勾軍與里老間的衝突，到宣德末年仍繼續不斷。另一方面，軍戶中也出現了謀充里老以求自存的例子。「宣宗實錄」卷三六，宣德三年（一四二八）二月甲寅條：

軍戶有恃豪強因充糧長里老，每遇取丁，輙賄賂官吏及勾丁之人，挾制小民細戶，朦朧保勘。亦有里老俱係軍籍，遞年互相欺隱，不以實報者，俱令自告改正。如仍前非，事覺，本軍發原衞，各家罰充附近衞所軍。（史料二九）

藉著龐大的財力爲背景，賄通官吏及勾丁之人，再以權勢逼迫小民細戶頂補己役。若一地之內里老俱係軍籍，更是彼此勾結，互相欺隱，務求逃避軍役。這時被用來作犧牲的，不用說也就是無辜小民了。

勾軍官旗與軍戶間另一種微妙的關係，從下列史料中也可窺知。「皇明制書」卷一二，「軍政條例」（正統元年，一四三六）：

行在兵部榜文為清理軍伍事。先該本部查出，天下都司衞所每歲差去勾軍官旗不下一萬六七千名，較其所勾之軍，百無一二到衞。有自洪武永樂年間差出，到今三十餘年，在外娶妻生子，住成家業，通同軍戶窩藏不回。本部屢奏前弊，欺蒙勑各布政司、按察司并巡按

> 監察御史挨拏其各該官員，聞已遵行。然勾軍官旗多有懷姦挾詐，往往東潛西縣，以致姦弊不革。官府被其攪擾，百姓罹其苦害。徒有勾軍虛名，而無補伍實効。（史料三〇）

我們可以把它看作是一種互相依存的關係。所謂「通同軍戶窩藏」，其前提是勾軍官旗已有相當程度掌握到逃軍或應繼戶丁的行踪，然而在彼此容認的情形下，逗留不回衛所。勾軍官旗靠著掌下各軍戶的「貢獻」，很容易即可維持相當的生活水準，應勾軍丁便也樂的只花一些賄賂，免去軍役之苦。國家雖以補充軍額爲目的派人勾軍，其結果連勾軍之人也一去不回，軍伍的損耗更是加倍了。

其次是清解時所發生的問題。負責清解的「長解」，除了原派勾軍人員之外，有時還可能由有司另派[57]。我們可以想像到，這是因爲勾軍人員所奉命勾補的諸人若無法同時清出，爲使清出者能及時歸伍而採的措施。解軍須有文引[58]，長解、被解軍丁各執一張。此外，明代還允許被解軍丁的家人陪送，以供沿途供辦生活所需。這些伴送家人也都需要事先申請好路引。從原籍到衛所，數千里內將幾個素來未曾謀面的人聚集起來，偶而加上家人的集團，路上將會是一副什麼樣的光景呢？「御製大誥」「勾取逃軍第二十一」：

> 十二布政司、按察司、府州縣官為兵部勾取逃軍，或有頑民犯法，各部勾取。其布政司府州縣貪圖賄賂，不將正犯解官，往往拿解同姓名者。因贓迷惑，其心止知己利，不知良善受害，無可伸訴。若將犯罪受刑之苦，以己推之，豈有貪贓害於良善者。且罪人受刑罪重，晝則枷項扭手，夜則繫項鈐足。輕則鎖索牽行，父母妻子悲啼送程，倉卒一時催起，路無

盤費。是後父母妻子收拾盤纏，意在往供，有司刁蹬不與引行。既而買引，沿途追趕，有中途病死者，有飲食不節而負病者。所勾之人惟恐違限，日加箠楚。雖有微命，猶在幾死之間。若法司審理不明，卽作眞犯擬罪。若上官旣明，吏不枉法，方得放歸，其苦萬端。當時法司，肯將此苦，量推於己，豈有良善受害哉。然有司因此無辜於良善，天鑑不遠，一旦發露，罪及身家。如此者數數開諭，每每加刑，曾有幾人而省此禍殃。（史料三一）

這裡所舉的雖然是淸解逃軍或罪囚的例，但是它所刻劃出的長解與被解者間的矛盾，却未必只限於逃軍[59]。可以說解與被解的身分從開始就限定了二者的人格，被解者除非特別有財有勢，否則很難擺脫長解的需索[60]。

我們從史料還可看出的一點是，有司利用路引的發行謀利的事實。對有迫切需要的人百般刁難，將文引視作貨物，其結果引的發行與申請人的意圖分離，眞欲陪送者不得引，不欲陪送者却只要有錢照樣能買引到手。「宣宗實錄」卷三六，宣德三年二月甲寅條：

十一曰：各州縣勾解逃軍及補役軍丁，多於所在官司冒給家人文引供送，其家人不行隨送，及到衞所，不一二月，卽將文引照身逃回原籍，及影射各處潛住，或經商受雇於人者有之。若此等者，許三月內赴官出首，與免本罪，仍赴原衞所着役。故違不首或事發挨究得出，本犯發邊遠充軍。戶下別選壯丁一人補原伍。兩隣里甲幷有司虛出文引官吏一體問罪。（史料三二）

買得的路引由被解軍丁隨身攜帶，到衞後一、兩個月（最初的兩個半月理論上是受到「存恤」的優待的），就利用這張文引逃回原籍或其它地方各營生業。明朝想要利用路引控制人民移動的自由，但是當行政機構不能秉公執行的時候，路引反而爲人民製造了逃亡的機會，這由上例相信已可充分的理解到了。

那麼，是什麼因素促使軍士不斷的奔向逃亡之途呢？

首先讓我們簡單的考察一下明代衞所軍人的生活。

第一章第一節裡也曾提到，明代衞軍的月糧是因分擔工作的輕重與出身等而不同的[61]。一般說來，洪武中衞所軍人還比較受到照顧，其月糧原則上以米一石爲準[62]。洪武以後則常以「撙節」爲由，減額支給[63]。同時一石的月糧也常只限有父母子女者[64]，獨身軍士則甚低，這種待遇上的差別大概是通明代皆如此。軍士的待遇尚因時、因地而有很大的差別，這是受到各地經濟財政狀況影響的緣故。例如永樂四年（一四〇六）調整北京官軍俸糧，將旗軍有家屬者由四斗改爲五斗，無家屬者由三斗增至四斗，平均起來還不及洪武舊例之半，可以想見是當時漕運問題尚無法圓滿解決的結果[65]。軍士的收入既極有限，在關支之時又常「因差遣或離倉遠，又無專官領督，遂致官司、總小旗虛張名目，冒支扣除，甚至全被侵欺」[66]。倉官亦常在斛面上尅減，使軍士領不能足額[67]。因此軍士想要完全依賴這筆收入過活，可說是非常艱苦的。

軍士本人另有冬衣、棉布、棉花的補助，可是同樣面臨「關給不時」的問題，致軍士「多罹寒苦」[68]。爲了補救軍役所帶來的沈重負擔，法令規定在營可免餘丁一名差役，但事實上有時連餘丁都要應衞所差遣，擔當起實際防衞的工作[69]。衞所差役又極其繁重，差役之上更有衞官私役的問題，軍士成爲軍官的世奴，不僅要任其役使，還要任其剝削[70]。軍人想要出人頭地，惟有讀書一途。可是明朝又限制軍戶丁男止許一人充生員，想要充吏也必須戶下有五丁以上方准一名[71]。是使軍戶戶丁到處掣肘，不能從心所欲。尤其是明代衞所軍官亦都世襲，襲職的後輩既未經戰陣之苦又不知體恤軍士，結果利用權勢暢所欲爲，私役、賣放、侵占糧餉，可說是促使軍士逃亡的罪魁禍首[72]。關於明代官與軍對立的問題，在第三章第一節還會討論，這裡從略。讓我們看看明代衞軍逃亡以後，都做的是些什麼營生？

「宣宗實錄」卷三六，宣德三年二月甲寅條：

> 一曰：軍逃還鄉，有詐爲死者；有更名充吏卒貼書，倚官害民者；有爲僧道生員者；有投豪勢官民爲家人佃戶，行財生理者；有隱其丁口寄於別戶，幷於外境立民籍者。（史料三三）

爲僧、道、生員是求免己身再干軍役，投充豪勢官民家爲家人佃戶，是求在私人權勢的傘蓋下脫出國家權力的掌握。更名充吏卒貼書，則是更進一步以國家權力爲傘蓋，利用國家權力來爲害其它人民了。明朝限制軍人的職業，限制軍戶的自由發展，當軍戶在受不了壓迫起而反抗時，下焉者求避一己之役，上焉者則謀避世代之役，這也是無可奈何的。

也因此有關逃軍的對策，也就一直是爲政府所頭疼的問題。前面說到里老在撥充軍役時所負的責任，如果遇到逃軍，里老更須主動的擔負起糾舉之責。明代到了正統年間雖然規定新解軍丁都須攜妻子同赴衞所；其後且令無妻者須由里老親隣出資爲之娶妻[73]，目的在求軍士赴衞後能安居立業，對原籍不再顧戀。但是由許多地方志上的材料也可窺知，因僉軍而造成父母妻子生離死別的情形相當不少，明初且特別是如此[74]。軍士單身赴衛，遇有因水土不服、月糧不足自贍、衛官壓迫役占等因被迫逃亡時，第一個就是逃回家業所在的原籍。其次才是如兩京或軍衛屯營人煙輳集之處，以謀另起爐灶[75]。逃回原籍窩藏者，窩家里隣固有連帶責任；就是管內有軍戶逃亡，里老隣人也須連坐。「大明律」「兵律」在詳細規定了軍士於從征或守禦之際逃亡，其後自首或被補，以及一犯、再犯者之處分後，對窩藏之家與里長知而不首者也都不忘加以相當苛重的處罰[76]。我們由此對明朝政府賦與里老的義務當可增加一些了解。

里長監視的作用必要在逃軍逃入管內後才可能發生。在逃軍逃亡的路程上，明代還設有巡檢司往來盤詰。考課巡檢的諸標準中，有一項即是以所獲逃軍人數多少而訂的。「太祖實錄」卷二二三，洪武二五年（一三九二）閏十二月辛卯條：

> 更定巡檢考課之法。先是巡檢考滿給由，無私過者陞正九品，犯私笞者本等用杖罪，降雜職。吏部言：巡檢之職當以捕獲逃軍、逃囚、盜賊等項多者為稱職。若止拘過名不考功績則僥倖者多。……乞更定其法。（史料三四）

改訂後的巡檢考課法，以捕獲逃軍、逃囚、盜賊數量的多少爲主，有私罪者酌降。宣德四年漳州府濠門巡檢司巡檢朱顏因在任期中捕獲逃軍一百五十三人、強賊七十人，被陞爲縣丞[77]，就是一個例子。不過巡檢司盤查，主要根據文引，遇有如前所述事前預備空引以備日後逃亡之用的，其不易發現破綻也就可想而知了。

這裡政府打出的另一個方法是鼓勵逃軍自首。洪熙元年（一四二五）清理兵政事例中規定，各處逃軍在榜文到後三月之內能自首者，不但免逃軍、窩家、里隣人等之罪，並給逃軍一個月的期限收拾盤費，然後再行起解[78]。宣德三年且將一個月的期限延長爲三月[79]，讓自首逃軍能有更充分的餘裕整理行裝。同時對解軍到衛以後的存恤問題也一再加強注意。所管官旗敢有「視爲泛常，略不存恤，又不即與月糧，又妄生事端，索其財物，又不副意輒苦嚴刑，困以重役，以致棄子遺妻，非死則逃」的，由「風憲及鎮守官體實究治」[80]。

自首的逃軍並可獲得一項特典。本來逃軍初犯被獲是要送還原衛著役的，但若能及早自首，可改發原籍附近或寄居地當地之衛所，而將原衛之役開除[81]。這是因爲政府也逐漸意識到，將軍丁調到與原籍太遠的衛所，其結果不過是因水土不服而不足爲用，或解發途中受苦太甚，死於道途，因此用改調近衛來吸引逃軍。改調的例子到正統以後愈來愈多，可說是明朝在修改不合理的舊制上所做的努力[82]。

可是想要改調原籍附近衛所的心理既是人人皆有，當逃軍自首可調近衛的法令一出，原來在衛當差不斷的軍丁也紛紛效尤。他們一旦逃亡之後再出來自首，便可改發近衛當差。明朝爲挽回逃軍造成的缺額所做的努力，不想又促成了另一次逃亡的風潮。這也是爲什麼一直到了明末衛所制度的機能已大不如前了，主張改調近衛派和遵守成憲派之間還不斷的會發生議論的原因[83]。

第二節　清軍御史的設立與明中期以後的清軍

讓我們回過頭再來討論宣德四年成立清軍條例的意義。我們看明代有關軍戶、清軍的記事，可以發現對於有關明前期的分期，有下列兩種不同的說法。「孝宗實錄」卷七五，弘治六年（一四九三）五月壬申條：

吏部右侍郎周經上疏曰：……清勾軍役，洪熙以前其弊在軍旗，宣德以後其弊在里胥。弊在軍旗，其里分住址猶不能沒，軍丁尚可尋；弊在里胥，則姓名鄉井俱各混亂，軍丁遂至消耗。雖在內差御史，在外司府州縣各有委官，但其間有慢事不省之人，是以近年兵部旣有住俸之罰，又有降職之責。然人心喜進而惡黜，故往往以疑似者為正身，以亡絕者為見在。民之被冤，豈可勝道。乞行各處查照宣德年間文冊比對，三十年同者為準。（史料三五之一）

是以洪熙以前爲一期，宣德以後爲一期。「蘭谿縣志」卷二，「官政」「清軍之法」：

凡軍士之老疾逃故者，則取戶丁補役。其初各衛多差旗軍，往各州縣勾取，而開報軍由不明，狥私作弊。有應勾補而不勾解，應分豁而不分豁者，軍伍不清，民遭其害。宣德以來始令該衛通類造册送部，勑差御史一員，責委布按二司及各府縣官專行清理。而罷差衛所旗軍，然後民免勾軍之擾。（史料三五之二）

所謂「宣德以來」，乍看與上說並無二致。但是從「勑差御史一員」可以查出，後者的「宣德以來」，正確的說應是「正統以來」。因爲明代在宣德十年議派清軍御史，却因災傷延期到翌年的正統元年以後才能施行[84]。上舉二條史料究竟具有什麼意義？從宣德到正統初年明代究竟對清軍做過何種努力？這在我們了解明代軍戶制度的演變上有很大影響，以下嚐試就該二條史料，加以說明。

細讀二條史料，可以舉出三點類似的地方：一、差御史一員，司府州縣各有委官（之一、之二）。二、罷差衞所旗軍（之二）——勾軍之弊由軍旗轉到里胥（之一）。三、清軍應查對宣德年間文册（之一）——衞所通類造册送部清勾（之二）。首先由派差御史的一點談起。

所謂御史，是「清理軍政監察御史」[85]，簡稱爲「清軍御史」。關於明代清軍御史的派遣，也有兩個說法。一說訂在宣德三年，一說訂在正統元年[86]。宣德三年二月，行在兵部尚書張本奏准由行在都察院各道及六科推舉「公廉幹濟」監察御史、給事中各十四人，分赴各地清軍，同時並製定清勾條例十一條。加上洪熙元年所訂的八條，通行榜示天下，以爲御史給事中並各地府州縣清軍官的參考[87]。這就是宣德四年——明代最早的一部「軍政條例」的雛型。其內容我們在前節都已介紹過了。宣德三年的清軍作業到宣德六年（一四三一）三月完成，中間共費去三年的光陰[88]。

宣德十年（一四三五）十一月，行在兵部議准「令在京在外都司衞所不許塡給勘合，差人勾軍，止將遞年逃故等項軍人姓名貫址造册送部，轉發清勾，合用監察御史十七員，分定地方清理」。但因「近年水旱飢荒，百姓逃移還未盡復業」，改至次年秋成後舉行。正統元年八月秋成在即，遂將充軍合行事宜備榜令監察御史齎赴各地，是為明代第二部「軍政條例」的母體[89]。這一次的清軍亦以三年為期，惟此後每三年一代，成為定制[90]。

兩次派出的監察御史，都有人將之稱為清軍御史。在區別其意義之前，讓我們先簡單回顧一下明初清軍的歷史。洪、永間有關記事非常之少，除了上一節裡提到洪武十六年以給事中潘庸及國子生、各衛舍人赴各衛清理軍籍外，建文四年（一四〇二）七月亦曾「遣給事中等官分往閱視」[91]。由「太宗實錄」卷二〇〇，永樂一六年（一四一八）五月丙辰條可知，太祖之時是曾經「數命公侯重臣清理」軍政的。太宗倣此，亦派遣成山侯王通等往邊方閱視軍實務。但是這些史料同時也說明了一件事實，明初的清軍，清理的範圍非常廣泛，不止要求軍伍充實，其它如兵器、屯田、舟車、錢糧、操練、馬政之屬，都在範圍之內。可知當時是將清軍工作併合在軍政之中，易言之，是由軍政整體的清理以求軍伍之清。洪武十六年以後到仁宗之世，除了一些局地性的記載外，不見以清理軍伍或軍籍為目的，大規模派遣專人的記錄。

宣宗以後，各種清勾的弊端逐漸表面化，洪熙元年九月，宣宗即位甫三月，行在兵部尚書張本就奏請分遣大臣往各處清理，同時並奏上清理事例八條，以為清勾管解之依據[92]。洪熙元年的實錄不見有派遣大臣的記錄，我們只在「明史」「宣宗本紀」裡找到如下的一條[93]：

（宣德元年春正月）己未，遣侍郎黃宗載十五人清理天下軍伍，後遣使，著為令。（史料三六）

猜想即是應付張本的建議而採的措施。

宣德元年以廷臣清軍，效果並不是很好，因此乃有張本的再度奏請遣官。這就是宣德三年派遣監察御史、給事中清軍的背景[94]。宣德七年（一四三二）二月，行在兵部以「先二次清理軍伍，中有事故未明、勾取未到者，今復造冊，請再遣官清理」。得旨「遣大理寺少卿柴震、寺丞艾良、太僕寺少卿孫璧及御史、給事中、郎中、員外郎等官分詣各處」[95]。所謂「造冊」，史料中雖未言明為何冊，但由宣德七年曾大造黃冊的一點來看，應指黃冊無疑[96]。

這樣到了英宗即位，派遣十七位監察御史清軍，將之命名為「清理軍政監察御史」，定期派出，這以前事實上已經過了宣德間長期的摸索。我們由此可知，明代開始重視清軍，將之視為一獨立作業，雖自宣德初（或許說是洪熙）始，但是宣德年間的清軍，只是應實際需要，臨時奏請大臣。正統以後則為之設立專職，固定為三年一派。而宣德間被派以清軍的御史，當後世習慣於「清軍御史」一名後，便也因襲而被喚作清軍御史；其與正統後之清軍御史，固宜有所區別耳。

與宣德相較，正統元年派遣清軍御史的另一個重要意義，是剝奪了都司衞所「塡給勘合，差人勾軍」的職權[97]。「皇明制書」「軍政條例」：

一、清理軍政監察御史按臨去處，令布政司、按察司、直隸府州委官分投將勾補軍丁督解，其御史往來巡察提督比較。若軍衞管軍官員苦害軍士，尅減糧賞，差撥不公，責放買閑等項，體察明白，指實具奏拏問。若有司官吏里隣長解人等通同作弊，將逃軍並應繼及已解軍丁縱容埋沒，不行拿解；及戶有壯丁却將老幼殘疾家人義男等項頂解；并糧里人等懷挾私讐，故將平民以同名姓頂他人軍役之類，以致良善受害者，就便拏問，並依軍政條例發落。其餘詞訟，發該管衙門整理，不許妨悞軍政。每歲八月終，照巡撫官事例，具清解過軍數回京，若有軍政窒礙事理，會議奏請施行。（史料三七）

可知在正統以後明朝所確立下的清軍系統，是以清軍御史爲頂點，下領布、按二司、直隸府州縣清軍官爲輔，最底層則有糧里、長解等人實際擔任勾軍、解軍的工作。這就牽涉到第二個問題——罷差衞所旗軍。正統以後，於明前期爲害最烈的勾軍官旗，是不是從此就從清解的舞台上消失了踪影呢？

其實不然。「英宗實錄」卷一五五，正統一二年（一四四七）六月丁亥條：

南京虎賁右衞舍人余鼎解軍如廣西，途中拘其行囊，盡取所有。軍妻頗有色，屢逼姦不從。鎖其夫，促其首與足為一處，名曰板罾鐐，不令便旋。如是者數夕，軍不勝毒，哀懇其妻勉從之。旣至廣西，發其事，御史問實以聞。上命誅之。（史料三八）

舍人是武官戶下戶丁，也是武官的後補者。以舍人解軍很明顯的是軍衞中人還繼續參與了清軍的活動。那麼「蘭谿縣志」所說的，究竟是什麼意義呢？

衞所官旗勾軍的弊害，在上一節裡也提到了一些。例如通同軍戶窩藏不回、受賄賣放應勾人丁、強以里老或民籍充役等等。我們從前節的敍述大致也可以了解，明初衞所勾軍除了須先造册向兵部報備外，各軍原籍有由州縣官掌理的軍戶戶口册可供查對，收軍或住勾也都各自有册，防範不可不謂之不嚴。勾軍官旗又何以敢如此大膽，胡作非爲呢？原來問題出在勾軍之時所執的勘合。「宣宗實錄」卷九九，宣德八年（一四三三）二月庚戌條：

> 行在兵部請定稽考勾軍之令。蓋故事都司衞所軍旗伍缺者，兵部預給勘合，從其自填，遣人取補。及所遣之人事已還衞，亦從自銷，兵部更無稽考。以故官吏夤緣為弊，或移易本軍籍貫，或妄取平民為軍，勘合或給而不銷，限期或過而不罪。致所遣官旗遷延在外，娶妻生子。或取便還鄉，三二十年不回原衞所者。雖令所在官司執而罪之，然積弊已久，猝不能革。至是行在兵部以為此皆失於考較所致，請令各衞所悉具原填勘合遣去之人籍貫、程期及所取軍士籍貫，類册報部。其續填勘合遣去者，於每歲之終，類册報部如之。其所遣官旗還衞，仍具所解之軍及無解之由、有無過期之罪，類册申報，庶幾勘合出入有所稽考，而為弊過期者得究治其罪。從之。（史料三九）

勾軍勘合雖統籌由兵部發出，但其內容却是任都司衞所自由塡寫的。勾軍完畢，勾軍官旗回衞，勘合也隨之自行處分，並不須送兵部查核，因此作僞者或許在最初即不從實塡寫，或許根本即蔑視勘合內容，妄取平民爲軍。而且因爲對用過勘合的處分沒有明確規定，甚至有人就根本不來報銷，勾單超過期限也無從查證，結果就造成遷延不回的情形。兵部的對策是使衞所將執有勘合的勾軍官旗與被勾軍士的姓名、籍貫、出發日期等通類造册送部。勾軍官旗回衞，亦要將所解軍士姓名，或淸解不到理由、勾解過限或未過限等因造册申報。也就是先求掌握到所謂「勘合出入」的情形。

三個月後，兵部又下了一道規定，「宣宗實錄」卷一〇二，宣德八年五月辛未條：

行在兵部右侍郎王驥奏：……天下衛所凡勾軍丁，須憑兵部勘合。在外衛所則於都司填給，直隸衛所皆兵部編與收用，本部俱無稽考。是以差去之人，肆情延緩，軍伍久缺，勘合無銷。宜將南北直隸衛所原發去勘合并底簿，拘回五軍都督府收掌，各衛應取軍丁，皆赴府出給，嚴限拘鎖。每至年終，則以所給勘合差去人名造冊送部，查理比較，庶革舊弊。皆從之。（史料四〇）

這一回更將勘合與底簿收回，交由五軍都督府收掌。衛所勾軍，須赴五府請給勘合，勾軍完畢，勘合亦應繳回五府[98]。行在兵部對衛所勾軍的不信感，可以說已經到了極致。

不過，從正統元年的清軍榜文也可了解，衛所泛塡勘合勾軍的弊害一直持續到了宣德末年。清軍御史的派遣以及以清軍御史爲頂點的新勾軍系統，便是在這個背景下成立的。正統以後，司府州縣等地方衙門的清軍專員與糧里人等取代了衛所官旗，成爲清軍作業的中堅人物，衛所官旗完全退到了從屬的地位。所謂「罷差衛所旗軍」，應該從這個意義來解釋。

那麼，周經所謂的里胥之弊又是怎麼一回事呢？這又與黃冊和以有司清軍有密切不可分的關係。「英宗實錄」卷二七八，天順元年（一四五七）五月乙丑條：

兵部臣言：……一、軍民以籍為定，自宣德四年本部具奏遣官清理天下軍伍之後，有司攢造黃冊，分豁軍民戶籍，粲然明白。近年以來，有等軍戶刁徒，又將同姓平民妄指作洪武間同共軍戶，往往牽告，動擾官府，今後有妄指遠年民籍作軍戶者，諸司不許准理。其宣德四年清理以後軍戶之人，若有買求官府，脫報民籍，許令本身自首，及許官司改正，各免

前罪。仍將本人解衛補伍。敢有違旨，事發謫戍邊衛，官吏治罪。疏入，上悉從之。（史料四一）

這裡所說的宣德四年，很明顯只是一個象徵性的說法。前文說到兵部具奏遣官是在宣德三年，有司攢造黃册則在宣德七年，宣德四年因為是「軍政條例」成立的一年，所以被舉出以為代表。我們由此可以獲知，宣德間所嚐試的諸種努力，有一項是加強了黃册的查證作用。清理軍伍，若遇有妄指平民為軍戶者，或有軍戶買求官府脫報民籍者，俱以黃册為斷。而宣德七年大造黃册時有關軍、民籍的判定，很明顯的又是以宣德三年到六年清軍的結果為依據。宣德間的清軍既不可能百分之百的正確無誤[99]，所造成的寃枉自然也原封不動的記入黃册。明朝的方針是承認這些既成的事實，止求在册成以後能以册為標準避免更多的誤失。這樣一來，黃册在清軍時所負的重要性也就更形突出了。

我們知道，明代黃册的編纂是採用層層負責的方式的。最基本的資料——「清册供單」——雖是交由各戶自塡，塡妥之後，則須由甲首審核正確無誤，然後送交里長。里長收到里內一百一十戶的供單，檢查內容與實際無差，這才裝訂成册，送交本管州縣衙門。州縣再根據這些供單所提供的情報，滙造黃册上報[100]。這說明了明代黃册的編纂對里長甲首依存性之大。事實上黃册若有漏口脫戶等情時，里甲所受的處分也最重[101]。從這個意義來看，黃册的內容首先是由里甲等決定的。當黃册內有關戶籍的記錄成為判定軍、民的最大根據時，為了脫離軍籍，只有從篡改黃册入手，為了篡改黃册，就只有打通里甲。周經所謂的里胥之弊，就這樣的形成了。「皇明制書」

「軍政條例」（正統元年）：

一、浙江等布政司并直隸蘇松等府州縣人民中間，多有父祖從軍，子孫畏繼軍役，不於本戶附籍，却於別州縣過繼作贅，或冒他人戶籍，或寄異姓戶內。父祖事故勾丁，有司里老受囑，卽以丁盡戶絕回申，又有為事充軍在後，原籍共戶伯叔弟姪畏懼勾繼，買囑里書人等各另開作民戶，或頂死絕，影射揑作戶絕。榜文至日，俱限兩月以裡赴所在官司首告改正，與免本罪，仍令收入本戶聽繼軍役。若執迷不首，被人首發，或挨究得出，正犯決杖一百，發煙瘴地面充軍，里隣窩家俱發附近衛所充軍，官吏失於挨拏，依律問罪。（史料四二）

買通里書人等將有丁者開作戶絕，將軍籍改爲民戶，這是宣德以後出現的新手法[102]。

論到這裡，第三個問題也解決了一半。所謂清軍應查照宣德年間文冊，當是指宣德七年所編的黃冊。其有關戶籍的部分，是根據宣德三年清軍結果——或者說是根據宣德四年清軍條例而作成的。不過，黃冊的編造是以州縣爲單位，「蘭谿縣志」裡提到的册既是由衞所編造，自不同於黃册。其實態又是怎麼樣呢？前節提到衞所清勾應造册送兵部，這與「蘭谿縣志」的册又有什麼關係呢？關於明中期以後清軍和清軍之際所用册籍，「南樞志」「軍政條例」爲我們提供了非常豐富的資料[103]，以下擬以該史料爲中心，試加論述。

「南樞志」「軍政條例」計有七卷，卷首附有題爲萬曆十二年（一五八四）十二月、宣德四年（一四二九）六月、嘉靖三十年（一五五一）三月、萬曆二年（一五七四）十二月的四篇兵部奏疏。由這四篇奏疏可以了解，明代軍政條例的最終完成是在萬曆二年。萬曆十二年且因清軍官將之「視爲虛文，不惟慢不遵行，且各官不一經目」，再度刊刻發行[104]。從宣德四年到萬曆二年，中間也經過數次的刊刻，單就上述四篇奏文即可確知至少有宣德四年、嘉靖十一年（一五三二）、嘉靖三十年、萬曆二年的四次[105]。另外由「皇明制書」「軍政條例」也可獲知，正統元年到三年間發布的清軍條例，也是曾經被刊刻成書發到各地的。

「皇明制書」所載「軍政條例」，主要由二大部分構成。其中宣德四年的部分，是將洪熙元年、宣德三年、宣德四年三次發表的勾軍條例，加以重新整理，編排而成的[106]。正統的部分，則明示各條例公表的年代，如正統元年、正統二年、正統三年，並多保持了奏文的原型。我們可以想像到當時因爲剛開始從事清軍，許多事前無法預想得到的狀況既缺乏條規可尋，只好在碰到問題之際一一提出請示。其會議的結果便也變爲軍政條例的一部分，以供往後遇到同樣問題時可爲憑借[107]。正統以後的清軍系統雖然不同於宣德期間，但是勾取軍丁的基本原則還是不變，所以在正統年間發布的「軍政條例」中，二者都保持了最原始的形態。

嘉靖以後的軍政條例就大不相同了。「南樞志」卷八七，「爲陳愚見以釐時弊以肅軍政事」（嘉靖三〇年）：

該巡按浙江監察御史霍冀條陳內一款，明禁例以一守法。該本部尚書趙等，看得軍政條例，自宣德四年以後，嘉靖十一年以前見行刊布。其嘉靖十一年以後節該本部議准事理，雖經通行遵守，尚未增入成書，為照時移俗易，法久弊生，例之宜於昔時，或不便於今。而先

> 後臣工建議多出一時救弊之意，而非經常不刊之典。今御史霍冀陳乞查自宣德以來，及嘉靖元年以後欽定事例，勅下本部通行酌處，稍加損益，刊刻成書，通行天下，永為遵守一節，委於軍政有裨，相應議擬，合候命下。臣等將見行條例通行備細查出，或舊例當停，或新例當入，或近日題議止係一時權宜之計者，仍改正從舊。或累朝數奏，永為後世不易之法者，則損益惟宜。務要寬嚴適中，規畫精當，俾人皆易曉而法可久行。檃括成書，移咨工部，支送官銀前來刊刻頒布。仍照問刑條例，各衙門各發一部，直隸行各府州縣，各省行布政司，照式翻刻，給發所屬有司衛所官吏軍民人等，一體遵照施行。如此則法守劃一而軍政可舉矣。嘉靖三十年三月二十八日奉聖旨：准議，欽此。（史料四三）

可以知道從嘉靖十一年刊布，到嘉靖三十年之間，兵部為清軍事宜陸續又奏准了許多事理。當中固有可供後世一般參考的條令，亦有止為救一時一地之弊而採取的臨時措施；宣德以來的舊例有些也已完全不適合這個時代。為使將來能有所遵守，乃將先後各例加以嚴格考定。應革者廢之，應興者摘其大要編纂成書，交工部刊刻，頒布直隸各府州縣、省布政司衙門各一部，由之再翻刻以發所屬有司衛所。這種去陳補新的方針在萬曆二年改編之時仍被採用[102]。同時，收錄的方式不止按成立年代的順序，各條又按內容分別附與小標題[103]；且加以分類，計分衛所、戶丁、冊單、清勾等四類，以供查閱之便。我們由之也可以了解「軍政條例」在明代清軍時所發揮的積極作用。

衛所類所記大抵是有關改調——也就是將南人原充北方衛所的改發南方衛所，北人原充南方衛所的改發北方諸衛；或因紀錄幼丁出幼、逃軍自首等因改發附近衛所，或因逃軍被捕改調遠衞──的條規。其發展的情形正可反映了明代對派軍人充遠衞軍的態度的變化[110]。

戶丁類記載的是勾丁補役時各種基準。例如前節所敍述的八大原則就是屬於這一部分的。正統以後新例的特徵，可舉出如下四點：

一、補役戶丁應携妻子一同赴役[111]，無妻者由里老親隣出資爲之娶妻，同解赴衞[112]。

二、有關軍戶財產的規定。留在原籍的軍戶財產，不許出契賣斷。果有因解軍時所須軍裝盤纏或娶軍妻等費難以辦納，亦止許短期內典當，立限贖回。敢有收買軍戶田土者，正犯及知見人問罪，土地沒官[113]。原籍的田產由當軍人役收租，本軍老疾退役時，收租權也轉由繼役者所有。無產之軍由在原籍本房戶內人丁津貼生活費用[114]。唯正軍不得藉取討盤纏爲由，擅回原籍擾害戶丁[115]。

三、有關軍戶戶下多餘人丁的規定。景泰以前，官、軍戶下多餘人丁，除去照例應存留幫貼正軍者外，其餘俱許於附近有司寄籍，納糧應當民差[116]。成化以後規定，餘丁於寄籍之後，若有正軍調衞等情，致原衞留有田宅墳塋無人看管，則除留一丁仍在寄籍有司看守田產，辦納糧差外，其餘人丁俱收原衞所操守城池。正軍有缺伍，先儘後調衞分在營人丁補役，無丁則勾原衞本軍餘下人丁，不許輒回原籍勾擾[117]。弘治十六年（一五〇三）又命將官軍舍餘悉數造入戶口冊內，令其常時在營差操。原先寄籍者，除寄籍年久且該繳糧草數多者得留一、二丁在有司辦納，其餘俱令回衞，留有司者亦須聽繼幫貼[118]。

四、「繼丁」的性格明顯化。軍裝盤纏的徵收和解送，都由繼丁負責。五年一次，親送到衞，交本軍收領。如送到之際正好本軍故絕，營中又無丁可繼，則立即收之補伍。該名繼丁若尚未娶妻，准於衛所婚娶。已婚者則開報妻室姓名年歲，令原籍親屬送衛完聚。原籍再指定戶丁一名充作繼丁，負擔同樣的義務，平時則可免除差役，作爲補償[119]。

由以上四點可以查知，正統以後政府的第一項努力，是促使軍丁在衛所生根。由軍妻的同行，一方面企圖減少軍人對原籍的留戀，而且從此在衛所繁衍子孫，一有缺軍，能立即勾取營丁補役，企求減少回原籍勾擾的弊端。同時確保對原籍財產的收租權，無產者尚須由本房戶丁津貼生計，企求能對軍士提供相當程度的生活保障。另一方面，藉著衛軍與餘丁、繼丁關係的加強，謀求軍役與民差雙方供應的平衡，俾使軍政、民政能兩不相碍。我們由明中期以後在衛餘丁人數的顯著增加，和由餘丁中抽丁以供軍役的議論之盛行，可以了解明朝以軍妻同赴衛所的政策已經開花結果[120]。衛所營房裡住著的，不再是獨身軍人的集團，營房的建設開始顧慮到夫婦與家庭的問題了[121]。

清勾類又分三部分。第一部分是有關逃軍自首、捕獲、開豁、補役等的規定，以及盤詰、清解、調衛之法。我們發現，促使逃軍逃亡的原因，除去前節所提到的諸如掌軍官旗假借使用等名，「科索凌辱」、「逼累在逃」[122]，或軍士「畏懼當軍脫迯」等[123]；亦即由存在於明代軍戶制度中的基本矛盾所造成的諸要因外，中期以後我們更可看到一種新的傾向，即是爲獲取由原籍負擔供給的軍裝盤纏，詐稱逃亡，俟戶丁勾補到衛，又出而復役，從而奪取解到戶丁隨身所帶軍裝盤費者[124]。

這種問題的產生，不用說是與前述明朝所採的在營生根和以原籍供應衛所的政策有關。正軍在衛生根，除非在營人丁全部故絕，不回原籍勾補。其與原籍戶丁的關係自然逐漸疏遠，同時原籍戶下除繼丁五年一次送軍裝赴衛外，其餘各丁與衛所軍丁幾無面識機會。血緣關係也隨著世代逐漸稀薄，彼此既行同路人，這種強制性的生活物質供給關係，有時就非一條法令所能維持。當一方不履行義務時，他方便也能不顧情面，捏報逃亡，以逞己意。甚者一再重施故技，原籍有司便也重覆勾擾。嘉靖以後明朝下令將此類逃而復役達三次者「革退」，不准再當軍役[125]，便是受到現實所迫，不得已而行的。

還有，以軍妻同時解衛的構想雖好，但是軍妻的姓名既隨軍士自報，解軍者又不辨何者係眞正軍妻，軍丁們便常在解補之前，臨時雇買假妻[126]。到衛之後立即逃走，留下假妻在衛不知如何安身。無妻者於臨行匆匆婚娶，夫婦間既無任何感情基礎，棄之不顧的情形一定不少。結果反而是製造了一些人間慘劇，對衛軍的繁衍絲毫無補。至若前述長解於途中逼姦軍婦，更是不可避免而又無法解決的問題了。

第二部分是有關妄勾冒解所引起的訴訟，以及丁盡戶絕時住勾、開豁的手續。造成妄勾的原因，除上述爲求詐取戶丁盤費，將在營有丁冒作無丁，或僞裝逃亡者外，前期所見的如以同姓民戶爲軍等問題仍然存在。「南樞志」卷九二，「禁止違例妄勾妄解」（隆慶六年，一五七二）：

> 隆慶六年七月內，該巡按御史蘇民望條陳，本部侍郎石等覆議題准，通行各巡按清軍御史，嚴督司府州縣及衛所官，將清軍事宜悉照條例及節奉欽依事理，務要嚴查冊籍，慎發勾單。

除逃故祖軍的派戶丁照例清解外，其佃地補軍謂情願者頂繼，非謂耕絕軍之地卽補其戶之軍也。女戶頂軍謂承產者應繼，非謂娶故軍之女卽補故絕之軍也。同姓補軍止許及於本族，姓同族異者何相干涉。改調別衞，原衞卽當開除，復行勾發者人情何堪。至於軍不缺伍而復勾餘丁，則又衞官正軍掯害戶丁之故也。（史料四四）

是幾個最典型的例子。我們特別要注意到的是，這條史料說明了當時的妄勾有些是出於對清軍條例的誤解，也有可能是因爲清軍條例有些在最初並沒有訂得很周密，以致出現漏洞而爲人所乘。隆慶六年遂乃針對各種弊端，將條例重新加以解釋。

這裡且舉一例試加以說明。譬如「佃地補軍」，見同書卷九一，「逃絕軍田召佃頂役」，這是在正德八年（一五一三）成立的。

凡有逃絕軍人田土賣絕年久，管業已定者，不許告爭。若果見今拋荒及分撥十排里甲佃種，賠納糧差累人者，民間人戶有情願頂繼本軍名役告佃者，備行該府州縣清軍官，督令各該里甲人等查勘，委果本處淨民，不係逃移遠軍，結勘明白，方許佃種。本人仍發原充衞分當軍，不許改易近衞，以啓弊端。若本軍逃回或挨拏得獲，仍補原衞原伍。田歸本軍管業，供給軍裝。其佃田頂軍之人取回，仍作民戶當差。（史料四五）

前面說到軍戶的財產是不能出契賣斷的，可是在現實情況下，私相買賣或爲豪強侵占者必不可免。使「賣絕年久，產業已定者不許告爭」，便是對現狀的默認。除去這些產權已經轉移的田土不計外，逃軍田土有因無人耕種而致拋荒的，或分撥十排里甲佃種，代納糧差，因而累害里甲者，許民間自願者告佃，同時頂繼本軍名下原衞軍伍。條例中雖然聲明必須是「民間人戶有情願」者，可是流弊所及，一切佃種逃軍田土的——包括義務性被派佃種的里甲人役——都被拘補逃軍之役，這就失去明朝政府的本意了。

第三部分是有關起解的。例如起解時應審明精壯人丁[127]，連當房妻小同解[128]。長解須派遣有丁力之家充當[129]。軍丁沿途應驗日支給口糧[130]。解到都司衞所後，長解「批迴」（後敍）應取得收管印信等等[131]。此外如應補軍丁起解前爲求拖免故意引起訴訟[132]；長解人役畏懼路遠或過期受罰，私自買求僞印，蓋於批迴[133]；軍衞首領官收軍後，因逼勒財物不得，遷延不將批迴發還長解[134]；或批內所記軍人年貌，妻子有無，與解到者查對不同等糾紛的處置法也都收於此類[135]。

最後是册單類。我們從前面的敍述大致可以了解，「軍政條例」中的各類有許多地方其實是彼此重覆的。有關册單的記載除見於卷九〇外，又散見於其它各卷。所謂的「册單」，其實也就是上述諸解發清勾過程中所用的册籍。前面說到明代曾企圖以册籍來管理軍戶軍役的繼補。正統以後，尤其是清軍御史成立以後的清軍系統，又是藉著那些册籍來維持的呢？

「皇明經世文編」卷九九，「王康毅奏疏」[136]「計處清軍事宜」：

> 該本部題武庫清吏司呈奉本部判送據主事王學益呈稱：照得清理軍伍，係國重事。國初各該衞所，在伍有缺，俱得經自勾補。宣德十年，該本部題革，節該本部題准事例：各衞每年將節年該勾逃故軍士，盡數查出，分別司府州縣，攢造底册，一樣二本。一本留部，一本轉發各司府州縣，照名清勾。仍每年將各衞所軍額，攢造舊管、新收、開除、實在、清

勾五項花名冊。一本送部，以憑清勾冒漏等項查照。各司府州縣亦每年將奉到本部轉發清勾軍冊逐一開立前件，攢造實有事故文冊；送部回答。立法亦若周詳。（史料四六）

由王學益的整理，可知宣德十年以後衞所清軍之際，一共是要用到下列各項冊籍的。一、清勾冊，由衞所攢造，冊內記明該衞所歷年應勾逃故軍士的資料。二、花名總冊，亦由衞所攢造，開列舊管、新收、開除、實在、清勾五項軍額。三、回答冊，由有司攢造，記載清勾結果以回答兵部。其中除清勾冊於前節曾介紹過外，花名總冊與回答冊則是正統以後出現的。而且，同樣是清勾冊，在禁止衞所塡寫勘合派人勾軍的正統以後，其扮演的脚色也大不同於前。這些冊籍是怎樣發揮了它們的功能的呢？首先從清勾冊談起。

清勾冊由各衞所每年將歷年逃故應勾軍士名單編集成冊，這是前文裡已一再提及的。攢造之前，須先行清理，由「各衞清軍御史著落每都司定委軍政都指揮一員，衞所委軍政佐貳指揮、千戶各一員」，專管其事[137]。軍士缺伍者由所管總小旗負責報上，清軍官吏人等便憑總小旗所報之姓名鄉貫，與洪武以來的軍冊（這些軍冊平時由衞所掌印管軍官收領，猜想應是歷年所編清勾冊的底本）互相比對[138]。正確無誤者造成小冊，於每年三月底以前，連同洪武軍冊一併送交清軍御史。清軍御史發布按二司清軍官查對，中間若有差錯漏造情形，都司各掌印官、清軍官，衞所指揮、千戶、百戶，該管總小旗、造冊軍吏人等各問罪，仍發回重令改造[139]。必要查對無異，衞所才得造冊繳送兵部[140]。冊內備載應勾軍丁原充幷改調衞所名稱、祖軍姓名、充軍來歷、節次逃亡幷補役年月、衞所該管官旗姓名、原籍「都圖里社、坊隅關廂、保鎭鄉圖、村庄店園」等；屯軍並須查明所屬屯營，一併記入[141]。冊後註明經由清軍御史某於某年月日查對相同[142]，幷清軍、造冊官員姓名[143]，以示連帶責任。

冊成以後，由衞所差有職役人員，限每年五月底前送交兵部。造冊違限者，衞所「經該並首領官員取招住俸，吏典依律問罪」。稽送違限者，差來人「即送法司問罪，每（遲）十日罰米一石」[144]。冊到兵部，由兵部推舉年深主事一員，陞任武庫清吏司員外郎，撥與武庫司吏十名，專一清理[145]。這時由都司衞所送來的清軍冊，被按照應勾軍士原籍所屬的布政司、府分別開來，俟各處新選官或復任官員赴任，即塡給勘合使順齎前去。水路者給付紅船，陸路者給付脚力[146]，送至各省布政司或直隸府州交割[147]。布政司府收冊，由清軍御史會同布按二司清軍官辯驗查對，並按府州縣的單位分別謄寫小冊，轉發下去[148]。各府州縣清軍官於冊到之後，即將所清各軍查對黃冊，籍貫相同者更按照都圖里社等更小的行政單位謄寫成冊，用印鈐蓋，發下勾丁[149]。若有「州縣都里及充發來歷不明，洗改差訛者，徑查各該衙門軍伍老冊改正」，作弊官吏問罪[150]。

所以要查對黃冊，不用說是因爲黃冊裡載有各軍戶內所有人丁的記錄。藉著黃冊，府州縣清軍官已掌握住軍戶戶丁消長實態，清勾作業便可順利進行。這在前面也已大概提到過了。凡屬軍士故疾須勾補者，限兩個月內勾戶下壯丁，連妻小起解。清出逃軍，則於原籍有司問罪後發解，限一個月內收補[151]。若有追贓未完者，則責成本犯親男十五歲以上者償還，無親男者限期變賣家產起解[152]。同府州縣各置空白號簿一份，預先送清軍察院用印鈐記，領回收貯。遇有起解軍丁，即將充發來歷、應解軍丁、軍妻、解人姓名塡入號簿。一面赴清軍察院掛號（按號簿號碼照會清軍御史），同時發予解人「解軍批申」，執之解發赴衛[153]。解軍的「長解」，由里甲人役充任。府州縣清軍官員平時即將各里甲有丁力者，量其多寡編作上、中、下三等，造册備查。「遇有清出該解軍士，酌量地理遠近，照依原編等第，僉點押解」[154]。

「解軍批申」應明記「某處某人頂補某衛所某人名役」[155]，若為充軍人犯或捕獲逃軍正身，則批內更應記入各軍招繇、永遠或終身充軍、年貌、人丁、事產[156]。同時管解二名以上軍人者，每軍各給一批，分投押解，不許同批[157]。解到衛所，衛所清軍官查對批文所記與編軍底册（記有充軍軍犯招繇并編發衛所等）、戶口食糧文册（簡稱糧册，衛軍支糧的記錄）相同，就便收補著役。但若勾來戶丁，其本軍並不缺伍，在衛且有餘丁聽繼不缺的話，則取結將戶丁發回原籍聽繼。如諸册查無名籍或查出姓名與批文有異，應暫收於缺軍千百戶所，並將調查結果明白開寫，轉行本軍原籍的清軍御史查勘。係別衛錯解者改正，妄解同姓里隣者發回，不許濫收[158]。

軍丁收伍，衛所應於長解投文後五日之內發給「收管批迴」，長解憑之回原籍有司交差。若有如上述查册不同者，亦須於十日內完結[159]。衛所官旗不可藉機向長解勒索財物，拖延不給批迴，以致違限。故違者許被害長解人等訴告，軍吏總小旗提問，衛所掌印官并本管官參問，帶俸差操[160]。

「收管批迴」是交付長解表示所解軍丁已確實收伍的憑證。另一方面，衛所亦應將收軍的記錄存底，這就是「解軍文簿」，由軍政掌印官員收掌。遇有解到軍士，就於簿內填寫軍解到衛年月日期、本軍并軍妻姓名、有司發下解軍批申的日期以及衛所批迴的日期。另外如所收軍士有無存恤、存恤後是否已撥發差操等，都要追記入簿。這樣就構成一部衞所新收軍士的完整記錄。解軍文簿的底簿存於衞所，備守巡、兵備、巡按等官巡視至日查考[161]。衞所另外每年須將當年收伍軍士名單造册，分別原籍之司府，各一樣二本，由進表官齎送兵部，一本存照，一本移咨都察院，給付進表官乘其回程帶送各地清軍御史收管[162]。

同時有司掌印官員於發出「解軍批申」後，仍須隨時查對是否在限內收到批迴，批迴所蓋印信有否作僞。這是因爲當時有長解因畏懼解軍辛苦，或雇買代解之人，或私造、盜用他衙門印信僞印批迴交差，實際則軍丁並未解補。爲揭發此弊而加重清軍掌印官比較之責的。如果辨明無僞，長解便可放回；各州縣則將各軍起解、批迴的年月，類造「揭帖」開送本省清軍御史處。清軍御史收齊，便於春秋二季移文各軍所發衞所在地的清軍御史。查證某軍是否於某年某月解到某衞所，所獲批收是否爲該衞所發眞批。如同文該衞所並無此軍，則拘長解、里老究治，從重問罪解發[163]。回文收軍無誤者才能結案。收回的批迴應於號簿內逐件登錄註銷[164]，存底有司。這就是有司所有解發軍丁的記錄。批迴則具數奏繳清軍御史[165]。

以上所述是有司勾到應補軍丁或逃軍正身時解發赴衞的手續。若勾補不到或經查衞所所報者係不應勾補者時，又各有不同的應對方法。勾補不到的原因，可能是丁盡戶絕，也可能是全戶逃亡年久，下落不明，除後者應責成各地府州縣官、巡檢司、里老嚴查外；丁盡戶絕者應予開豁住勾。不過住勾之前，有司還須再差人赴原衞確認在營確實無丁，才能開作「住勾」[166]。有司差人赴衞查理，衞所官吏人等務須盡速從公回報，不許刁難需索財物。違者許被害人赴清軍御史處指實參告，問罪如律[167]。

不該清勾是指原伍軍丁有因「保舉爲官或遇例放免，或例不勾丁，或改調別衞」等造成缺額，因而被衞所朦朧一併告請清解者。此時有司須行文各處清軍御史查明，爲之奏請兵部住勾[168]。

不論是清出解過或經查無勾，申請住勾者，州縣有司於凡清理結果，都須造册備報，這就是「回答册」，全名「回答實有事故文册」[169]。內開「清出解過并實有若干、事故未解若干，同官吏結狀」[170]，於發册清勾的次年五月底以前，造送兵部武庫司查對[171]。册亦一式二本，除一本留兵部備案外，另一本則與衞所造解軍文簿一同發進表官轉交清軍御史收管[172]。應住勾者由兵部督同監生造册發衞，責令從實塡註繳部[173]，兵部憑以開豁住勾。

清勾、回答册是衞所、有司清理缺伍軍丁時所用的文册，另外又各設册管理軍戶之全體。在有司即爲軍黃册，在衞所是爲花名總册。軍黃册的名稱起於何時不詳，韋慶遠「明代黃册制度」以爲是由明初的軍戶戶口册發展而來，而關於編制軍黃册的基層機構，韋氏以爲應有兩類，是爲「全國各個內外衞所」和「地方的司、府、州縣行政衙門及所在清軍御史、清軍官」。二種册籍都叫做軍黃册。送到兵部後，兵部綜合二册編制包括全國在役軍丁及分居各地軍戶總數的册，這也稱作軍黃册[174]。韋氏是根據什麼史料下了如此的斷言，因書中不曾註明不得而詳，但就筆者管見所及，以爲尙有商榷的餘地。

「南樞志」卷八九，「查造旗軍戶丁類册」（成化一一年，一四七五）：

各處清軍御史、二司督同都司衞所、南北二京衞所，俱著落各該軍政及首領官，將各管旗軍逐一查出，要見原額旗軍若干、見在若干、逃故、改調若干，務將充軍、改調來歷、年月、貫址、節次補役戶丁正餘姓名，通類造册，每布政司攢造一處，直隸每府一處，各一樣二本。照依遞年清册委官查對無差，限次年八月以裡送部，一本存留備照，一本轉發清軍御史收查。仍將前册轉發司府州縣抄謄一本，仍送御史處查明收照。如有差訛，即與改正清解。其有原籍册內開稱某衞充軍，及查某衞册內幷無本軍名伍者，解部定奪，或發附近衞所收操。以後但遇發到清軍文册，只將前册查對清理，若有更移鄉貫，揑故妄勾等弊，查出聽清軍御史參問。（史料四七）

這是由衞所將所管旗軍照舊管（原額）、新收（充軍、節次補役戶丁）、開除（逃故、改調）、實在（見在）等項目編造而成的。這條法令同時見於「大明會典」卷一五五，「册單」，其後並接著說到：

又令各處清軍御史將兵部發去各衞所造報旗軍文册，對查軍、民二册，以防欺隱，其册，府州縣各謄一本備照。（史料四八）

由軍政條例可以推知，成化十一年成立的「旗軍文册」即是正德十六年所定「花名總册」的前身[175]。而清軍御史在接到兵部發來旗軍文册後既須與軍、民二册（軍黃册與民黃册）互相查對，可知旗軍文册是不同於軍黃册的。筆者以爲，在對於軍戶的管理上，有司所編的軍黃册固是繼承了洪武二十一年軍戶戶口册的傳統；旗軍文册則出現較晚，它的成立正說明了明代欲以衞所、有司互相制衡的努力。不過因爲缺乏直接史料的證明，無法深論，只附記於此。

軍黃册籍與民黃一樣，都要收存在南京後湖。「南樞志」卷九〇，「造成總册交代查對」（弘治一三年，一五〇〇）：

南京後湖管册官，將洪武至今軍黃册籍，備開年分，每省造成總册一本，立案交代。解到軍役，若查册人回稱浥爛，務弔前案總册查驗。各處司府清軍官亦將册籍如法造成總册，明立文案，遇有陞任事故，憑此交代。遺失則令抄補，方許起送。州縣攢造黃册，改軍作民，及析戶不明，塡名來歷不真者，察訪查對得出，作弊人犯，治以重罪。其補役軍丁，務要查册有名起解，敢有詭名以圖日後作弊者，事發將戶長發附近，另充軍役。（史料四九）

可知後湖的軍黃册是按年分與省分分開保管的。司府清軍官亦須按州縣等單位各造總册，當有清勾解補之際，即查對黃册發放。清軍官離任，須憑以交代，若有遺失，須抄補齊備然後離任。所謂抄補，是到後湖調閱各該年份原册資料，這時就須由後湖查理管册科道官躬親監督[176]。同時為防止作弊，查册監生規定不得用軍籍之人[177]。

軍黃造册，原則上在大造黃册的次年[178]。司府州縣兵房吏典、造册書手俱不許軍戶之人充當。軍黃册式經過數次的改變，到正德八年（一五一三）以後採用「格眼」記載。「南樞志」卷九〇，「奏造有司格眼圖册」（正德八年）：

廣東左布政使羅榮等奏：本部尚書何等題准，查得先該御史周清奏造總會軍册，每名印成十眼圖格，將各軍戶姓名、貫址、充發緣繇、編調衛所，揭寫圖首，橫列造册。每歲直書丁口年甲，照依籍册內開豁、收除、實在數目填寫。自成化八年起，十年一次造報，扣至弘治五年，挨次格眼，俱已填滿，合將首項文册格眼增添，自洪武十四年為始，至正德七年止。其册一行十眼，每戶俱以兩行填寫。但遇造册之年，一體填造，後遇兩行填滿，增以三行，不許將久遠年號挨退，若各該有司册籍不存，開具戶籍都圖，申呈各該上司，取發查對。若司府州縣册籍蕩絕者，本部揭查册籍，劄付回照。（史料五〇）

可知一册內包括洪武十四年以來每十年軍戶的一切記錄[179]。而其後每有大造，便將新記錄塡入一格眼中，比起以前每次重新造册，要經濟實用的多了。

旗軍文册則是五年一造。以千戶所爲單位，包括衞所內所有官、軍、舍餘[180]。正德十六年（一五二一）議定爲五項册式，「自正德十六年分造起，以成化元年以前原額及陸續充收軍士爲舊管，元年以後至正德十五年終止歷年收充過軍士爲新收，改調、住勾等項爲開除，食糧、差操等項爲實在，見今該逃故等項爲清勾」，「分別屯所攢造花名總册一本，以防欺隱」，是較成化以來的旗軍文册又多添了清勾的一項。不過必須附帶說明的是，衞所的清勾册在這以後還是繼續存在的[181]。

以上就是正統以後到嘉靖初期明代清軍的系統。從發册清勾、解補到住勾，明代設立了許多徵信文件，這些文件最後便都集中到清軍御史的手中。從上文可知，清軍御史所掌握的最少有如下數種，是即衞所清勾册、解軍批迴、衞所解軍文簿、有司回答文册、軍黃册與旗軍文册等。將這些文册彼此查對，若有差誤立即調問有關人員，則許多造僞作弊的情形也可瞭入指掌。清軍御史平時並須巡視管內各州縣衛所，調取收軍底簿或批迴號簿與諸冊查對[162]，務求不枉不縱，公平合理。我們說這套體系是靠清軍御史和各種冊籍支持而成，應該不爲過言。

論到這裡，本節最初所舉的三個問題已大致解決了。「蘭谿縣志」中所說的冊，是指衛所造清勾冊，但是我們應該要注意的是，文中「始」字的用法；不是說宣德以後始造此冊，其重點在後面的「勑差御史一員」云云。也就是強調宣德以後始差清軍御史專理清軍的一點。而清勾冊也就因此較宣德以前突出的多。周經和「蘭谿縣志」的作者以不同的標準作了不同的分期，我們固無須特別就認定何者爲是，何者爲非；通過上文的敍述，可以了解宣德期所做的各種嚐試和正統以後新體系的成立。將宣德看作明代清軍制度的一個分期，應該是沒有大差的。

第三節　嘉靖以後清軍作業的簡化與清軍御史的廢止

以冊籍來管理人的方法，必須冊籍所載內容正確無誤才有可能發揮作用。正統以來的制度雖然嚴密，實際情況又如何呢？前引「皇明經世文編」「王康毅奏疏」「計處清軍事宜」接著說到：

> 但查得在京各衛所歲造前項文冊名數多者，如府軍前衛，則費銀數十兩。其少者亦不下六七兩。又有衙門歲該造送文冊不止一二十項，每項費與此相上下，俱於百戶俸給、官軍月糧扣支使用，極是繁擾不堪，則在外可知矣。況各衛每年清勾軍士，多則萬數，少有千餘。而計所解到軍士，每年多者不過二三十名。至有一軍勾及數十次，所費不知幾何，而卒不

能得其一日之役者，實為未便。各該承委督造軍政指揮，不免責成各所千百戶人等，多有不諳文理，及見前冊歲以為常，徒費少益，非特視為故事，抑且或生厭心，往往止憑識字人等任意謄寫，惟求塞責。大抵攢造次數愈多，則差訛愈甚，且奸弊橫出。或有見伍而作缺，有丁而作無，以希解補取利者。或有故逃以待勾，旣勾而復首，以希解補取利者。或有移名換籍，以希解到作無憑收伍取利者。或有新軍初到而勒財以逼之逃，受財以縱之逃，以致隨解隨勾者。雖禁例甚嚴，而撿覈無法，勢難悉杜。及查各該司府每年奉到清勾文冊，謄發各屬，被里長書手人等增減字畫，埋沒名數，作弊多端。其造送回答文冊，亦多止是紙上虛文，至於勾軍數十，而實有不數人者。又有一軍回答至數十次，而卒無下落者。又有雖稱實有，而不解補者。其已解軍丁，則又有隨解隨逃者，有偽為批印回銷者。雖近有勘合之例，而道里展轉，歲月侵尋，冊籍浩繁，日力不給，終歸苟且。又各清軍官員，因本部原定之數，或至不足，有將不缺伍及在營有丁例不該勾人數，作冊外清出，以强湊免罪者。有將丁盡戶絕，責令里甲頂認，及妄指無干者。其民害不可勝言。若不及今為簡要之法，將見衞所之清勾徒費，而行伍難充。各司之回答雖頻，而文具何裨。且使奸軍或計行，平民或被枉，而稽考旣疎，勸懲不至，軍政之壞，漸無紀極。（史料五一）

可知衞所州縣都將之視爲具文，只求塞責，不問眞僞。結果反成爲不肖之徒利用謀利的工具，實際則並無補伍之利。且衞所造冊，其經費都由百戶以下官軍俸糧中扣給，若所屬軍士逃故者多，花費增大，連官軍的生活都要受影響。史料中說到衞所每年造冊不止一二十項，乍看數字非常驚人，但絕非過言。嘉靖「臨山衞志」卷一，「軍需」，開列該衞所造册，計一年一報者七種，費銀十二兩八錢七分六釐；三年一報者八種，費銀十六兩八錢五分九釐；五年一造者三種，費銀十四兩七分八釐；十年一造者二種，費銀十兩余。二十種册籍平均每年合計費銀二十六兩余，所有費用均是由旗軍折鈔支出。不足者，尙須由月糧中扣補[183]。碰到衞所軍多，造册所費紙張多的場合，軍士的負擔就相當吃重了。

還有，除去造册所須的費用[184]，另外如買紙、解册等都要由衞所派人去辦，這些人役以及途中所須驛遞盤費，也通通都是旗軍的負擔。「皇明經世文編」卷一〇〇，「李康惠奏疏」「遼東據處殘破邊城疏略」：

三曰：省繁文以杜科擾。查得所屬二十五衞，每年造册繳報，起數至多。繳吏部三件，繳戶部十五件，繳禮部二件，繳兵部九件，繳工部四件。每造文册一本，輒用六七本，一立案，一繳衞，一繳都司，或守巡苑馬行太僕寺，一繳該部，一繳該府，一奏繳。雖是舊規，其實無益。邊方紙張難得，能書者少，遠路買紙，高價雇人。都司等衙門，差人催迫，驛遞被馬騾口糧之擾，衞所被供送打點之擾，解册又有盤費解扛之擾。科歛紛然，貧軍受害。若文册足以革奸弊，存之可也。足以備查考，存之可也。臣昔歷任戶刑工三部屬官，親見解册旣到，置之高閣。不為蟲鼠之所毀傷，則為姦吏之所費用。竝不曾見于繳到册內，查出何項錢糧以充國用，但以其舊規而姑存之，已為過矣，況又有不係舊規者。（史料五二）

遼東邊地，因爲紙張稀少，善書者又不多，因此每逢造册，便須派人到遠處買紙。紙張入手，又要高價雇人來寫。等寫畢冊成，遞送到部，又須派人沿途扛解。這些花費和雜役便都科到貧軍的頭上。衞所造冊當然不止清勾關係者⑮，李承勛所舉雖是戶刑工三部部內衞所解冊的下場，從明末的清勾不得實效來推想，可知在兵部也沒有什麼兩樣。如果藉著文冊確實足以革奸弊備查考，要這個冊也還有些意義，一旦諸冊不能發揮其預期効果，就反而成爲了累贅。這裏生出的補救策就是簡化冊籍。

首先改革的是衞所清勾冊。前文提到，明初以來，衞所清勾每年都要重新造冊，這些冊籍是按司府單位分別編成的。兵部收到各衞所造送來的清勾冊，按府司加以歸併，轉發下去，司府清軍官在收冊以後，便督令吏書按州縣分謄小冊。等這些小冊被送到各州縣，又被按照更小的行政單位謄寫爲更小的冊，然後才發下勾軍⑯。經過層層的抄謄，到最後實際被作爲勾軍憑證的冊，較之衞所原編的冊已不知經過了多少人手，中間發生於有意無意的錯誤便也不知凡幾。而且就史料五一來看，清勾冊最終的謄寫者似是里長書手，他們同時也正是負責編纂黃冊的基層人員。明代清軍工作既是藉黃冊（或軍黃冊）與清勾冊的比對而成立，同時掌握了兩種冊籍的里長書手便也成了掌握軍戶生殺大權的人。他們接受軍戶的賄賂，改動冊籍的記錄。或將軍戶飛入同姓民戶戶下⑰，擅改民戶充軍；或將戶下有丁軍戶開作丁盡戶絕，企圖永避後患。因爲兩種冊籍均由他們一手包辦，只要冊面上的記錄一致，背後的作僞很難被察覺出來，因之用清勾冊與黃冊互相比對的工作，可以說是完全失去意義。

另一方面，遇有屢勾不到，次年再發勾丁的場合，這些軍丁也需要再重覆入新冊之中，憑之再行勾取。這類人數年年增多，尤其是逃軍根補不到的場合，一方面雖暫時勾取戶丁補役，另一方面，對原逃正身的根補亦毫不鬆懈。又如丁盡戶絕或以其它原因例應住勾者，由於有司軍衞官吏不敢具結保證，結果都留到下一年再重被造册勾擾，這些都促使了清勾册逐漸趨向膨大化。清軍册愈是龐大愈不易把握其正確性，奉命造册的千百戶又多不識文理，因此常任憑識字人員隨意謄寫，亦不從實調查缺伍軍士的實際資料，致使錯誤也逐年增多，終於連衞所本身所造清勾册也失去了應有的信憑性。

針對這些弊病，嘉靖十一年（一五三二）以後成立了所謂的「軍單」。軍單是用堅厚白紙製成，每遇有軍士逃故，即塡寫一張，衞所蓋印之後，送交兵部「掛號轉發各司府照名清勾，仍照舊以司府州縣相屬攢造底册一本，送部存照」[188]。清勾册之外另造軍單，乍看是較前更增了一道手續，事實上却不是這樣。原來軍單在轉發各府以後，直接發下地方，地方上的里長等役便憑各衞所開原單清勾，並不像以前還得另外再造小册。且存留兵部的底册，除了在嘉靖十一年將宣德四年到嘉靖十年間應勾軍士一總造册存檔外，嘉靖十一年以後再有逃故，則只須將該年度內逃故軍士造册塡單，「發單者俱免再造」[189]。這樣需要造册者的數量就大幅減少，由衞册的膨大化而引起的弊端也稍可減輕了。

軍單出兵部以後，先送清軍御史處，由清軍御史轉發司府州縣，州縣官吏憑單逐一清審[190]。內有丁者即與解送著伍，遇例優免及該免勾者即與開豁。這些一經清查便有結果者的名單，於是年年終彙造成册，連同原發軍單一起送到布政司及直隸該管府州，再由司府差選的當人員送兵部銷照。戶下有丁軍戶，自軍單到日爲始三年以上不解者，參問府州縣清軍官。丁盡戶絕並挨無名籍者，則須經勘五次以上得免再勾。軍單送清軍御史審實，類繳兵部，同時兵部及司府州縣仍各立住勾册，每衞一本，以備查照[191]。

一枚軍單用以清勾的時效似爲三年。根捉逃軍，三年之內不須另外塡單，若經過三年仍未捕獲，則將原單繳部，兵部即行文各該衞所重新塡單發勾。再三年不獲，仍照例施行。若軍戶戶下只有一丁，係老幼不堪解補者，則「候經勘三次以上，造册送部案候，原單留該州縣，候出幼解衞及老疲故絕日繳」[192]。由發勾到補役，中間經過的時間或不止三年，不過因爲三年的期限是由單到之日算到查出爲止，一旦查出之後，造册記錄，其後並無勾軍行爲，與逃軍未獲仍須勾補不同，故不須另發軍單。

所以訂以三年爲限，這是因爲軍單內除記載該勾軍士姓名鄉貫等，以資清勾時用外；另外如清理查勘的結果、該年清審過官員職名，以及里甲鄰佑姓名等，也都須逐年記入，相關人員並須親自畫押[193]。單內採用格眼的形式，「一年雖審數次，止許開結一次」[194]。具結文塡入一格，三年塡滿，故須更新。另外考慮到紙張經年傳閱會有破損的可能，也有適時予以回收的必要。用衞所造軍單直接清勾，清勾册只記當年逃故者名單，以供清軍御史、兵部、五軍都督府等備考[195]。一張軍單可使用三年，單內並記錄每年清審的結果。這較嘉靖十年以前每年不分逃故久近、一律造册，分層謄寫勾擾的情形是進步多了。

有司的回答册也相應做了調整。回答册既是有司依據清勾册所載名單清查的結果，往年將所勾軍士全員記入清勾册的時代，有司便也需要一一回答，因此有一軍回答數十次仍未追捕到衛者，徒然造成册籍往來的繁複。改用軍單以後，有司查審的記錄首先記入軍單，軍單繳回兵部，本身便可作爲一項憑證記錄。因此有司方面只須將解過軍丁收有批迴者以及於例應免勾補者，於年終開造小册連單送部銷照，應住勾者則於經勘五次以後，另造住勾册備考，兵部與司府州縣各置一册。軍單則送清軍御史審實後類繳兵部。另外如前文所說老幼不堪解者以及逃移根捉三年不到者，亦於清出或繳單的時點分別造册上報[196]。可以說是將以前諸項記錄雜然紛陳的回答册，應其清理結果分化爲數種小册，且記入册內的必是已有下落可尋的。至於逃軍根補不到者則每三年一回答，一方面減少了連年造報的煩擾，一方面也適時的保留下逃軍的記錄，較前是合理多了。

再來便是旗軍文册的改革。正德十六年以來改用的五項册，到嘉靖十一年以後更名軍總文册。「皇明經世文編」「計處清軍事宜」續言：

> 其五項册，亦不必每年造送。聽本部斟酌定與式樣，更名總册。行令各隨該衛原設五所或十所，俱每所釘作一册，照依發去册式，分別百戶，將各軍照充發年月順序挨寫，不許遺漏。每紙一張，分作八格，每格填寫一戶。止列橫格，開單軍祖姓名貫籍，下分八行，開寫充、調、接補、頂替來歷，先管百戶總小旗姓名，餘行空下。仍於每百戶下除將原額軍役填滿外，各空格六張，一樣二本，一本送部，一本存衛。仍照前册分別各布政司及直隸府州縣，各送一本，以憑轉發收貯。以後年分，止將本年新收編發軍由，及解補到軍數，開造送部。本部清軍委官督令該管人員，將該年逃故解到等項，填寫軍格下，新充軍由填

寫該管百戶空餘格內。該衞幷各司府州縣，亦行照填註以憑查照。雖至百年，可免更造。

（史料五三）

以千戶所爲單位，釘作一冊，旗軍隨所管百戶而排列，同一百戶下的各旗軍則照充軍發衞的時間先後順序排寫。因爲各軍在役時間有長有短，後補役者可能先故，欲求每逢造冊都固守此一原則非常困難。因此可以想像到，所謂的充發時間，應是指各軍祖軍充軍發衞的時間[197]，如此則順序分明，永無更動必要。冊成之後有新充軍的，以本人爲祖輩，因入衞時間最晚，塡入該管百戶空餘格內。

新設總冊的特點，從預留空格紙六張的一點上可以看出。因爲一紙計有八個格，每格塡入一戶，六張就可塡入四十八戶。明代百戶所的軍額原則上連總小旗共有一百一十二名，其中因改調、新充等項雖時有變動，但爲數並不是很多，四十八個空欄可以應付數十年乃至百年之需，其間便再無更造的必要。這與前面提到正德八年軍黃格眼冊的改革是有異曲同工之妙的。

還有就是以百戶爲中心，將所管旗軍彙記於其下空格的一點。格內所載除例來訂有的，如軍祖姓名籍貫，充調、接補、頂替來歷等之外，各軍所屬的歷代百戶總小旗姓名，也須記入；同時遇有逃故解到等項亦皆塡入軍格。如此一來，如「軍之逃至三次者，指揮千百戶之所管，逃至若干名以上者，凡法例之所欲禁，皆可一揭以知」[198]，旗軍文冊便也兼有了監督官軍的作用。

上述各項冊籍的簡化，一方面固是爲了減省衞所有司在造冊上的花費，另一方面也企求藉著各冊內容的精簡，提高其正確性。也就是說，從抑止「量」的泛濫，求取「質」的提高，欲從而加速清軍作業的進行。可是效果究竟如何呢？明代的清軍工作在這以後還是持續著低迷的狀態，嘉靖三十一年（一五五二）且在軍黃册外，又增設了兜底、類姓、類衞等册[199]，將全國軍戶以不同標準編入各册，互相比對查閱，企求加強對軍戶的控制。可是都不能稍挽政府在對軍戶統制上的頹勢，這又是什麼道理呢？前面討論過以册籍統治時，難以避免的一些屬於人爲上的破壞因素，重點偏在里書衞吏等基層工作人員。可是仔細想想，諸册不論如何被下級人員塗改，兵部和清軍御史處總還留有底册，如果嚴格執行查對，多少還可發現出一些漏洞。尤其是清軍御史，掌握住各種基本資料，專職被任以清軍，實際上究竟又發揮了多少作用？都很值得懷疑。那麼，正統以來的清軍御史究竟對清軍作業發生過怎麼樣的影響呢？

明朝設立清軍御史的背景，在本章第二節裏已約略提到。要言之，是迫於當時大量缺軍的現實問題。根據于謙在正統三年所做的統計，當時天下都司衞所發册坐勾的逃故軍士，計有一百二十萬餘名[200]，約占衞軍原額的二分之一[201]。而留在軍伍的二分之一中，精壯者爲將官私役佔用，有力者辦納月錢逃避差役。眞正在衞執役的反而是些貧弱老疾之人。衞所軍制從根本受到動搖，甚至開始藉民壯的力量以補衞軍之不足用[202]。要求募兵的意見也出現了[203]，可是一切以「祖制」爲上的明朝，輕易絕不肯放棄對軍戶的控制。以軍戶供辦軍役，又可省掉許多額外的經費，從財政上來著眼，也絕無坐視其崩潰之道理。因此設立清軍御史，除加重其職專管清軍務求應勾軍丁能從速歸伍外，又須不時巡視各衞，糾舉衞官不法虐害或賣放軍士的弊害[204]。易言之，是明朝政府「困獸猶鬪」的表現。

清軍御史派出以後，一時似乎收到了相當的效果，「英宗實錄」卷九五，正統七年（一四四二）八月戊戌條：

> 湖廣左參議黃仲芳奏：自正統元年以來分遣御史清理軍政之後，較之往年軍衞自勾之數，倍以萬計。民免侵漁，軍無曠伍，誠為良法。（史料五四）

是以御史清軍已獲得相當的評價。通正統年間，清軍御史常駐在各地，「必三年而後代，命專久得竟軍本末」[205]。間雖亦有因災傷或用兵暫免的，但歲豐即復，兵息又派[206]，朝廷對清軍御史一直抱著很大的期望。清軍御史也確能發現時弊，隨時上奏糾舉，不斷的擴充了軍政條例的內容。使朝廷能應付各種繼補軍役時所發生的狀況，更為準確的把握住軍戶的動態。可是隨著清軍機構的嚴密化，另一方面新的弊端也逐漸擴大，這與明初以衞所勾軍時期的弊端完全相反，我們可以將它看作是矯枉過正的結果。

原來以御史清軍，既責之以專職，清軍的結果自然直接影響到他的考績。宣德間以給事中、御史清理軍伍，雖然是短期的措施，已不免因求功而生弊[207]。何況到了正統二年，連司府州縣清軍官皆須專委[208]，各官畏懼受譴，盡力勾軍，勾不到而必欲勾，問題自然就產生了。尤其是到了成化十一年，規定清軍以十分為率，能清三分不枉平民者，御史及兩司官由兵部奏請獎擢，府州縣官量加俸級；不及數或有冤枉者，則受參奏黜責之罰[209]，是由朝廷定下了清軍的標準。可是軍伍愈到後來愈是難清，三分的標準是朝廷不顧現實狀況如何，純以清出為目的訂下的。從「孝宗實錄」弘治六年（一四九三）三月乙酉條可知，當時清軍能及三分者僅是少數，有些地方甚至不能達到十分之一[210]。弘治十六年（一五〇三）乃更具體的訂出罰則。「孝宗實錄」卷一九五，弘治一六年正月戊子條：

兵部奏：各處布政司及府州縣清軍官多不用心，故清出軍少。宜行各清軍御史或巡撫御史，今後以十分為率，不及三分者，布按二司清軍官停俸兩月，府州縣清軍官停俸三月。其不及一分者，布按二司清軍官停俸三月，府州縣清軍官幷司府州縣吏逮治，從之。（史料五五）

從另一個意義來看，就是承認了清軍不及一分的現實[211]。

這裏讓我們回過頭來簡單敍述一下司府州縣清軍官的組織。以浙江為例，布政使司下設有清軍道，杭州等府下設有清軍廳[212]，州縣則有清軍同知或縣丞掌理。由「明史」「職官志」可知，屬於司級的清軍道一般是由按察司副使或僉事掌理的。江西則由右布政使清軍[213]。但由史料也可得知，布按雙方都派有專事清軍的人。「南樞志」卷九二，「清軍二司不許別委」（弘治一三年，一五〇〇）：

各省清軍御史會同撫按，將布按二司堂上官員，除掌印正官外，於內選委到任年淺能幹佐貳官各一員，專理軍政三年。滿日照例另委果替。未滿之日，不許營求別差。其撫按等官非遇緊急軍情重事，亦不許將各官輕易改委，因而有悞軍政。違者俱聽清軍御史參奏發落。（史料五六）

是由掌印正官之外的布按二司堂上官中，各選年資雖淺但辦事力強的佐貳官一員專理軍政，必三年期滿才得改委。三年任期之間，本官不許營改別差，撫按等官亦非遇緊急軍情重事不許輕易改委。二司清軍官俱聽清軍御史節制。

清軍御史的考覈固與清軍分數有關，司府州縣各級清軍官員更是以清軍成績決定其薪俸收入和未來的前途。「古今治平略」卷二五，「國朝兵制」謂：

> 其御史受代還，以清勾補伍名數多寡為殿最。故清軍使者賢，即法嚴令具而止，否者以束濕繩下，以鉗網讐民，以苛峻為風力，安祿保資。而各清軍官，恐勾補不及數為己罪，望風酷訊，如在重辟，必責之妄指揑報而後已。有將不缺伍，及在營有軍，例不該勾人數作冊外清出者；有戶絕後責里甲認頂，及妄指無干發解者，於民禍太烈矣。（史料五七）

可說是道盡了其中的利害。

這樣的例子我們從實錄裏還可以發現許多。成化十二年（一四七六）以清軍分數定獎懲之例甫定一年，就有「清軍官多拘詔例，以清出數多者爲能，致寃抑不可勝言」之事[214]。弘治六年（一四九三）三月住俸之命甫下，五月又有「以疑似者爲正身，以亡絕者爲見在」[215]，致良民被寃的惡例出現。這些問題不斷的發生，反映出當時想要正確的清出缺伍軍士已是非常困難了。特別是在洪、永年間逃故的軍士，逃故之時既已無據可查，經過半世紀以上的光陰，舊的冊籍也已淹沒，物故人非，更不要想查出了[216]。可是明朝還是堅持其勾補、根補的原則，軍政條例中雖然也有住勾、豁免的法令，但是主辦者連帶責任太大，輕易不敢簽署，遂致因循苟且。每年造冊清勾時，照例將這些年久無勾者塡造發出，而照例是得不到結果的。

這些幽靈般的存在，第一個影響到清軍官的成績。有識者乃建議將之從三分之中扣除，如「孝宗實錄」卷一九八，弘治一六年四月辛亥條謂：

> 先是宣德間以天下衛所逃軍數多，始議清軍條例。差官清理，立為分數。其後委官圖足三分之數，有逃故丁盡戶絕者，則里老妄報詭名倩補，或偽報年幼記錄。清理之後，竟無軍解，徒累解人。江西九江府知府劉璣以為言，兵部請行各處清軍御史嚴督各府委官稽覈究治，其衛所册勾逃軍，自宣德四年以前則止照名清理，對款登答；以後者仍照原定三分之數。從之。（史料五八）

清軍官爲求足三分之數，直接負責勾軍的里老是第一個受到壓力的。於是爲塘塞上官的要求，將逃故丁盡戶絕者妄報虛名解補，或僞報作單丁年幼尚未及從軍年齡而記錄了事。表面上是已經清出可以歸案了，實際上不但依然無軍可解，反而更促成册籍的混亂。兵部迫不得已，乃議定將宣德四年以前衛所開勾逃軍另行以個案清理，宣德四年以後開勾者才可按三分之數評定清軍官的成績[217]。

除了在簿面上作僞，將無作有，增加表面成績外，更糟的是抑勒平民爲軍，將「同宗同姓及親佃近隣之人」一概妄解[218]。同時爲湊足人數，不論老稚，一併收拘，甚者「買無籍之徒充數，雇妻易戶」[219]。結果解到之人不得實用，更因冤抑或雇買等情，逃亡相繼，軍政更不可清了。「孝宗實錄」卷一九二，弘治一五年（一五〇二）一〇月丙午條：

> 初監察御史任文獻清軍浙江，有閑住通判沈徵者錢塘人，其戶名與絕軍沈三同，文獻特之

及也。名同而軍絕者尚十餘家，徵因群衆而喧于外。文獻聞之，遽下令有枉者餘辦之。徵等不為止，因共毀其告示牌及柬柵闌。時徵等黨聚者百餘人，市民遇而觀者復以千計，一城盡譁。文獻乃枷總甲九人者出，將以警衆。徵等復破其枷而釋之。又以李貴者常書軍冊，疑為所中，因群至其家，捕貴不得，遂毀其門及地器物而去。鎮巡官聞變，捕徵等數十人送獄，俱擬充軍。仍治徵前事，令補絕戶軍。乃以其事聞。徵亦令男訟寃闕下，並告文獻在浙私淫民婦，狎比侍童，多貸人金，致市恩出入人罪，及他不法十餘事。（史料五九）

是即以與年遠絕戶軍戶名相同者充補軍役所引起的亂事。聚黨爲亂的有百餘人，圍觀市民又以千計，亂衆打毀了清軍告示牌、清軍院柬柵闌，以及書軍冊者之家財，被逮後又與清軍御史互訟。最後沈徵雖不免充軍一途，但是罪在「倡衆縱恣，欺辱憲臣，誣奏多官，亂常梗化，輒生厲階」；其與沈三同戶名的一件，是被判作「年遠籍亡，宜免僉補」的[220]。沈徵能出來率衆作亂，一方面也是因爲他曾有「通判」的經歷，在地方上小有勢力；至於一般平民受抑爲軍的，就沒有這種膽量。因此含寃莫白，造成永世寃獄的，可想而知一定不少了。

也因此，要求免除清軍御史的意見也就層出不窮。正統三年，清軍御史方派出不久，巡撫河南山西兵部右侍郎于謙就請暫免[221]。他的理由在於「山西地瘠民貧，兼之邊餉勞費；河南雖稱富庶，重以連歲災傷，人民困極，多不聊生。即今清理軍伍，起解數多，而押解之人亦動以萬計」[222]，「途路荒遠，盤費艱難。每軍用長解違限，亦發充軍。當此歲歉民飢，安居尚不存活，遠行何得聊生」[223]。當時兵部是勉爲其難的答應了他的要求，從連年荒歉的河南取回了清軍御史；另外視各地實際狀況，或遣回，或留任。不過這種停差，主要因爲地方災傷，顧慮到勾軍、解軍時所花費的人手和費用[224]，站在生產第一，復業第一的立場，爲求保留元氣的作法。我們看其後多次以災傷或取回清軍御史或暫停清解，對於已清出者，令其暫留在家耕種俟至秋成再起解[225]，便可了解政府的用意。

可是以災傷暫停清軍御史的事例，成弘以後逐漸加多了。成化十三年因四方災傷，除福建、四川、雲南、貴州、兩廣外，餘各停罷，令巡按御史兼理。一直到成化二十年四月，「邊務方殷，而總兵等官復以軍伍缺乏爲慮」，方又選差十人，分赴前所停罷之處清理[226]。可是沒有多久，又因旱災之故，先後在同年八月免陝西清軍御史[227]，九月免山西、河南清軍御史[228]，是各地不設清軍御史都達七年或七年以上。災傷之外，例如有河役或採珠之工，須要大量用人的時候；或是盜賊蜂起，人心不穩的時候，都會應需要暫停清軍[229]。

除了以上因各種特殊事故停差清軍御史外，另一方面朝廷平時差派清軍御史的間隔，也由三年改爲五年[230]。年限延長，雖也可能解釋作是爲了更加專久其職，但是我們同時又發現，清軍御史的任期仍是以三年爲限。「世宗實錄」卷一八五，嘉靖一五年（一五三六）三月甲戌條：

> 兵部覆巡按直隸御史金燦疏，請遵復舊章，仍差清軍御史，分行天下。五年一差，但以完銷差內發去軍單日回道，不必限以三年。各所屬清軍官員亦以銷完軍單明白無弊，及不枉平民為賢。不必以先年清出分數多寡為則例。報可。（史料六〇）

所謂「不必限以三年」，目的是鼓勵清軍御史能及早完銷任內發到的軍單，也就是使愈快達成任務的能愈早回京聽陞。相反的，工作不力，三年仍未能將軍單處置完畢的，則須延長任期，直到清完爲止。清軍御史的任期原則上還是以三年爲度的。這條史料同時告訴我們，至遲到了嘉靖中期，明朝政府已能認識到清軍限定分數所帶來的弊害，不再像從前一味只要求成績，而能將重點放在無弊無枉的一點上，不能不說是很大的進步。不過如果想到這種進步是在清軍御史已快被否定其存在價值之際才產生的一點，又不能不令人感到些許諷刺的味道。

這段期間清軍御史工作態度的變化，也是值得注目的。「孝宗實錄」卷一三〇，弘治十年（一四九七）十月甲午條：

山東兗州府同知余濬言：各處清軍御史多取道還家，到未久即造三年冊籍，以為滿限。乞查其在任行事，並回京起程日期，實歷三年，方許考稱。仍踵前弊者究治之。事下都察院。覆奏：舊例清軍御史三年更代，今後有差，去時不可過期，回時必須滿限，違者聽本院考察黜退，以戒不職。從之。（史料六一）

表現出偷懶取巧，敷衍了事的極度。延期赴任，剛一到任，又不待了解狀況，立刻就能造出三年的冊籍。所造的內容，可想而知不過是抄襲作僞的結果罷了。明朝一片苦心設計出來的整套管理軍戶冊籍系統，第一個毀在清軍御史的手中，還能指望它發揮什麼作用呢？

在這個變化過程的當中，更發生了如下的一個事件。「武宗實錄」卷一七一，正德一四年（一五一九）二月辛巳條：

宣德末年，兵部議以天下衛所軍不補伍，奏遣御史清理，必俟三年更代，以覈實効。其後或因地方災害，用兵不實，則暫停。至是尚書王瓊言：今四方荐罹凶荒，其無災者苦於繁賦。乞召各清軍御史回京，今後再不必遣。惟浙江、山東、山西、河南四處軍多，仍留清理，亦做巡按例，一年更代。報可。時御史以清軍三年為苦差，瓊欲結要人心，故為奏減。其更制亂法類如此。（史料六二）

以兵部尚書之一言廢除清軍御史，其最大的理由，不在凶荒或是賦繁，而在御史之厭於清軍。而御史之所以視清軍爲苦差，除了清軍工作不易得實效，分數的限制太過嚴格等表面因素外，背後還存在著許多問題。例如募兵派的抬頭，軍隊來源的多樣化，明初以來軍戶在軍制中所佔地位的衰退等，政府對清軍工作的關心程度，較宣德、正統之時已降低了許多。甚至到了嘉靖以後，主張免清勾，由政府將軍戶應解時所辦軍裝盤費徵收以充募兵費用的人也出現了[231]。勾？不勾？本身已成爲議論之端的，清軍御史夾在這些議論之中，還能興起什麼工作熱情嗎？

王瓊的提案受到武宗的同意，到正德十六年十二月復差御史十四員清理天下軍伍，近三年的時間空而不設。嘉、隆之際，更是遇災即停，清軍御史停差的日子幾多於在任的日子[232]。清軍御史本身對工作既不抱熱情，朝廷也不給予適當的重視，民間又視之爲尅星。更何況司府州縣的清軍系統，在經過這一段長時間後也已相當整備，即使沒有清軍御史也能正常的運營下去，清軍御史的存在就變得可有可無了。「南樞志」卷九二，「清軍官員專責成效」：

隆慶五年七月內該御史吳道明條陳，本部覆議，題准轉行各巡按御史，行令布按分司，務要依期巡歷所屬，嚴督府州縣衛所清軍等官，各專職業，不許營衛別差，致妨正務。違者聽撫按參奏。其州縣正官每年終將完解過名數，送撫按查驗，各以分數多寡，定註殿最。至於考滿，須知將任內經接軍單與解過名數，有無獲過批收，造冊送本部覈實，咨送吏部通考。（史料六三）

巡撫或巡按御史只須負監督查驗之責，關於清軍的實務，只要有布按二司和府州縣衞所清軍官員已足以擔起大任了。

這樣到了萬曆年間，清軍御史終於從歷史的舞台上消去了踪影。「海鹽縣圖經」卷五，「食貨」，「戶口」：

（萬曆）四十三年御史李公邦華清查應勾軍戶，合新舊僅二百有奇。……祖宗朝嘗遣清軍御史巡行天下，專勅清查，民間紛然不勝困累。今上二年，允廷臣奏請，始罷專遣，而並歸本院。蓋欲與百姓休息德意。四十年間，確守成憲。（史料六四）

可知清軍御史廢止之後，他的工作都轉由巡按御史負責。這時明朝衞所軍制雖然還繼續苦撐著，但是軍隊的來源已不止一端。清軍工作在龐大的軍政中只佔了一小部分而已，朝廷也不需再爲之派遣專人。萬曆以後，遂成爲巡按御史的兼差。清軍作業也力求簡化。前述嘉靖十一年軍單的發行，可說是這種傾向的前奏。

❶ 「明史」卷七八，「食貨二」「役法」。

❷ 「明史」卷七七，「食貨一」「戶口」。

❸ 例如唐代的官戶、雜戶等，屬賤民階級，與良民之間不通婚姻，犯罪時受處分亦較良民爲重，是爲一例。參見瞿同祖「中國法律與中國社會」，一九四七。第三章：階級、第四章：階級（續）。按瞿氏的說法，中國歷史上的社會階級，是可以「貴賤」與「良賤」兩箇範疇加以區分的。前者如「禮不下庶人，刑不上大夫」的觀念；在封建政治解體以後，貴族勢衰，法典成爲皇帝一人之法典，但取代貴族的又有另一批法律上的特權階級出現，是爲「八議者、其他官吏及上述二種人的親屬」（同書頁一六四）。良賤則指示良民和賤民的不同社會地位，除了舉官戶、雜戶之外，還包括官私奴隸、倡優皂隸等（同書頁一七三）。賤民的法律待遇、社會地位都遠較良民爲差，就這箇意義來說，官戶、雜戶等戶籍的成立，是有孤立其社會關係之用意的。此外如北魏有僧祇戶、佛圖戶，是隸屬於寺院，由僧曹管理的戶計；這是塚本善隆氏也曾指出的。參見氏著「北魏の僧祇戶、佛圖戶」（「東洋史研究」二～三，一九三七）。元朝是首先將全國所有人民分成各種不同戶計，使其世代相承，固定不易的。不過，區分戶計的標準不僅是職業，另有因宗教、種族、管理機構之不同而形成的戶計，其內容詳見岩村忍前引書和黃清連「元代戶計制度研究」（一九七四，臺灣大學碩士論文）。明代的軍戶世襲不用說是直接繼承了元朝的制度，但單就軍役的世襲一點來看，又非自元朝而始，更早可以追溯到曹魏，也就是曹操所設立的「兵戶制度」。當時因爲維持兵力不易，遂想到用特定的戶籍束縛起兵士。又使兵士携家帶眷，在軍士逃亡時固可以家族爲人質，當家族繁衍之後又可以子代父，以弟代兄，綿延不斷的應充軍役。這箇方法爲

曹操帶來了號稱三十萬的兵力，以後且爲三國、兩晉、南朝之宋所踏襲。到宋之後期急速崩潰，其發展情況可參考濱口重國所著一連串的論文，俱收入氏著「秦漢隋唐史の研究」上卷，東京大學出版會，一九六六。這種兵民分治的體制，帶來了兵役與一般力役的分化，但到了隋文帝開皇十年（五九〇），兵民籍的區別被廢止，徵兵制遂成爲以後中國歷史的主流。元朝以異民族統治中國，將世襲制度徹底引入中國，軍戶方面與中國歷代相較最顯出其特色的便是武官世襲的一點，詳本文第三章第一節。

❹ 本文頁五曾提到收籍有「收入軍籍」之意，其用法於此也可看出。當然在收入其它戶籍的場合亦可用「收籍」一詞，這由史料一八即可明瞭。

❺ 明朝戶計的種類較元朝少了許多。據黃清連前揭書的統計，元朝戶計共有八三種，姑不論黃氏的分類法是否恰當，元朝戶計之繁複當爲事實。其中具有草原遊牧民族性質與種族差別的戶計自然在明朝已不適用，但是比較起來仍太少。明初舉行戶口申報時究竟用什麼標準簡化了這些戶籍，是一箇極有趣的問題，將來有機會希望能做深入研究。

❻ 以上並見「大明會典」卷一九，「戶口」「凡立戶收集」（洪武三年）。「欽定續文獻通考」卷一三「戶口考」二。關于戶帖的成立，可參考韋氏前引書第一章第二節：黃册制度形成的過程；及山根幸夫「明代徭役制度の展開」（東京女子大學學會發行，一九六六）第一章第二節，二：戶帖。都是以洪武三年爲戶帖制成立之始。另外由馮爾康「論朱元璋農民政權的『給民戶由』」（「歷史研究」一九七八，一〇）一文可知，朱元璋在最初開始建立根據地和進行滅陳友諒戰爭期中，曾於親征地區發放戶由，這些戶由且皆有朱元璋的花押。後來明政權成立，又都被收了回去。

不過也一如馮氏所指出，這箇戶由與洪武三年以後的戶由（戶帖）意義不同，它原是「朱元璋建立的吳國公農民政權執行支持農民奪取土地的政策」下的產物，發放的對象也極有限，不可能利用以為戶口的統治。

❼ 韋氏前引書，頁二二。

❽ 收故元遺民為軍的例子如「太祖實錄」卷六六，洪武四年六月戊申條。及「太祖實錄」卷一二八，洪武一二年十二月丁亥條。以元末群雄所領兵為軍的例子已見第一章第一節。其目的多在維持地方治安，開墾屯田或充新設衛所之軍。

❾ 「太祖實錄」卷七二，洪武五年二月丙申條。

❿ 明王朝成立以後，以歸附者充軍（或者說「收集充軍」）的原則常招來挾私妄訴的問題，「太祖實錄」卷九五，洪武七年十二月庚申條，及註❾之史料均為其例。洪武一三年大赦天下，詔「軍民已有定籍，敢有以民為軍亂籍以擾吾民者禁止之」（「太祖實錄」卷一三一，同年五月乙未條）。洪武一六年二月明言「凡故元軍士占籍為民復相告言者勿許」（「太祖實錄」卷一五二，同月辛丑條），正說明了明朝政府的態度。

⓫ 參見韋氏前引書，頁二〇～二二。

⓬ 明代衛軍除了抽籍與垜集軍似乎是集中分配到近衛外，其它來源的軍隊並不如此。如史料一謂從征軍「既定其地，因以留戍」，到平定天下以後，很可能就分配到該地之衛所。謫發軍因有懲罪之意，原本就以分發邊遠為旨，參見第一章第一節及註㉝。嘉靖「海寧縣志」卷二，「田賦志」「軍匠」記載縣下舊額、新增軍戶計六八九八戶，所分配之衛所，其數將近四五〇。分屬各都司、

行都司與中都留守司，並及五府直隸衞所和親軍衞。各衞所多者不過二百餘（如杭州右衞二三四戶，台州衞二三三戶等），少者僅一戶（如驍騎右衞、宿州衞、揚州衞、岷州衞、南陽衞等等），而且超過五〇戶以上的衞反而是少數，大多數的衞都是只有一戶二戶的。因爲全部有四百多衞，一一例舉太占篇幅，這裡從略。我們只要了解嘉靖間海寧縣人有調到大寧、萬全等東北都司的，也有調到雲南、貴州等西南都司的即可。

⑬ 參見第二章第一節，頁五七，重役的問題。

⑭ 關于這箇問題，比較值得參考的有韋慶遠氏前引書，第二章第三節：軍黃册和民黃册的關係，頁五四～七一。韋氏利用「後湖志」和各種檔案資料，在研究黃册制度上有極優秀的成績。但在軍黃册與清軍方面的敍述則稍嫌籠統。當然這由該書序文亦可了解，乃是著者爲突出黃册制度所採取的方針。不過如清軍御史的成立以及軍黃册的性質等問題，韋氏的見解仍有商榷餘地，這在後文還會詳細討論。

⑮ 「太祖實錄」卷一五六，洪武一六年九月戊辰條。

⑯ 「明史」卷九二，「兵志四」。

⑰ 「太祖實錄」卷一八八，洪武二一年正月戊寅條。

⑱ 清勾册與戶口册的名稱，見「大明會典」卷一五五，「軍政二」「册單」：「國初令衞所有司各造軍册，遇有逃故等項，按籍勾解。其後編造有式，齎送有限。有戶口册，有收軍册，有清勾册。」可知這些名稱是後出的。洪武二一年的册籍被定爲何名不詳，這裡爲敍述之便利，借用後出之同種類册籍之名稱之。

⑲ 「太祖實錄」卷一九四，洪武二一年十二月庚午條。

⑳ 「大明會典」卷一五四，「軍政一」有「根補」和「勾補」二項，項下分別附有簡單的定義。要言之，凡拘補逃軍正身歸伍的叫「根補」，取戶下壯丁補伍的叫「勾補」。至於「根補」項下「拘戶丁補伍」云云，乃是在逃軍正身未獲之前先勾戶丁補役，這時亦稱作「勾補」，因此有時亦以「勾補」泛稱二者。

㉑ 同樣的例子可見「寧夏中屯衞選簿」年遠事故中所試百戶一員韓原條：「洪武二四年六月，韓原，原係瀋陽左衞試百戶。爲因少軍，降充和州衞小旗，今勾足備，欽授寧夏中屯衞中所試百戶，領軍立衞」。及同選簿年遠事故前所試百戶一員郜彥名條：「洪武二四年六月，郜彥名，原係瀋陽右衞試百戶，爲因少軍，降充和州衞小旗，今勾足備，欽授寧夏中屯衞前所試百戶，領軍立衞」。二人均由試百戶降充小旗，於勾補足額後再復原職。

㉒ 如「宣宗實錄」卷二四，宣德二年正月癸卯條。

㉓ 如「太宗實錄」卷二一九，永樂一七年十二月丁丑條。

㉔ 「宣宗實錄」卷五九，宣德四年十一月乙卯條。

㉕ 參見註㉚史料C－1。

㉖ 范濟，元末進士。洪武中，以文學舉廣信知府。坐事謫守興州。宣宗即位，年八十餘，詣闕言八事，授儒學訓導。「明史」卷一六四有傳。

㉗ 參見本文所引史料四〇，和註㉚史料C－5。

㉘ 「宣宗實錄」卷一三，宣德元年正月癸丑條。

㉙ 衞選簿是有關武官世襲的記錄，其內容詳第三章第三節。武官世襲法與一般軍役世襲法不同，這在第三章第一節還會討論。也因此這裡只能以選簿所載內、外黃的資料，查取祖輩在陞爲武官以前的世襲資料。以義男充役者如附錄一之九、一八、七二、七四。以婿充役者見同附錄之一六。

㉚ 宣德四年的清軍條例，全文揭載於「皇明制書」（山根幸夫編，古典研究會影印本，一九六七），共計三三條。是由三箇部分合成的。這三箇部分，分別見於a、「宣宗實錄」卷九，洪熙元年九月壬子條；b、同書卷三六，宣德三年二月甲寅條；和c、同書卷五七，宣德四年八月癸未條。其成立的背景參見本章第二節。這一部「軍政條例」是明朝最早的一部軍政條例，其中所規定的原則，到明末仍被採用。這裡將構成其原形的三條史料加以編號，計a、有八項，b、有十一項，c、有二二項。並爲比較方便起見，將「皇明制書」「軍政條例」（宣德四年）中之諸條例按收錄順序編號比對，計三三條。a、b、c、項下史料無號碼與之相應者，即未被收入「軍政條例」者。由此或可觀察出軍政條例衍變的痕跡。

a—1=❶；a—2=❷；a—3；
a—4=❺；a—5=❸；a—6；
a—7；a—8；b—1=❹；
b—2；b—3=㉔；b—4=㉕；
b—5=㉖；b—6=㉗；b—7=㉘；
b—8；b—9；b—10；
b—11=㉚；c—1=❻；c—2=❼；

c—3＝❽；c—4＝❾；c—5＝❿；
c—6＝⓫；c—7＝⓬；c—8＝⓭；
c—9＝⓮；c—10＝⓯；c—11＝⓰；
c—12＝⓱；c—13＝⓲；c—14＝⓳；
c—15＝⓴；c—16＝㉑；c—17＝㉒；
c—18＝㉓；c—19＝㉙；c—20＝㉛；
c—21＝㉜；c—22＝㉝；

二者內容互有詳略，但大致相同。

㉛ 參見註㉚史料c—14。

㉜ 參見註㉚史料c—6。

㉝ 參見註㉚史料c—16。

㉞ 「大明會典」卷一三七，「軍役」「收補」：「其幼小、戶下無丁者，年十三、四以上送衞操練，七、八歲以下或發在營，或發原籍依親，行移該衞紀錄，候長成勾補。」出幼的年齡大約是十五歲。見「南樞志」卷九三，「解軍不許隱匿壯丁」及「未紀錄幼軍發附近」。壯丁是指六十以下十五以上者。

㉟ 參見註㉚史料c—7。

㊱ 參見註㉚史料c—15。

㊲ 參見註㉚史料c—17。

㊳ 參見註㉚史料c—18。

㊴ 軍戶不許分戶的原則見「大明會典」卷二〇，「戶口」「黃册」。

㊵ 參見註㉚史料c—10。

㊶ 參見註㉚史料c—11。

㊷ 「重役戶」的產生，可能因勾軍時妄誤所致，或一戶內有數丁同時應募當軍或被謫充軍。謫充的場合不適用此條規定，詳下文。王氏論「重役」，以為是政府「強令一箇軍戶出一丁以上或三五丁充當正軍」，筆者以為至少在明初，政府的方針無寧說放在軍、民差平衡的一點上，並不主動要求軍戶同時負擔多名軍役。到了後來，衞軍逃亡的問題太過嚴重，為補充缺額，乃有抽餘丁為軍之法。這箇方法也叫做「抽丁」，與明初抽民籍為軍之「抽籍」不同，須注意。主張「抽丁」一派的理論見「圖書編」卷一一七，「軍籍抽餘丁議」：「抽丁者，伍耗而籍兵餘之丁以為兵也。……衞所之丁與州縣之丁一也。州縣之丁有庸，衞所之丁有雜役，一也。州縣丁之庸也有則，衞所丁之雜役也無則，政之不一也。州縣之丁有籍，衞所之丁無籍，政之大不一、而於理大不通者也。夫十年編籍，制也。州縣行之，衞所則否。三年均徭，亦制也。州縣行之，衞所則否。夫不編籍，則名姓不登於版圖，自天子不得以知其數；不均徭，則業產不較其盈歉，其長又烏得而差別之。故曰，政之大不一、而於理大不通者也。夫軍戶族滿十丁者，曰其一兵也，二三或屯田也，其餘則以供是兵也。而族滿百丁者亦然，胡以供之夥耶。官戶族滿十丁者，曰品官有優典也，是不宜強之也。而族滿百丁者亦然，胡以優之厚耶。是又所謂政之大不一、而於理大不通者也……。」可知着眼在戶丁衆多的軍戶。明代軍戶因不許分戶，每戶平均戶丁數自然較民戶為多，這由許多

地方志上的戶口統計也可得知。但到底有多少戶可達百口以上，尙成疑問。不過至少「軍籍抽餘丁議」的作者是以爲這些戶丁較民戶戶丁享有太多的優遇，因此主張抽丁的。王氏引用該文的部分，以爲明代「重役」之證，說到「初讀時，以爲軍戶軍差雖極重，但不會有如是之重；以爲這是論者姑且比喩，證明他的論點。等較全面地研究了明代軍戶的情況後，纔知道這段話確有事實根據」（王氏前引書頁二三五）。其實是犯了斷章取義的毛病。論者不但不以爲有特別重之處，在與民差比較以後，反而顯出其特受優惠之處。不過，由此也可得知，明中期以後一方面雖有大量軍籍竄入民籍或軍戶逃亡的現象，另一方面也形成了若干大家族，同時負擔了多額的軍役。這可說是軍戶分化的現象。

㊸ 參見註㉚史料c—12。

㊹ 參見註㉚史料c—13。

㊺ 參見註㉚史料c—21。

㊻ 參見註㉚史料c—20。

㊼ 參見註㉚史料c—19。

㊽ 參見註㉚史料c—22。

㊾ 「欽定續文獻通考」卷一三，「戶口考」：「（洪武）二十三年正月諭兵部尙書沈溍曰：兵以衛民，民以給兵，二者相須也。民不可以重勞，軍不可以重役。今天下各衛所多有一戶而充二軍，致令民戶耗減。自今二軍者宜免一人還爲民。」是爲一例。

㊿ 參見本文所引史料三九。「其所遣官旗還衛，仍具所解之軍……類册申報」云云，是由原遣勾軍

人員起解回衛。

(51) 參見註㉚史料 a—6。

(52) 有關新勾補到軍丁居住的問題，可參考「皇明經世文編」卷二八，王驥「王靖遠忠毅侯奏書」「京衛勾軍疏」：「在京衛所勾補軍士，多無房屋居住，及被官旗侵害，乞勑行在工部相撥空地，起蓋營房，然亦不能濟目前之急。宜差監察御史、給事中各一員，督五城兵馬，于原分定衛所地方，將新到軍士，暫于軍民等家借住，給與月糧，修整營房。仍令原委官員不時巡視，敢有私役科差者，具奏問罪。仍移文在外都司衛所一體存恤。」王驥之掌兵部在宣德九年三月以後（參見「明史」卷一一一，「七卿年表」），因此其所稱「在京衛所」，應指北京各衛。明代南北京軍營的設施，可參見同書卷七五，丘濬「丘文莊公集」「遏盜議」：「國初於南京設爲四十八衛，每衛各有營，營兩際各爲門，本衛官軍就居其中。遇有警急，起集爲易。……惟今京師（北京）蓋襲勝國之舊，街坊里巷，參錯不齊，而衛所散處。而士卒之名隸尺籍者，聚散無常，甚者野處在數十里之外。幸而承平無事，一旦不幸而有意外之變，出於倉卒之間，急欲有所召集，豈不難哉。」可知南京城因曾經過有計劃的建設，衛所軍士的營房也就頗有些規模。其各衛營房集中在城東北（參見正德「金陵古今圖考」「國朝都城圖考」及圖）。北京城則因承元代之舊，街坊里巷參錯不齊，不但衛所散處各地，士卒更是集散無常，營房設備不夠，軍士常賃居民家。「海鹽縣圖經」引王文祿衛志曰：「國初指揮給地五畝，建正廳五間二舍、後房七間。千戶四畝，正廳五間二舍，後房五間。百戶二畝，正廳三間，後房三間。每軍營房一間。」應是一般原則。但事實上可能未必人人皆達此標準。營房建設不完備的衛所無寧說是占了大多數的。此時軍人或賃民房而居，或自覺地建屋。因與一般民戶雜居之故，接觸機會多，發生糾紛的可能也就增大。特別是屯田衞所軍人，因其屯地散處民地之間（參考王氏前引書），居處也不得不遷就屯地分散各處，似不可能有集中的營房。相反的是沿邊、沿海衞所舉城皆軍戶的場合，這時城中可能不雜一戶民戶，軍戶的四鄰便都是同事或上司了。參見嘉靖「臨山衞志」卷二，「水利」。

(53) 以上見註㉚史料c－2。所謂「宣德元年四月榜例」，參見「宣宗實錄」宣德元年四月庚寅條。

(54) 參見註㉚史料c－3。「皇明制書」「軍政條例」將「資費」改爲「軍士盤纏」。盤纏意爲路費，即解送途中所需，資費意義則較廣泛指費用。參見諸橋轍次「大漢和辭典」。「皇明制書」何以將範圍縮小，不詳。

(55) 「宣宗實錄」卷二四，宣德二年三月庚寅條。

(56) 職方與武庫二司的分工，見「大明會典」卷一三七，「軍役」。

(57) 參見註㉚史料a－5。

(58) 參見本文所引史料三一、三二。明朝「凡軍民但有公私營幹」，都需要請得文引；「軍人出離信地百里之外，無文引者，同逃軍論」（「皇明制書」卷一，「大明令」「兵令」）。筆者雖未能找到文引的記錄，但在讀海瑞「海忠介公全集」時找到一條「照身批」，與文引雖不同，但亦爲明代人遠行的通行證之一種，可供吾人參考。詳見同書卷二，「冊式」「梁進士家人梁中照身批」。

(59) 例如本文所引史料三八。

(60) 明中期以後，長解與被解軍丁（或軍囚）間的關係似乎逆轉。如呂坤「實政錄」卷四，「民務」「解送軍囚」，即是一例。這可能與中期以後長解主要用民籍里甲等役，前期則以衞所官旗爲主有關。長解與被解軍丁間關係的變化由下條史料亦可看出。即沈德符「野獲編補遺」卷三，「解軍」。是同樣以里長充長解，最初則視同大刼，繼而抓住其中訣竅，共同作弊。可知二者間的矛盾終明一世都以各種不同形態表現出來。

61 參見第一章第一節頁八和註35。

62 例如「太祖實錄」卷一五四，洪武一六年五月乙巳條謂：「今在外衞所軍士月給糧一石」；同卷一八二，洪武二〇年五月癸酉條謂：「軍士月給米一石，僅可充食」；還有如「大誥武臣」「科斂害軍第九」裡朱元璋自己說到：「那小軍每一月止關得一擔兒倉米」等都是。

63 如「宣宗實錄」卷一〇，洪熙元年十月丁丑條，即是一例。

64 如「太祖實錄」卷一七七，洪武一九年四月己亥條：「詔應天衞軍士有父母子女者月給糧一石。」

65 見「太宗實錄」卷五九，永樂四年九月己未條。有關漕運的問題可參考星斌夫「明代漕運の研究」（日本學術振興會，一九六三）。另外，衞軍月糧雖以支給米之實物爲原則，但在缺米的地方或逢災荒缺米的時候，也會改折它物如粟、布、豆、茶、鹽等等。又有折鈔的，這在鈔價大跌以後，對軍人來說是很大的損失。特別是正統以後改折銀的地方漸多，銀與米的換算率以及政府支給率的問題，影響軍人生活極大，可參考寺田隆信「山西商人の研究」第三章：北邊における米穀市場の構造と商業利潤の展開，（同朋舍，一九七二）。這類資料極多，筆者也收集了一部分，將來有機會希望能詳細整理。

66 「宣宗實錄」卷五八，宣德四年九月丁巳條。

67 參見「大誥武臣」「科斂害軍第九」。

(68) 見「太宗實錄」卷二一，永樂元年六月庚戌條。

(69) 「仁宗實錄」卷三下，永樂二二年十月庚申條。

(70) 萬曆「南昌府志」卷九，「軍差」，議武職役占軍餘之弊，所論深中其中利害。同卷「正軍役事」揭載衛所正軍（尚不包括餘丁）差役如下：「都司六房科書識并看守銅牌、打聽傳遞公文、看衙、共三十六名；操衙撥充書識、看衙、傳遞公文、種園共六名，續議內除一名發回差操；捕衙撥充書識、看衙、傳遞公文，共六名，續議內除一名發回差操；充捕兵十四名；經歷都事正副斷事各撥充書識一名；看守司獄監二名；南昌衛六房書識并護印把門正軍，共二十三名；五所各撥書識二名；衛經歷知事各撥書識一名；巡湖指揮撥用二十名；鄱湖守備撥用十名；巡視上下江各撥十五名；前左二屯各識字一名；內巡指揮軍捕十五名；外巡指揮軍捕三十名；廣潤、章江二門各撥十五名；進賢等五門各撥看守十名；城舖七十一座，每座看守軍四名；軍器局撥充局匠四十名，比照養馬軍例，月加米二斗；看守軍四名；預備倉撥看守一名；漕運把總并運糧指揮千百戶，共催運五十四名；南昌衛運船二百十二隻，每隻運軍十名；本衛中軍吹鼓手百三十二名；養馬軍三十名；火藥匠二十三名；鎮撫監識字一名，軍禁九名；見在紀錄九名；老疾十四名；實在營輪撥操巡正軍五百三十九名。」可作參考。

(71) 參見王毓銓前引書，頁二三九。

(72) 論世襲武臣之禍的如呂坤「實政錄」卷一，「明職」「武職一」。可知武臣視軍士為私人，不法至極。

(73) 參考註(60)「野獲編補遺」「解軍」條。並本章第二節頁七八。

(74) 如正德「姑蘇志」卷五三，「人物」「孝友」：「顏琇，字季栗，吳縣人。洪武初父濟民戍鳳翔，母韓從行，留琇守丘隴。」是充終身軍者攜妻往戍，而留子看守祖墳之例。萬曆「紹興府志」卷四五，「人物」「孝義」：「求漁、求灃，嵊人。未齔時，父戍貴州，瀕行屬其母，必令二子力學爲名儒。」是棄妻遺子，單身往戍的例子。

(75) 參見註㉚史料b—1，b—2。

(76) 「皇明制書」卷一四，「大明律」「兵律」「從征守禦官軍逃」。

(77) 「宣宗實錄」卷五三，宣德四年四月甲申條。

(78) 參見註㉚史料a—1。

(79) 參見註㉚史料b—6。

(80) 「宣宗實錄」卷一六，宣德元年四月庚寅條。管軍官私役、賣放之罰，可參考「大明律」「兵律」「縱放軍人歇役」。但顯然這條法律並沒有發揮任何的恐嚇作用。

(81) 參見註㉚史料b—2。

(82) 參見本章第二節頁七七—七八。

(83) 如朱健「古今治平略」卷二五，「國朝兵制」。

(84) 參見「皇明制書」卷一二，「軍政條例」「行在兵部榜文爲清理軍伍事」（正統元年）。

(85) 參見本文所引史料三七。

(86) 詳下文。不過，以宣德三年爲始之說，並沒有直接的史料證明，只是在有些史料中可以發現將宣德三年派遣清軍的監察御史稱作「清軍御史」。因爲容易引起混亂，故特爲區別之。其例如康熙

「常州府志」卷二一，「名宦」：「張宗璉，……時有清軍御史往蘇常，願得張同知共事，及至，務取充戍籍，不復念民。宗璉因固諍，御史知不可奪，謾罵之。宗璉不能平，疽發背，卒。」這個事件參見「宣宗實錄」卷八九，宣德七年四月庚子條。實錄裡稱該清軍御史李立爲「清軍監察御史」，是爲一例。李立之被遣清軍，參見「宣宗實錄」卷三六，宣德三年二月甲寅條，即註㉚史料b。以正統元年爲始的如本文所引史料五四。

87 參見「宣宗實錄」卷三五，宣德三年正月丁未條，及註㉚史料b。

88 「宣宗實錄」卷七七，宣德六年三月丁丑條。

89 同註84。明代「軍政條例」的完成詳下文。

90 參見本文頁一〇〇、註205。

91 「太宗實錄」卷一〇下，洪武三五年七月己酉條。

92 參見註㉚史料a。

93 「明史」卷九，「宣宗本紀」。

94 參見註87。

95 「宣宗實錄」卷八七，宣德七年二月己未條。

96 大造黃冊的年代，參見韋慶遠前引書，頁九七～九八。

97 已見頁六八。

98 五軍都督府掌軍籍，其與兵部職權的分擔，可參考吳晗前引文，二：衞所制度。但筆者所收集的資料中，與五府有關者極少，因此在五府對軍籍的管理上不明之點尚多。又，根據山崎清一「明代兵制の研究（一）」（「歷史學研究」一一～九，一九四一）第一章第一節：兵部及び五軍都督府，可知五府到了永樂朝已經失去了存在價值，或許在軍籍管理上也只是掛名而已，實際並不負責。又，本文爲敍述便利計，有關兵部或行在兵部之記事，概以「兵部」稱之，但在定都北京以前，行在兵部似是占了較重要的地位的。

99 如註96所舉李立妄勾的例子。李立清軍，到處製造寃獄，前舉乃是在常州的例子。此外如「宣宗實錄」卷七三，宣德五年十二月乙酉條所記，則是蘇州的情形。松江則見同書卷七九，宣德六年五月戊子條。這些能及時平反的無寧是少數，想像中當有更多人因此被誤入軍籍或逃爲民籍而未被發覺。

100 參見韋慶遠前引書，第一章第三節：黃册制度的內容。

101 參見韋慶遠前引書，第二章第二節：黃册制度與里甲制度的關係。

102 勾軍之時里老作弊不以實報的問題雖在宣德以前即已存在，參見本章第一節頁六〇；但由篡改黃册記錄，將軍籍改爲民籍，有丁報作戶絕，以逃避軍役的方法則要到宣德以後才出現。

103 「南樞志」，明范景文撰。台北國立中央圖書館藏，明末刊本。該書原一七〇卷，現存九三卷。「南樞」是南京兵部的簡稱，因此該書所收記事以南京兵部爲中心，但又不限於南京兵部，如軍政條例即如此。現存九三卷中，除武烈、鉅典、國容、官制、形勝、職掌、條例（即本文所討論的軍政條例）、留務、兵制、徵發、學政、朝貢、列傳、彙餘各部外，最有利用價值的當屬奏疏部，現存有一五三～一六〇的八卷。利用該書當可增進吾人對明代兵制全般的了解。傅吾康「明代史籍彙考」（Wolfgang Franke, *An Introduction to the Sources of Ming History,*

University of Malaya Press , 1968 。）未收入此書。

104 「南樞志」卷八七，「兵部爲遵奉明旨申舊例專責成以裨軍政事」：「一、申明舊例。查得宣德四年至萬曆二年該科道條陳及本部建議，有刊布軍政條例一書，清理之法已極詳盡。……今皆視爲虛文，……合無將項條例量支官銀刷印，……不惟條例昭然易曉，且事體亦歸劃一。」這一回，僅將萬曆二年的「軍政條例」加以增刷，並無添削。

105 參見本文所引史料四三，及註104、108。

106 參見註20。

107 參見本章第三節，頁一〇〇。另外我們又由本文所引史料三七可知，清軍御史須於每年八月終回京，會議有關軍政窒礙事宜，「皇明制書」「軍政條例」所見正統二年、三年會議事宜便是如此成立的。

108 「南樞志」卷八七，「爲申飭舊規敷陳末議以剔時弊以裨軍政事」（萬曆二年）。

109 參見本文所引史料四四、四五等。宣德以來的條例也都如此，例如註[illegible]的史料a－1，被賦以「逃軍拿獲罪及窩家」的標題，b－1被賦以「逃軍改別名色許首」的標題，c－1則被稱爲「選差的當勾軍人員」。這個標題雖然很簡單，但在當時人來說，查閱時必有很大的方便；對我們後世人來說，則有助於史料內容的理解。

110 參考本章第一節，頁六六、註83。

111 「南樞志」卷九三，「起解軍人審勘妻小」（正統元年），是時無妻小者止解本身即可。

112 參見註[illegible]「野獲篇補遺」「解軍」。

113 「南樞志」卷八九，「軍戶田土不許絕賣」（弘治一三年）。

114 「南樞志」卷八九，「軍丁不得更番私替」（嘉靖三二年）。

115 「南樞志」卷八九，「不許軍人回擾戶丁」（嘉靖三〇年）。

116 「南樞志」卷八九，「軍戶不許隱蔽人丁」（景泰元年）。

117 「南樞志」卷八九，「寄籍餘丁聽繼軍伍」（成化一二年）。

118 「南樞志」卷八九，「舍餘不許寄籍脫伍」（弘治一六年）。

119 「南樞志」卷八九，「軍戶五年一送軍裝」（弘治一〇年）。

120 參見註42。

121 營房的問題參見註52。中期以後的例子如「世宗實錄」卷三六九，嘉靖三〇年正月丙申條：「一、飭營務。謂陵衛軍士原未設有營房，旅處艱辛，號召不便。宜衛爲一區，軍爲一室，各令妻小隨住。」

122 「南樞志」卷九一，「逼軍在逃計數治罪」（嘉靖三〇年）。

123 「南樞志」卷九一，「盤詰逃軍拿解補伍」（成化一二年）。

124 「南樞志」卷九一，「逃軍首復申報原籍」（嘉靖三〇年）。其實例見馬文升「端肅奏議」卷二，「巡撫事」：「近該陝西布政司清軍委官左參政于璠呈，查得節據西安府耀州等州、蒲城等鄉軍丁惠林等，各告稱各有戶丁，應當瀘州、利州、清州等衛所軍役。有告稱在營見有正軍，身力精壯，又有餘丁三四丁者、七八丁者、十四五丁者，甚至二三十丁者，俱各種田買賣，家道富實。因怪原籍丁戶不來供給，往往買囑衛所官旗，揑稱老、疾、逃、故等項，遞年發冊勾擾。及至解衞，爲因軍伍不闕，將解去戶丁爲奴驅使者有之，耕種田地者有之，甚至將盤纏衣服等項盡數拘收入己，放回者亦有之。」

(125) 「南樞志」卷九一，「逃軍復役二次革退」（嘉靖四年）。

(126) 如「皇明經世文編」卷一二七，何孟春「何文簡奏疏」「陳萬言以裨修省疏」。又參見本章第三節，頁一〇三。

(127) 「南樞志」卷九三，「解軍不許隱匿壯丁」（成化一三年）。

(128) 「南樞志」卷九三，「起解軍人審勘妻小」，見註(111)。

(129) 「南樞志」卷九三，「軍解口糧司衞交割」（正統元年）。

(130) 見註(129)。又如同書卷九三，「解軍路遠增給口糧」（正德八年）。

(131) 「南樞志」卷九三，「解軍辯驗批收印信」（成化一二年）。

(132) 「南樞志」卷九三，「訴告冒解查勘究豁」（正統二年）。又見同書同卷，「起解軍人不許告訐」（正統二年）；「解軍不許訐告他事」（成化一二年）。

(133) 「南樞志」卷九三，「查究僞印批廻發遣」（弘治三年）。

(134) 「南樞志」卷九三，「刁揹軍解計日問罪」（弘治一八年）。

(135) 「南樞志」卷九三，「解軍批內有妻無到」（正德六年）。

(136) 王憲，東平人。字維綱，謚康毅。弘治進士。由戰功至兵部尚書。「明史」卷一九九有傳。

(137) 參見「南樞志」卷八八，「都司衞所定清軍官」（成化一三年）。

(138) 「南樞志」卷九〇，「册單查對不同究治」（成化一五年）。

139 「南樞志」卷九〇，「衞册差滿官吏罰治」（正德一〇年）。

140 參見註131。

141 參見「南樞志」卷九〇，「清解文册洗補科斷」（嘉靖二年）。

142 參見註130。

143 同註137。

144 「南樞志」卷九〇，「清勾文册違限究罰」（成化一〇）。

145 「南樞志」卷九二，「本部推舉司官清查」（弘治九年）。

146 參見王憲「王康毅奏疏」「計處清軍事宜」（「皇明經世文編」卷九九）。

147 「南樞志」卷九〇，「軍差官役順帶軍單」（嘉靖三年）。

148 「南樞志」卷九〇，「清軍衙門辯驗發册」（正德一六年）。

149 參見「南樞志」卷九〇，「清解文册洗補科斷」（嘉靖二年）。

150 參見「南樞志」卷九〇，「軍單差訛查册改正」（成化一〇年）。

151 參見「南樞志」卷九三，「起解批迴立限查究」（弘治一三年）。同書卷九三，「禁革吏弊以甦軍解」（正德一五年）。

152 參見「南樞志」卷九三，「起解軍人勒限追贜」（嘉靖元年）。

153 參見「南樞志」卷九〇，「司府號簿嚴限註銷」（正德六年）。

154 參見「南樞志」卷九三，「有司僉解分定三等」（正德一〇年）。

155 參見「南樞志」卷八九，「查審名籍不同軍丁」（成化一二年）。

156 參見「南樞志」卷八九，「新軍審取眞正名籍」（嘉靖三一年）。此條係「問發軍犯」之例，當以「謫發」充軍者爲主，但由頁八四及註151可知，逃軍清出亦須問罪發解，因此暫將二者並列。

157 參見「南樞志」卷九三，「解軍人役另給批文」（正德一五年）。

158 參見「南樞志」卷九三，「解發軍丁查理冊籍」（弘治一三年）及註155。

159 「南樞志」卷九三，「解軍批收不許刁蹬」（成化一三年）。

160 「南樞志」卷九三，「解軍批廻不許刁蹬」（弘治一三年）。又參見註159。

161 參見「南樞志」卷九〇，「解軍文簿守巡查考」（正統二年）。

162 參見「南樞志」卷八八，「有司軍衞比對批收」（正德一六年）。

163 參見「南樞志」卷九三，「解軍批廻互相查考」（弘治四年）。清軍各官敢有「仍前怠慢坐視，推故不行比併，以致過違期限而軍無下落者」，參問如律；清軍官不得假以別差，妨碍清軍。此見同書卷九三，「清解軍丁督併批收」（弘治一〇年）。

164 見註151，153。

165 同註162。又參見同書卷九〇，「回答文冊解部查對」（正德一六年）。

166 「南樞志」卷九〇，「回答文冊須查營丁」（正德一六年）。

167 參見「南樞志」卷八七，「禁止衞所刁蹬查理」（成化一二年）。

168 參見「南樞志」卷九〇，「五年一造住勾文冊」（弘治二年）。

169 參見「南樞志」卷九〇，「攢造回答清勾軍冊」（正德一六年）。

170 參見「南樞志」卷九〇，「回答文冊解部查對」（正德一六年）。

171 參見「南樞志」卷九〇，「回答文冊限年到部」（嘉靖元年）。

172 參見註155。

173 參見註169。史料中的兵部該司，應指武庫司，詳本章第一節註56。

174 參見韋慶遠前引書，第二章第三節：軍黃冊和民黃冊的關係，頁五六～五七。

175 「花名總冊」成立於正德一六年，此由「南樞志」卷九〇，「軍衛攢造五項文冊」（正德一六年）可知。

176 參見「南樞志」卷九〇，「禁革後湖查冊奸弊」（正德六年）。

177 參見「南樞志」卷八九，「軍籍人等不得冒充」（正德一〇年）。

178 「南樞志」卷九〇，「冊籍不存申呈查對」（正德一六年）。又根據史料五〇，似與大造黃冊同時造格眼軍冊（軍黃冊），這一年的差距可能是由準備到冊成所須的時間。

179 洪武一四年是第一次大造黃冊的年代。已見本章頁四九。軍黃冊的記錄追溯到洪武一四年，可以解釋作軍黃冊在洪武一四年即已成立，但由前文敍述也可知道，洪武間除了三年有關於兵冊的記載外，最早便是二一年成立的「軍戶戶口冊」。韋氏也以爲此二一年之軍戶戶口冊就是軍黃冊的前身。這裡可以舉出另一個可能性，是即由舊民黃冊中抽取有關軍戶的記錄記入，如此則開始年代可與民黃一致，一直追溯到洪武一四年。

180 「南樞志」卷八八，「衛所五年一次造冊」（弘治一三年）。

181 參見註175。

182 參見「南樞志」卷九三，「起解批廻立限查究」（弘治一三年）。

183 二十種册籍當然並不都是清軍關係者。但造清勾册所需費用占全體的比例甚大。茲附註於下，以資參考。一年一造者有清勾册（四兩九錢）、歲支册、軍務册、歲用册、歲報軍器册、官軍俸鈔册、旗役併鎗册、申明吏役册、行移勘合册；三年一造者有清理軍職貼黃册、歲報貼黃册、申明舊制以復職掌册、地理圖本册、照刷文卷册、愼選擢以重民兵事册；五年一造者有陳言糧食册、南京官軍戶口册、南京官軍馬騾册；十年一造者有北京官軍戶口册、北京官軍馬騾册。造册、送册的費用均列入「軍需」之中，「軍需」原似由「徵派」而得。「臨山衞志」「軍需」項下謂：「軍衞之需出於餘，不爲之節，將何以供上給費耶。……近奉欽差海道副使蔡，呈允撫按，議革徵派。每年將上通衞旗軍折鈔抵作本衞公用，軍需如有不足，即於該年月糧扣補。」可見後來是將旗軍月糧中折鈔的部分預先扣除，作爲公用，不足再於實支月糧中扣補。

184 上舉例是衞所造册的情形，州縣造册其費用或取諸公貯，或由里甲分攤。其詳見「南樞志」卷九〇，「攢造軍册工費申查」（隆慶六年）。

185 詳見註183。

186 參見本章第二節，頁八四。

187 呂坤「實政錄」卷六，「風憲約」有「告飛軍狀式」，可以參考。

188 「皇明經世文編」卷九九，王憲「王康毅奏疏」「計處清軍事宜」。所謂底册，就是原來的清勾册，不過只有存照的作用，並不須如前轉發。底册共造三本，分別存放在兵部、五軍都督府、清軍御史處。詳見註190之史料。

189 同註188。

[190] 「南樞志」卷九一，「衛所備造逃故册單」（嘉靖三〇年）。

[191] 「南樞志」卷九二，「清軍隱瞞作弊坐罪」（嘉靖一一年）。

[192] 同註[191]。

[193] 同註[191]。

[194] 「南樞志」卷九一，「近年逃故不許徑豁」（嘉靖三一年）。

[195] 同註[190]。

[196] 同註[191]。

[197] 明代軍戶常以充軍始祖名爲戶名。崇禎「太倉州志」卷一〇，「兵防志」謂：「蓋屯田初按戶給，故今戶猶仍老軍名」，說的是屯軍的情形。不過由各種册籍都須記載祖軍姓名，以及軍戶不能分戶、戶下各丁不分族屬疏遠都有可能被點充役的各點來看，很可能適用於所有軍戶。我們看衛選簿所載官軍功次記錄，常有以戶名報功的，即可了解。例如「寧夏中屯衛選簿」後所副千戶鄭祚項下：「四輩，鄭鸞，戶名鄭旺。舊選簿查有：吊來勘合查有嘉靖二〇年正月前往歸德口蘆子地方斬首一顆，奉右府九百五拾號勘合開陞寧夏中屯衛後所總旗鄭旺陞試百戶。」這一條記事裡很明顯的記出戶名是鄭旺，而根據同項下所引外黃可知，鄭旺乃是鄭鸞的高祖，於乙未年歸附從軍。其子孫於嘉靖間獲功，仍用祖名奏報。衛選簿中另外還可以看到許多「戶名不動補役」或「頂名代役」的例子。如「玉林衛選簿」右所實授百戶許安項下外黃查有：「許讓，曲沃縣人。祖許思恭洪武二十五年抽充玉林衛右所總甲，三十年併充總旗。洪熙元年老，父許昌戶名不動代役。正統十四年陽和後口失陷，讓頂名補役。」

198 見王憲「計處清軍事宜」疏。本章第一節提到管軍官按所管軍人逃亡人數多寡予以懲處，軍總册既以一衞一所爲單位，各軍按順序列入所屬軍官之名下，則某人屬下軍士計有多少人逃亡，可一目而瞭然。軍士逃至三次者，或革役或調遠衞，這也由軍總册的記錄得立即獲知。

199 兜底等三册的成立見「大明會典」卷一五五，「軍政二」「册單」，嘉靖三一年條。由於史料之缺乏，無法確定其作用，只知道類姓與類衞二册分別是按軍戶之姓和屬衞將相同者一總列入，可能有分類索引的功効。兜底則偏重各軍戶內世襲軍役的事情，較軍總文册單純。韋慶遠在前引書第二章第三節：軍黃册和民黃册的關係中介紹三册，也因史料的缺乏未能說出所以然來。Wade F. Wilkison, "Newly Discovered Ming Dynasty Guard Registers"（Ming Studies, 3, 1976），引韋書，並以爲衞選簿就是類衞册，這是錯的。詳本文第三章第三節，頁一六八，及註82。

200 「英宗實錄」卷四六，正統三年九月丙戌條。

201 明代衞軍總數的估計，參見吳晗前引文，二、衞所制度。「明史」卷九一，「兵志三」謂衞軍原額二百七十餘萬，據推斷是成祖以後的軍數。

202 有關民壯可參考佐伯富「明清時代の民壯について」（「東洋史研究」一五～四，一九五七），岩見宏「明代の民壯と北邊防衞」（「東洋史研究」一九～二，一九六〇）等文。民壯很早即存在於各個地方，正統末年由於也先的侵寇，衞軍不能用，乃被擴展爲全國性的組織，按一定的標準從各州縣強制的徵派。孝宗弘治二年以後，成爲永久性的制度。民壯到了嘉靖以後普遍改爲銀納，同時有衙役化的傾向，但至少在明中期曾負擔起邊境防備與國內治安的作用。天順以後且在北邊防衛上占有相當重要的角色。

203 募兵法之開始盛行也見於正統以後。參見吳晗前引文，六、募兵。

204 參見本文所引史料三七。

205 朱健「古今治平略」卷二五，「國朝兵制」。

206 參照「英宗實錄」卷四六，正統三年九月丙戌條；卷七一，正統五年九月戊申條；卷九五，正統七年八月己丑條；卷一〇八，正統八年九月丁巳條；卷一三三，正統一〇年九月壬辰條；卷一四五，正統一一年九月甲申條；卷一九六，景泰元年九月壬寅朔條等。

207 參見本章註86、99。

208 「英宗實錄」卷三四，正統二年九月癸卯條。

209 「憲宗實錄」卷一三九，成化一一年三月戊辰條。又參照「南樞志」卷九二，「清軍官員記數賞罰」。

210 「兵部尚書馬文升奏：天下布政司清出軍伍，以十分爲率。陝西約有三分以上；雲南、貴州、湖廣二分以上；廣東・西、山東・西、江西、四川、福建、河南、北直隸俱不及二分；浙江、南直隸俱不及一分。各官苟且玩愒，當治其罪，乞如例罰布按二司清軍官俸一月，府州縣清軍官俸三月。從之。」由「如例」二字可知，弘治六年以前已有以清軍不足數罰俸的例子。關于停俸的規定，我們從實錄中找到一例是發生在成化二二年六月的，見該月庚子條。其所述與上條史料之以不足數而罰俸，乍看雖不同，但若將著眼點放在「各官苟且玩愒」的一點，無疑是有相同意義的。從處分清軍官的因循玩愒，進到限定分數以責其成績，其中之演變正是前引弘治六年的史料所欲說明的。

211 並參照「南樞志」卷九二，「清軍不及分數罰治」。

212 萬曆「錢塘縣志」，「紀制」「公署二」。

213 「明史」卷七三，「職官二」。

214 「憲宗實錄」卷一五〇，成化一二年二月戊戌條。順帶介紹一個例子，是在成化一一年定例獎懲以前發生的。「憲宗實錄」卷六二，成化五年正月辛未條：「南京浙江道監察御史孔儒，三年考滿，本部考其清軍爲職，酷民有聲，宜考平常，乃合衆論。蓋因其浙江清軍，無故箠民，多有致死也。」

215 「孝宗實錄」卷七五，弘治六年五月壬申條。另外如同書卷一六三，弘治一三年六月甲午條；卷一九八，弘治一六年四月辛亥條，都指出這個問題。後二者且都建議將年久清查無出者停止清勾或個案處理，不列入三分之數。詳下文。

216 「孝宗實錄」卷一〇七，弘治八年一二月戊辰條。明代清軍，一個很大的問題，是對於遠年清查不出者不能當機立斷，迅速結案。結果一個案子來回來去調查，却總查不出結果。這條史料告訴我們，到了弘治年間，還有洪永間的逃故軍年年受到發册勾補的處分的。可是由「宣宗實錄」卷五六，宣德四年七月己巳條可知，這些洪永間的逃故軍早該在宣德間就查明開豁。惟觀其開豁的手續，「如果不知下落，曾經三次以上有司里長親隣保結無者，依故軍事例停勾」云云，便可察知，不知下落者的停勾，是要經由有司里長親隣連保具結的。也就是說，這些人一旦具了結，便負有連帶的責任。大家怕負責，不敢具結，其結果是宣德間規定開除的人到了弘治還陰魂不散。

㉑⑦ 又參照註㉑⑤、註㉑⑥。

㉑⑧ 「武宗實錄」卷一三，正德元年五月辛巳條。

㉑⑨ 「孝宗實錄」卷一九九，弘治一六年五月己巳條。

㉒⓪ 「孝宗實錄」卷一九二，弘治一五年一〇月丙午條。

㉒① 「英宗實錄」卷四六，正統三年九月丙戌條。

㉒② 「英宗實錄」卷三九，正統三年二月乙卯朔條。

㉒③ 「英宗實錄」卷三〇，正統二年五月丙午條。

㉒④ 如「憲宗實錄」卷一五八，成化一二年一〇月庚辰條，及「世宗實錄」卷一二一，嘉靖一〇年正月壬寅條皆是。可知除掉清解時所需預備的軍裝盤費、長解的路費、爲無妻軍丁娶妻費等；清勾之際借用里老之力，對彼等生計的影響也是很大。特別當應補軍丁是單丁戶的時候，該丁補役則家中無生產之人，政府不能不替他們也稍事著想。

㉒⑤ 參見註㉒④。又如「英宗實錄」卷二七八，天順元年五月乙丑條，兵部因災傷乞免清軍御史，「止令司府州縣委官清理。」「其補役者暫令在家耕種，候秋成起解。若係流移新復業者，逃軍亦俟秋成起解，補役者待一年之後。」是爲一例。

㉒⑥ 「憲宗實錄」卷二五一，成化二〇年四月乙亥條。

㉒⑦ 「憲宗實錄」卷二五五，成化二〇年八月戊午條。

㉒⑧ 「憲宗實錄」卷二五六，成化二〇年九月庚戌條。

㉒⑨ 「孝宗實錄」卷七一，弘治六年正月庚午條：「召河南清軍御史回京。以連年災傷，且方有治河

之役，故也。」並參照註224。

230 清軍御史改爲五年一差，不知始於何時。「世宗實錄」卷二〇，嘉靖元年一一月己未條：「貴州巡撫都御史楊沐上議：……一，清查軍伍，請以五年爲率」云云，是筆者所見的最早的一條，或即爲其始。

231 就筆者管見，最早主張廢清勾改募兵的是御史丘養浩，見「世宗實錄」卷七六，嘉靖六年五月庚申條。嘉靖中期以後，類似的意見愈來愈多，如同實錄卷三六九，嘉靖三〇年正月丙申條；卷五四六，嘉靖四四年五月壬午條。二者都是以清勾軍勾而復逃，不合實用，建議免僉，「止追衣裝銀兩」以助召募的。但是都遭到反對。萬曆三年，工科給事中徐貞明又建議「宜照班匠事例，免其解補，而量徵班銀，以資召募」，參見「神宗實錄」卷四四，萬曆三年一一月己酉條。這一次還是被兵部否決了。我們知道匠戶特別是輪班匠戶的銀納，早在成化末年已見出端倪。嘉靖四一年更推展到全國。灶戶方面首先有水鄉灶戶的出鈔給濱海灶戶代煎納課，這可追溯到正統年間。成化以後，各地水鄉灶戶的鹽課先後改爲折銀，到了萬曆末年，全國各鹽區的鹽課基本上已改折銀幣了。參見陳詩啓「明代的工匠制度」，「明代的灶戶和鹽的生產」等篇（收入氏著「明代官手工業的研究」，湖北人民出版社，一九五八）；藤井宏「明代灶田考」（收入「小野還曆東洋農業經濟史研究」，一九四八）。特殊戶役的銀納，可以說是這個時代歷史的潮流，軍戶方面既然面臨了清解不易、清出又不得實用的問題，要求銀納的呼聲可說是非常自然的反應。可是明朝堅持不許。因爲廢清勾等於是廢除掉軍戶制度，以軍戶丁補役，到了明末雖然未必能發揮作用，可是募兵制度下召募來的軍人也同樣不能保證絕對有用。民壯在改作銀納以後，已形同雜役；募兵方面又不時受無人應募或雖有人應募，但應募者多無賴，朝募夕逃，只為騙賞等現實問題的困擾。軍役不改銀納，明朝無論如何還控制了若干戶口可供不時之需；一旦改作銀納而又召募不得，這是明朝最恐懼的問題了。由上引諸史料，我們可以看出這個關鍵，但是明朝募兵何以不能成功，到了清朝何以又能以募兵的綠旗作為軍隊的主力呢？這是個很有趣的問題，留待將來再詳細討論。

又，明代有關軍役的銀納，不是完全沒有，這表現在班軍之納銀免上班的一點上。「明史」卷九一，「兵志三」謂：「嘉靖四十三年，巡撫延綏胡志夔請免戍軍三年，每軍徵銀五兩四錢，為募兵用。至萬曆初，大同督撫方逢時等請修築費。詔以河南應戍班軍，自四年至六年概免，盡扣班價發給，謂之折班，班軍遂耗」，是為班軍折銀的例子。班軍上班原須由政府給付行糧，改折銀納以後，一方面可省掉行糧的支出，一方面又可向班軍徵取折班銀，這是政府在財政困乏至極之時，不得已而採的下下策。軍戶則免上班之苦（注意，不是免除軍役），照理說是應該很歡迎這個政策的。不過，由於徵收折班銀又產生了另一問題，這由下引史料也可窺知。嘉慶「惠安縣志」卷三三，「詩集」，張正聲「班軍」：「伍旅近京華，春秋苦力役，戀家不肯行，閫司來相逼。名字掛簿書，豪胥重科索，昔日役五十，今日役滿百。原無百日糧，飢餓蕩魂魄，餓死無所控，工役必及額。皇仁弘恩施，大役忽解釋，回風沛甘澍，歡聲動嘖嘖。豈料天地仁，不如虺蛇螫，橫計少十文，豎計加百尺。持籌須班錢，水弱及火炙，死者云已矣，生者痛更劇。哀哭告上官，上官不敢逆，嗟爾同班人，作鬼他鄉客。」張正聲，字長正，號鏘至，崇禎甲戌進士，官至職方郎中。此詩所述應是明末的情形。我們由此可知，班軍之役固然對軍戶說來是很大的負擔；改折班銀以後，由於管軍官等之橫徵科斂，軍士仍不得稍減其苦。關於此一問題，日後仍需再進一步分析。這裡從略。

㉜ 參見「世宗實錄」卷八四，嘉靖七年正月辛卯條；卷一四九，嘉靖一二年四月丁酉條；卷一八五，嘉靖一五年三月甲戌條；卷四八八，嘉靖三九年九月辛卯條；「穆宗實錄」卷三〇，隆慶三年三月丁卯條。可知嘉靖七年以前因地方災傷罷遣，七年正月因御史王重賢奏復設。一二年「倂行巡按御史兼理」。一五年以巡按直隸御史金燦疏奏又復。嘉靖三〇年而後「以清軍一差倂于巡按御史」，隆慶三年雖由直隸巡按御史陳于階建議復設，但以「清軍一事，則巡按御史可以兼領」的理由，爲兵部所拒絕。嘉靖三九年的一條，就是以巡按御史代行清理解補的例子。

第三章　武官的世襲與武選

武官世襲的制度一如 **Romeyn Taylor** 氏所指出，是承襲自元代的。中國的科舉制度到了宋代，已經發展得相當完美，大小官吏的任用，都須經過科舉的選拔。元代雖也曾一度施行過科舉，但作爲其選官之主流的，則是貴族世襲原則。其中文官方面，子孫雖有降級任用的規定，武官系統却得世代承襲原職，保有了嚴密的世襲體制。明朝成立以後，朱元璋恢復了科舉制度，限制了文官世襲的特權。可是在軍的社會裏，却給予了武官子孫世襲的權利。甚至以新的武人貴族充任中央政府民政最高長官，因此在明初的社會裏武官集團是遠較文官集團受到優遇的❶。

明以武官世襲，究其最初，不過是爲了酬勞與朱元璋一同打天下的諸功臣——也就是所謂「開國功臣」而採行的。不過當時的世襲也並非全無條件，原則上子孫在襲職之前，是需要另外經過比試的❷。二試不中者降充軍，是由武官集團中除名。而一般軍人若有戰功該陞者，一旦擠入武官集團，也可世代爲官。因此在官與軍之間還保持了適當的流動性。中期以後，制度鬆懈，除以靖難功獲陞的新官子孫有不試的優遇外，舊官的比試也是虛有形式。軍官的世襲受到無限的保障，相反的，軍人却輕易不得翻身。承平已久的內地不用說了，邊境地區雖然時有戰役，可是冒功、買功的惡例出現了。軍官的素質愈來愈差，官與軍的距離愈來愈大。其結果軍人成爲武官的世奴，世代受到壓搾，官與軍的對立，遂成爲明代衞所兵制裏一個解不開的死結。關於明代武官世襲的記錄，很幸運的一直流傳到了今日，這就是所謂的「衞選簿」，本章的第三節將會詳細敍述其編成方法。這裏首先就明代的武官集團的形成，武官世襲的原則，以及官軍間矛盾的展開等問題加以論述。

第一節　武官集團的形成與世襲法

本文第一章中說到明代軍戶的來源有四，其中的歸附、從征兩項也就是明初武官階層最大的來源。以從征將領集團爲官，是極自然的現象，這裏不擬多作討論。歸附者見「太祖實錄」卷一四，甲辰年（一三六四）四月壬戌條：

> 立部伍法。初上招徠降附，凡將校至者皆仍其舊官，而名稱不同。至是下令曰：為國當先正名，今諸將有稱樞密、平章、元帥、總管、萬戶者，名不稱實甚無謂。其聚諸將所部有兵五千者為指揮，滿千者為千戶，百人為百戶，五十人為總旗，十人為小旗。令旣下，部伍嚴明，名實相副，衆皆悅服，以為良法。（史料六五）

我們從衞選簿中可以找出幾個例子。例如平涼衞前所副千戶朱欽的始祖朱成，「先陳友諒下總管，甲辰年充小旗」[3]。安東中護衞指揮僉事王世澤始祖王興，先「充義兵頭目，乙未年（一三五五）渡江投附，庚子年（一三六〇）白峯嶺殺退張寇陞充千戶，甲辰年編伍，除充百戶」[4]。

寧夏中屯衛指揮同知汪檻始祖汪信，「丁酉年（一三五七）歸附，充總軍元帥，乙巳年（一三六五）除授副千戶」等都是❺。因爲歸附武官中最大的集團就是元朝的武官，因此明初的武官陣營也與軍戶一樣，有相當部分是承襲了元代所既有者的。「鎭虜衛選簿」指揮使朱邦寧項下外黃查有：

朱俊，齊河縣人。有祖父朱勝，前元百戶，辛丑年歸附，仍授前職。甲辰年克武昌，赴京撥驃騎衛充參隨頭目。乙巳年授振武衛百戶。（史料六六）

敍述的是前元百戶朱勝從辛丑年歸附，到洪武二十年代死亡爲止半生的經歷。朱勝本人雖終於正千戶，但是他的兒子朱整在襲職的次年即因父親當正千戶的年資夠久，調陞豹韜衛世襲指揮僉事。其後且一直到隆、萬間都保持著指揮使的地位❻。

朱勝尚是漢人，另外朱元璋對蒙古等外族人也是不吝於世職之賜與的。例如平涼衛土官指揮使哈緯之始祖卜顏荅失，洪武九年（一三七六）歸附，十年（一三七七）除授大同右衛前所鎭撫❼；同衛試百戶公邦奇之始祖公古剌歹，洪武七年（一三七四）收集土達軍士歸附平涼衛，因招達軍有功，陞實授總旗❽。以達人爲武官，其目的一是爲了懷柔，另一則欲借用其力以統率歸附韃軍。洪武二十一年（一三八八），「以韃韃酋長孛羅帖木兒爲廬州衛指揮僉事，仍領所部韃官二百五十人」❾，就是一例。

除去所謂的「開國功」以外，明初軍人躍陞武職的另一個絕好機會，就是靖難之役。因爲「靖難功」而陞爲武官者被稱作「新官」，用以區別洪武以來的「舊官」。「皇明經世文編」卷一〇

三、「梁端肅公奏議」⑩「會議王祿軍糧及內府收納疏」：

永樂初，令洪武三十一年至三十五年奉天征討獲功陞職者為新官，子孫年十六出幼，襲替免比試。三十一年以前者為舊官，子弟年十五出幼，襲替俱比試。永樂元年以後獲功，出幼、比試與舊官同。（史料六七）

可見成祖對「革除年間」（建文之世）參與靖難之役者的優遇⑪。新官既受不比試的保障，遇有父祖疾故，子孫年幼記錄優養的場合，又可較舊官晚一年出幼，也就是說，可以晚一年開始操練或管事。永樂以後，因功陞職者其待遇比照舊官。

武官襲職，以嫡長男爲原則，「太祖實錄」卷六二，洪武四年三月丁未條：

詔凡大小武官亡沒，悉令嫡長子孫襲職，有故則次嫡承襲，無次嫡則庶長子孫，無庶長子孫則弟姪應繼者襲其職，如無應繼弟姪而有妻女家屬者，則以本官之俸月給之。其應襲職者必試以騎射之藝，如年幼則優以半俸，歿於王事者給全俸，俟長襲職。著為令。（史料六八）

可知嫡長子孫有優先襲職之權，其次才輪到次嫡子孫、庶長子孫和弟姪。實在無丁可繼而本人留有妻女家屬無人供養，則按月給予本官之俸，以示「優養」⑫。應繼子孫若尚年幼，則至出幼期間爲止給予半俸。若本官係因王事（戰爭等）而歿者，則雖幼丁亦「優給」全俸，俟出幼襲職。另外「武官老疾征傷無子孫襲職者給全俸優之」⑬，這也叫做「優養」。

出幼年齡訂在十五歲，不知起於何時，洪武中似以二十歲爲基準。洪武四年（一三七一）「詔自今指揮千戶承襲而年幼者，只給半俸，年及二十全給之」[14]。十七年（一三八四）「定武臣襲職例，凡武臣卒，其子襲職，子幼者給以半祿，三年則以全祿給之，年二十則任以事，著為令」[15]。都是以二十歲為基準的。至於退休年齡，最初似訂在五十歲[16]，但未滿六十而致仕者，可「依原衞所陞等署事，以半祿給之」[17]。

幼丁記錄期間，若戶內有年長人丁，可暫時「借襲」官職。至幼丁出幼，借職者即應還職閒住[18]。期間由借襲人丁支全俸，原應優給幼丁的半俸可能不再支予。應繼人丁因殘疾或逃亡不能承襲者，其戶下另選一丁「借襲」，至該丁病癒、尋回或生子，然後還職[19]。但若該丁戶絕，則由借襲者子孫繼續承襲。我們知道武官世襲為的是獎賞功臣子孫，准許借襲更是推恩深遠，可是如果不稍加限制，不論親疏一律承襲，數代之後，已成別家之人，推恩將失之於過濫。尤其是在明初，優遇特厚，不但堂兄弟侄俱得承襲[20]，武官既「老無子孫弟侄者，特令養子或婿襲職一次以終養之，用報前功」[21]，其結果更開了冒襲之端。這在軍政還屬建設時期的當時或不成問題，但到後來，以功陞職者陸續增加，衞所的建設却相對的漸趨停滯，世襲軍官的出路也就成了嚴重的問題。

讓我們回過頭來看看明代衞所兵制下各級軍官配置的情形。明代衞所除了親軍各衞直屬天子外，其餘皆「外統之都司，內統於五軍都督府」[22]。都指揮使司設都指揮使一人，都指揮同知二人，都指揮僉事四人。衞指揮使司設指揮使一人，指揮同知二人，指揮僉事四人。衞下有鎮撫司，設鎮撫二人管理獄事。一衞計五千戶所，設正千戶一人，副千戶二人，鎮撫二人。一千戶所轄十百戶所，各設百戶一人，總旗二人，小旗十人㉓。

這些官職，有流有世，並不是一概都能世襲的。例如都司官，原則上都是流官，但若特受皇帝詔旨，亦有世襲之可能。衞官方面「自衞指揮以下其官多世襲」，但其中兼又「或有流官」㉔。「太祖實錄」卷二二〇，洪武二五年（一三九二）八月壬子條：

山東德州等衞千百戶陳祥等二十四人赴京陳年老，請以嫡長子襲職。上命兵部臣曰：祥等昔從征討，歷任年久，今皆老，許其致仕，各令其子襲職，凡流官皆俾世襲。因念大小將校從軍歲久，功勞夙著者，皆命陞之。（史料六九）

是將流官改爲世襲之例。我們在衞選簿中可以找到一些類例，參見附錄一之一、三、九、二二、三四、四五、七五、七六、八一等。另外總小旗雖不入品，原則上亦世襲。唯襲職時須「併鎗」（考試武藝，相當於百戶以上的比試）。未併而襲者，事發須受降職充軍的處分㉕。

上舉諸額數乃是明初成立衞所以來訂下的軍職額數，「皇明經世文編」卷一八六，「霍文敏公文集㉖」「裨治疏」在敍述了這些額數後說到：

臣謹按：此太祖皇帝安定宇宙，建設軍職之額數也。自後軍職陞授漸多，衞所原額不足以容，乃有見任、帶俸之別，歷年愈久，員數愈多，遂至帶俸官員，不知加幾倍于原額。（史料七〇）

可知明代衞所官多於職的情形非常嚴重。川越泰博氏利用「三萬衞選簿」統計出該衞在隆慶年間任官者人數，計指揮使二十人，指揮同知十九人，指揮僉事四十九人，衞鎮撫四人，左（右）所正千戶四（二）人，副千戶七（四）人，所鎭撫一（零）人，百戶十（五）人，試百戶十（五）人，較原額超出數倍。三萬衞因爲其特殊地理位置，和以夷制夷的方針，採用了大量女眞人以爲衞所高級官員。但除去這些特殊分子，漢人軍官的數額也爲原額的二至三倍[37]。這種現象在其它各衞也可看見，附錄一所舉「平涼衞選簿」的資料也可供參考，平均約爲原額的二倍。

推恩雖濫，但若能嚴比試之制，愼選人材，則襲職者尙有可用。「洪武二十七年（一三九四）令子弟未及二十歲者襲職，至年二十乃比試。年及者即與試，初試不中，襲職署事，食半俸。二年後再比，中者食全俸，仍不中降充軍」[38]。是於世襲之制中寓考試之典，雖有功者子孫，不才者亦汰滅。如是則軍中尙能維持一定的水準。然而第一個破壞比試之典的就是成祖。前面提到成祖以靖難功臣爲新官，子孫世代免比試，不能不說是出於一時私心，而壞了萬世成法。靖難功臣雖有限，永樂以後獲功者且一如舊官仍須比試，但是少數的特殊存在常會影響到全局。且經過數代之後，新舊官同樣都不過是坐享祖宗功廕者，再加以區分實在也失去了意義。因循所至，便是視比試爲故事，不認眞考較。「英宗實錄」卷一九〇，景泰元年（一四五〇）三月癸酉條：

> 致仕國子監祭酒李時勉奏：……一、備邊之道在選將練兵二者而已，選將在通兵法，將不知兵法，雖使日練精兵亦無所用。臣見今武臣子弟襲職，惟走馬跳溝射箭而已，京師無賴之徒，多買快馬教習，以規厚利，就使試中，問以兵法，皆不能對。（史料七一）

李時勉想叫武官子弟皆熟讀兵法，再於教場演練，要求實在太苛。這時的武官子弟事實上連走馬跳溝射箭等雕蟲末技，都要倚賴「京師無賴之徒」的教導，更何暇旁及兵法教練呢？

但是明朝並非全未注意到武官子弟的教育問題，「太祖慮武臣子弟但習武事，鮮知問學，命大都督府選入國學，其在鳳陽者肄業於中都，命韓國公李善長等考定教官、生員高下，分列排次。曹國公李文忠領監事以繩核之」㉙。另外又於衛所設儒學㉚，京師設武學㉛，培養軍事人才。衛所儒學稱作衛學，衛學生似不限軍官子弟，一般軍人的子弟也可入學㉜。每學設教授、訓導各一員，比一般儒學少㉝。兩京武學主要是指揮以上官應襲子弟㉞，和在職武官年二十五以下者㉟，具有職前預備教育和在職教育的雙重性格。武學之教官「於內外文武臣內推文武兼備者一員，五日一次詣學教演。每月朔望後一日，各營總兵輪一員同本（兵）部堂上官一員考試，諸生中某能對策，某能騎射，附注記錄，歲終檢閱奏聞」㊱，以為將來授職或黜降的基準。

衛學軍生本人得免應差役徵發㊲，又「照縣學例歲貢」㊳，可說是相當受到優遇的。但因生活費全賴自給，致有人不樂入學讀書。且因衛所之設原用以備戰守，突遇警急，軍生亦須操備上陣，故衛學的維持相當不易。邊地衛所更可說是慘澹經營。例如「英宗實錄」卷一七二，正統一三年（一四四八）一一月乙巳條：

罷懷來等衛所五處儒學。先是，巡按監察御史王琳奏：萬全都司所屬懷來衛、隆慶右衛共儒學一處，懷安衛、保安右衛共儒學一處，龍門衛、萬全左衛、美峪千戶所各儒學一處，此五處儒學，俱臨極邊，武生父兄，每歲出哨、赴操、修城、燒荒、採備薪芻、接送外夷，蚤暮辛勞，不遑自給。故武生乏人供送，衣食艱難。至于有警，又復選令操備，僅有數人在學，教官常閒，虛費廩祿。乞罷前五處儒學，取其教官別用。事下總兵巡撫等官覈勘，

皆以爲當。從之。（史料七二）

結果五衛儒學均遭裁罷的命運，設立儒學所得的效用，竟然不及二名教官所費的廩祿。衛學的意義也就可想而知了。

不過並非所有的衛學都面臨關門的問題，有些地方相反的還門庭若市。「孝宗實錄」卷一八二，弘治一四年（一五〇一）二月辛未條：

監察御史胡希顏查遼東邊儲還，奏邊備事宜……五、革濫收。謂遼東二十五衛軍職舍餘，以徵發繁重，多求入學，以冀優免。額外濫收，動以百數，而貼丁倍之。請遣官考校諸邊方衛學生員，自非俊秀通文義可進者，一切黜免，庶學校無濫收之人，餘丁無影射之弊。（史料七三）

可知在遼東地方因徵發繁重，入學成爲軍職舍餘脫免差發的手段。一人入學又有一丁貼補，致衛所應役人減少，而衛學軍生超額。最後政府不得不出面干涉，要求黜免一切「非俊秀通文義可進者」。進入衛學的，不再是眞正有心向學或有實際需要（如軍職候補）者，衛學裏充斥著投機取巧之人。尤其在歲貢之法成立以後，奔競之徒增多，甚者將原籍弟侄親族冒作在衛舍餘，一併投入衛學。「憲宗實錄」卷四〇，成化三年（一四六七）三月甲申條：

禮部尚書姚夔等奏修明學政十事……近大學士李賢奏准，各處衛學軍生，照縣學例歲貢，彼見歲貢易得，行伍難當，將紛然舍彼就此，則行伍缺而武備弛矣。況又有以原籍弟姪親族冒作舍余，投入衛學者，宜定與則例，除兩京武學外，在外衛學四衛以上，軍生不得過八十名，三衞不得過六十名，二衞一衞不得過四十名。若所在舍余無堪教養，不及額數者，不必足數。其生員二十五歲以下考通文理者存留，二十五歲以上不通文理，悉皆退回營伍。……上是之，皆准行。（史料七四）

迫使政府於軍生的質、量、年齡都加了限制。不過由史料七三可知，弘治年間的衞學依然爲不法者所利用，軍生的量雖有增多趨勢，質却不斷下降，光憑法令上的限制是無法遏止住這股歪風的。

兩京武學的情形也好不到那裏。「英宗實錄」卷一四三，正統一一年（一四四六）七月癸巳條：

兵部奏：武學讀書幼官年玉等告稱家無人丁，每遇歇操入學，倩人牧養官馬，要照都指揮紀廣等例，五日聽講，並欲取勘京衞優給官未曾出幼不養馬操練者，入學讀書。上曰：年五十以上者操練聽講，五十以下者令入學讀書。兵部便選精壯俊秀幼官，並軍職應襲兒男送武學。（史料七五）

就是一個例子。我們知道，兩京武學成立於正統六年，是在成立沒有多久即發生問題[39]。不過這種因生計困難罷學的例子也只見於一時，武學最大的問題是集紈袴子弟於一堂，教練不得實效的一點。這由武學六年一會舉，將「十年以上不堪教養者悉黜之」的方針也可窺知[40]。

武官的教育既不成功，襲職時的比試也不過虛應故事，結果是素質差的武官大量佔據了官位。「皇明經世文編」卷一三六，「胡端敏公奏議[41]」「備邊十策疏」：

五曰：汰冗食以選將校。臣惟天下軍職，有罪者不革，有功者日增，俸祿日多，民財有限，

> 將何以給。竊聞英宗睿皇帝曾與大學士李賢憂議及此，聖諭云：此事誠可慮，當徐為之。惜乎當時大臣，多為身計，無肯為國忠謀，奏行祖宗之法，以將順睿皇帝之美者。（史料七六）

可知武職冗濫造成的第一個後果是冗食。胡世寧在同疏中接著又說：「故今軍職，動輒萬計，歲支俸給，何啻百萬，而其間無一人堪爲將領，能出戰陣者，此以全盛之天下，而坐困於夷虜之跳梁，眞可爲之流涕也」。胡世寧的改革法不過是嚴襲替與比試之法，然而焉知當時的大臣就不像天順間大臣一般[42]，只爲身計不爲國謀？同時，要嚴襲替之法，是與天下之武官對立，要想成功也就不是那麼簡單的事了。

冗員所帶來的第二個問題是買官，「皇明經世文編」卷一三四，「胡端敏公奏議」「爲陳言邊務情弊疏」：

> 一、先年各衛堡備禦，及千把總等官、鎮巡官差遣，各有定價，令其借債買求，往往蒞事不久，籌其科歛，足勾還債本利，即便取回，另差一官；及本官使用，另差一處，皆有定價。凡客商借與銀兩，即隨本官至彼守取，是以坐損軍士，幾不能生。（史料七七）

就是因爲官多職少引起的。而靠著借債買來的官職，只求在任內科歛以足本利，其結果受害的便是軍士，永遠要受不斷換任的新任官的壓搾，官與軍的關係勢必更形惡化了。

另一方面世襲武官集團中也出現了分裂的狀況。前面說到隆慶間一般衞所的官員額數幾爲原額的二至三倍，而衞所內的工作既有一定，無事可管的只有帶俸閒操。爲了想要管事或自己雖不管事但掛個好的名銜，也只有用錢。胡世寧在「爲陳言邊務情弊疏」中又說到：

自古將材難得，而起自行伍，慣歷戰陣者尤為難得。今彼處邊軍銜鋒破敵者，旣拘例不得報功；而斬獲首級者，又被勢豪奪去，不得報陞官級。至於指揮、千百戶，間有謀勇可用者，又或家貧不得營幹管事以顯其材。以是將官起自行伍，真能殺賊者不可再得。（史料七八）

眞有實材者以無錢不得管事，而眞正管事的不過是些只會奪取軍士首功的奸滑勢豪。明代以武官世襲的制度可以說已是病入膏肓，無藥可救了。

前面說到胡世寧曾上疏請求嚴襲替之法，關於此點，明朝也並非不曾做過任何改善。「武宗實錄」卷一七一，正德一四年（一五一九）二月丙子條：

兵部尚書王瓊言：洪武舊例，凡軍職故絕，堂兄弟姪俱得承襲。至弘治十八年例，止許親弟姪，其親姪或未能襲，而姪孫以下及堂兄弟姪俱不許。臣惟姪孫卽親姪之子，親姪許襲而親姪孫不許，可乎？況前此已有承襲數輩者，一旦革之，恐人心不堪，乞如舊例便。詔仍如弘治例行。旣而瓊復奏：承襲已百有餘年，若弘治例，乃出一人一時之見，宜改正。乃從之。時軍職日增，承襲者冗濫不可爬梳，弘治例稍加裁損，猶未能什之一二。瓊多受賂金，復為此議，識者憾之。（史料七九）

是在弘治十八年一度將應襲者由堂兄弟姪限制到親弟姪。親弟姪若因殘疾等因不能襲職者，不得以己子或堂兄弟替補，如此則可稍抑世襲之太濫。

這類的限制之所以成爲必要，除了抑止冗濫外，還有一點是鑑於當時爭襲者之增多。明代在應襲者年幼或逃亡的場合准許他丁借襲，但又對借襲者賦予還職的義務。可是身爲一國之君的景帝尚不免因私心改立太子，一般人更不用說了。「英宗實錄」卷九九，正統七年（一四四二）一二月戊戌條：

兵部尚書徐晞言：國朝之制，軍官病故，嫡長子孫年幼，許庶男弟姪借襲，所以優軍功，恤孤寡。然而借襲者居位既久，貪戀顧惜，及嫡長子孫出幼取職，不如期退還，往往造詞興訟，以致取職之人困苦百端，殊非優恤之意。乞自今嫡長子孫十歲以下，庶男弟姪借襲者，卽定出幼之期，令其還職，違者謫充軍；十歲以上者只令優給，不得借襲。庶使公道明而爭端息。上曰：然。命著為例。（史料八〇）

就是借襲者貪戀顧惜，不肯還職，引起訴訟，促使政府不得不出而限制。嫡長子孫已達十歲者，因再有五、六年即可出幼，五、六年間以半俸優給，他丁不得借襲。我們可以想像到，限制堂兄弟姪不得承襲，是較嚴格的規定了借襲者的身份。有借襲資格的人減少了，這種無謂的紛爭自然也應該會減少的。

武官子孫爭襲的另一種手法，是誣告當襲者（或現任者）敗倫傷化。這是因爲明代對於「軍官有犯不孝及敗倫傷化罷職者」，以爲「若不允子孫承襲，恐負前人之勞」，因此一律准許繼襲。[43]「憲宗實錄」卷一二七，成化一〇年（一四七四）四月甲子條：

刑部尚書王槩上處置條例十事：……；一、本部見問軍職，多因告爭俸糧財產等事，其有服之親，因兵部奏有敗倫傷化革職事例，欲謀官職，往往誣奏毆罵等情。及收鞫對，多有柔弱及畏懼逼迫，不得已而招承者，遂致革職，受屈無辜。宜令伯叔父母兄姊及伯叔祖同堂伯叔父母兄姊奏告弟姪人等毆罵者，俱照義父母繼母嫁母告子不孝事例，以衆證為實，依律問斷，若有誣枉，即與辯理。（史料八一）

就是利用這個規定，誣陷人於罪。爲謀官職，無所不用其極，親戚人倫受到破壞，這就非明朝諸帝推恩之心所能料及的了。

明代對於武官世襲法所作的幾次更動，由下條史料可以窺知其大略。鄭曉「今言」卷二，一三八：

永樂元年冬定軍功襲替例。自洪武永樂宣德年，軍職絕，不論堂兄弟並襲。成化十七年以都御史何喬新言，凡軍職絕，非立功人子孫不得襲。弘治十八年又稍許立功人親姪孫已襲者沿襲。正德十四年，兵部尚書王瓊又請堂兄弟姪並得襲。十六年，兵部尚書彭澤言瓊議非是，復不許襲。會兵部大群失職者，流言得復襲。嘉靖十年，兵部尚書王憲曰不可，稍酌議，立功人絕，同時親弟姪得襲，其姪孫以下及堂兄弟姪，除親祖例前相沿，人自立有軍功者扣襲；其無功姪孫以下，至堂兄弟姪等，及沿襲後別無立功者，不許襲，旁子孫革職者俱收總旗。（史料八二）

從這裏來看史料七九，可知弘治十八年雖不許姪孫襲職，但對已襲職的立功人親姪孫，並不剝奪其職，該親姪孫之子並可繼襲（只是不能以該親姪孫之姪孫繼襲）。成化十七年的規定，將襲職者限定爲立功人當房子孫，可說是相當合理。可是後來愈改愈惡，正德十四年王瓊改議固是因爲受人賄賂，十六年彭澤雖欲求振刷，却因關係者之流言而失敗。嘉靖十年，王憲乃斟酌輕重，稍加革新，以立功人子孫及親弟姪爲限，其親屬關係遠者，除姪孫（親姪之子）、堂兄弟姪（堂兄弟之子）等若因親祖（是為立功人之親姪或堂兄弟）在嘉靖十年定例前已襲，各人並皆各自立有軍功者可降一級襲職外，其餘皆不許襲。

嘉靖以後是否嚴格遵守此例，我們只要舉一個例子就可知道。附錄一之五三是平涼衛前所正千戶陳謨一族的世襲記錄。陳謨於萬曆間故，其伯叔弟（堂弟）陳詳於萬曆七年襲職，萬曆四十五年（或稍前）故，因其子陳美「患瞽不堪承襲」，堂姪陳鋭借襲。陳謨、陳詳都未立功，陳謨且因襲職時未經比試，致陳詳於襲職時受到罰俸三年的處分，可是照樣繼襲。另外以堂兄弟、堂姪、姪孫繼者也不知凡幾[44]。明初以來的慣例已根深蒂固，再無法推翻了。

世襲武官制度爲明朝帶來了一批貪懦無能的軍政指導人員，他們從小既對父兄之科虐軍士耳濡目染，襲職以後便也變本加厲。他們利用身分上的便利，搶奪屬下軍士的戰功，又因爲武官集團的膨大化，官多職少，欲獲得職事，只有靠賄買，所投出的資金，便都由所屬軍士的身上回收。明代武官視軍士爲私奴，用軍士貿易、耕田、打草、陪嫁，又使軍士辦納月錢，侵呑逃軍缺額所留下的糧餉，在在顯示出二者的對立[45]。明中期以後逐漸激化的軍變，很多就是直接或間接肇發於這種矛盾上的[46]。

第二節　黃與武選

第二章裡筆者介紹了明代用來管理軍戶的各種冊籍。同樣的，明朝在管理武臣陞調襲替——所謂的「武選」——之際，也有一套繁複的冊籍。其中最具代表性的就是黃與選簿。

黃與選簿成立的時間尚未考出，但至遲到洪武五年申定武選之法時已經存在。「太祖實錄」卷七一，洪武五年（一三七二）正月戊辰條：

> 申定武選之法。凡武官陞調襲替或因事復職及見缺官員應入選者，先審取從軍履歷，齎赴內府參對貼黃歸附年月、征克地方、陞轉衛所及流官、世襲相同，然後引至御前，請旨除授。若奉特旨陞遷者，隨將欽與職名及流官、世襲、陞轉之由，於御前陞選。仍照選簿條寫榜文。次日入奏，將選過官員看畢，抄榜給符，立限到任。附寫內外貼黃與正黃，流號合同，請寶鈐記。正黃送銅匱收貯，內外黃亦於內府收掌。遇有陞調襲替，續附如前。（史料八三）

可以知道二種冊籍在武官遇有陞遷、降調、襲替、因事復職或入選補缺的情況時，占有重要的地位。所謂「內外貼黃與正黃」，事實上是內黃、外黃與正黃三種簿子。其中內、外二黃因採用黏貼的方式，因此又叫做貼黃㊼。正黃平時鎖在銅匱之中，非內、外黃資料俱已銷毀無存，實在無證可據時，不得已才開匱查閱，否則輕易不可得見。因此實際的情況不詳，甚至明代當時人如「野獲篇」作者沈德符者，竟不知其存在㊽。撇開正黃不談，首先討論內、外黃的性質。

從史料八三可知，內、外黃所記載的內容至少包括該武官（或其祖先）之歸附年月、立下戰功的地點、陞遷或轉調的衞所名，以及現職並遷轉新職屬於流官或世襲的各項㊾。二者俱藏於內府。武官赴選，須塡具履歷書，經查對與貼黃記載一致，才得請旨除授。中間若有奉特旨准與陞遷的，須即刻將欽與職名、流官或世襲、以及陞轉理由等彙集抄寫成榜文，於次日再入奏皇帝。選過各官經皇帝閱視一遍㊿，便受到最終的承認。其後便執符上任；而新的官職履歷也須立刻記入內、外黃與正黃中，成爲以後再應選時的憑證資料。

武官赴選時携帶的履歷書，到洪武九年時有了新的規定。「太祖實錄」卷一〇五，洪武九年（一三七六）四月癸卯條：

> 命中書省、兵部定給武官誥勅之制。其特授陞除者，大都督府同承勅監官以上旨附籍；其初入仕者，具年籍、父祖已身功蹟；其已入仕及陞除者，具所歷功過、年籍；大都督府咨於中書省，送兵部覆奏，貼黃考功監參考同奏附籍。部擬散官移文翰林院撰文，付司文監校勘；奏付中書舍人書寫，署名用印，轉付承勅、考功二監，幷還本部，以次署名，用印齎付省府台官署名，仍付司文監對同，署名用印，方付兵部給授。如襲職、降用者，大都督府勘驗，具年籍、祖父功蹟；降用者具其罪名，奏旨處分。承勅監官附籍，其咨省送部覆奏，貼黃參考對同，擬官撰文，署名用印，給授如前。（史料八四）

是改爲統籌由官方發給，名曰「誥勅」。誥勅的授與，非常愼重，在送達武官手中之前，重重須經過各層官司的查核與簽署。其查核的根本資料，也就是貼黃。由史料八四可知，誥勅的頒發，因實際狀況不同而手續略有不同。不過大抵都須經過大都督府、中書省、兵部、承勅監、考功監、司文監、翰林院和中書科等處，目的無非是求一謹愼，然而也不無徒然造成事務繁雜之嫌。承勅、考功、司文三監到洪武十八年（一三八五）止先後被廢除[51]。中書省也在洪武十三年（一三八〇）胡惟庸案後罷廢。同年並改大都督府爲五軍都督府。武官誥勅之頒行手續，可以想見有了相當的變化，並不可否認的是較最初有了若干程度的簡化。不過由於史料之缺乏，不得其詳。如果按「世宗實錄」卷九〇，嘉靖七年（一五二八）七月丁亥條看來，似乎只爲兵部、謄黃官、中書舍人三者間的作業[52]。惟依「明史」「職官三」得知，兵科設有一官專門「監視」武臣貼黃誥勅，則是上引史料中所不曾敍及的。

史料八四同時也告訴我們，武官誥勅的給發計有如下數種情況。即一、特授陞除，二、初入仕，三、已入仕（此項應限於洪武九年初發之時，其後凡入仕官皆執有誥勅，不必再給），四、陞除，五、襲職，六、降用。誥勅的作用既在「報功勵世」[53]，子孫襲替之時又須親齎以備查考，因此世代相傳，形同武官的榮譽身分證明。

讓我們再回頭來討論貼黃。前文一再提到，武官襲替之際必須誥勅與貼黃查對相同，才得選授官職。誥勅既屬武官個人收執，難保不有塗改作僞的弊端。政府方面最大的憑證，不用說就是貼黃了。關於貼黃的作成，目前所見最詳細的史料見於「世宗實錄」卷一二三，嘉靖一〇年（一五三一）三月丙戌朔條，內容雖長，但在了解貼黃的作成、管理、作用上極有價值，因此全文揭出，逐條加以申述：

(a)兵部主事鄭琬疏言：軍職貼黃，武官選法所係。三年一清，立法頗詳。第先後因仍，混失如故，以致名為貼黃，而黃多不貼。所以每選難於查覈，人易為奸。應襲者以查黃不出而守候經年，典守者以黃多難檢而任人私揭。及今不理，弊且日深，因條上清黃五事。

(b)一、嚴督率。近日題准：清黃監生仍舊例以三年為限，須立法督催，庶不曠廢月日。凡分與工程，依限查寫。先限寫完兼查對清切者卽准上選，過限不完者立限催完，方准上選。寫字粗拙及不率教者發回該監，歷過月日不與准算。

(c)一、固黏貼。貼黃本以便揭查，然黏貼必須牢固，自今將各衛所貼黃，逐一查出，各用麵糊牢固黏入貼黃本內。應立黃者照舊寫黃。用寶畢日，每黃二張，用紙一葉，亦照前法黏貼，不得仍舊夾放，庶免散失及盜黃、改黃等弊。

(d)一、增黃本。舊黃每本百葉，黏貼小黃二百張，揭查為易。後因立黃日多，黃本未增，遂使一本百葉，夾至三四百張。衛所不分，流世無別。今宜添領黃本，每衛不拘本數，每葉黏貼二張，盡數附貼。仍於黃本皮面開寫在京在外衛所、人名明白，以便揭查。

(e)一、慎揭黃。舊例犯罪革職、永遠不許承襲者，揭黃燒燬。軍職調衛者，揭出原衛，改黏見調衛分。後因續寫貼黃，取其易揭，不復黏固，多致混失。在京者誤入外衛，府屬者誤入上拾，吏緣為奸，該選官舍經年不得襲替。今旣黏貼牢固，不許輕揭。每兩月一次續黃，將內外黃本查對明白，飛帖標記。揭黃之時，每黃監生二人，各執一本比對，內外黃號不差，係內黃者於西廊房續寫，係外黃者於西闕河下續寫。寫畢對同，仍頓放西廊房內，候大選後用寶之日，同內黃擡至奉天門用寶。其調衞官員，以後者為準，內外貼黃俱黏貼見任衞所。清理事完後，遇有更調官員，貼黃科吏隨即附簿，每年半一次，不拘員數，用本部印信手本，差續黃官帶領人匠，赴印綬監會同該監官將本人貼黃移貼今調衞所貼黃本內。如遇犯該揭黃者，亦每半年同更調貼黃揭出，會官燒燬；揭出空處，仍黏白紙小票，書某人貼黃，為某事調衞，揭出附貼某衞。犯該揭黃者，書某人貼黃，犯該革職燒燬，以杜吏奸。惟新立功陞授官員始用立黃，已立黃者，不煩重費清理。

(f)一、軍職舊例，黃選相同，方准襲替。蓋以立功來歷詳於貼黃，歷代脚色備於選簿。已經本部題奉欽依，類造選簿。今清貼黃，務將選簿貼黃彼此相對，但有差錯遺漏，即行改正補錄。仍舊收貯以便查對。

得旨，近年清黃委官躭延月日，不獨監生為然。所奏俱依擬，務用心清理。如仍違慢，科道官糾奏治罪。（史料八五）

由(c)(d)可以了解貼黃名稱的來源。本來「貼黃」一詞，早在唐代即已存在。「石林燕語」謂：「唐制降勅，有所更改，以紙貼之，謂之貼黃。蓋勅書用黃紙，則貼者亦黃紙也。」可知名稱雖同，實則冏異[54]。製作貼黃，先須有「黃本」，每本百葉；除封面記明册內所收所有武官的衞所、人名外，似專供黏貼之用(d)。有新入仕武官，前此不曾有記錄者，須爲之「立黃」(c)，也就是用「小黃」一張(d)，開具祖軍姓名、歸附年月、原籍貫址、功次事項、分發衞所、職名等[55]。因爲是有關功次的記錄，因此凡因功陞至總小旗以上者均得「立黃」，當是不難想像的[56]。寫黃完畢，「會同尙寶監、尙寶司、兵科，於奉天門請用御寶鈐記」[57]。用寶畢，則將「小黃」每兩張黏入一葉。「黃本」以衞爲單位，一本百葉，計可黏入二百張(d)。

「立黃」之後，遇有武官襲替、陞遷、降調等情，須加添入新記錄時，則揭出原紙，於後加寫，叫做「續黃」(e)。續黃的工作每兩個月舉行一次，實際工作由監生負責。續時須由監生兩人將內、外黃本查對明白，然後分別謄寫。寫畢再互相查對，確實無誤則暫頓放於西廊房內，俟大選後用寶之日，擡至奉天門用寶。其後再將續成的小黃，貼到見任衞所的黃本上。若有調衞官員，則黏入後調衞分(e)，務使人隨於衞，以便後日易於查理。

「續黃」工作雖每二月一次，但黃本的總清理則係三年一次(a)，監生淸黃的任期也以三年爲限[58]。監生須「依限查寫」，並憑查寫成績的優劣，核定其自身是否有資格上選(a)。清理過後，若再遇有更調事例，即委託管理貼黃的科吏，隨時將記錄附簿，每年半一次[59]，由兵部用印信手本差續黃官帶領人匠赴印綬監，會同該監宦官將調衞各官貼黃改貼現衞所貼黃本內。有因犯罪被褫奪世襲武職之權者，則揭出黃紙，會同有關各官燒燬，這是每半年一次。原貼之處黏上白紙小票，說明揭去之由、改貼衞所或燒燬過節，目的在防止科吏藉之作弊爲奸(e)。由(e)項最後的一部分看來，清理似只適用於新立功陞授官員還未曾立黃者的；可是筆者懷疑所謂「已立黃者，不煩重費清理」云云，應只限於因調衞或革職而被「揭黃」者，這些人不但是「已立黃者」，而且也是沒有必要「續黃」的人。至於那些須「續黃」者，應是列入清理的名單內的。前述監生查對內、外黃的作業，事實上即是清理工作中重要的一環。

內、外貼黃平時似是貯於印綬監的⑩。每遇清黃，則調出查理。凡有應「立黃」或「續黃」者，經上述諸種手續後塡妥的黃張都應貼入冊內，不可隨意夾放，以免紛失或錯置他衞(c)(e)。但僅管法令規定如此，當事者往往爲求將來更改記錄時容易揭黃；或一時疏於怠懶，不好好黏貼，只將黃張夾放冊內；遂致一冊夾至三、四百張，「衞所不分，流世無別」(d)。結果官舍應選之際臨時找不出記錄，等到清查出後竟已花費一年的光陰(a)，不止在比對作業的進行上帶來困擾，武官世襲也不得順利推行。因此規定小黃整理後應立即黏貼(e)(c)，並爲易於查閱起見，一衞不拘一冊，每冊限貼二百張(d)；調衞、革職者也以半年爲期，從速處置(e)。

貼黃不僅在武官襲替陞調時作爲官方的根本資料供查證之用，並且積極的在有武官子孫爭襲祖職時負起判定的任務。「武宗實錄」卷四二，正德三年（一五〇八）九月丁未條：

> 貴州都勻長官司長官吳欽與其族土舍吳敏爭襲，互相讐殺。鎮巡官以聞，兵部揭查武官貼黃簿，蓋欽之曾祖賴洪武年間立功為長官，後陣亡，而其子琮尚幼。敏之祖名貴，賴弟也，暫令借職。琮既長而襲，傳三世至欽矣，於法敏不得妄爭。詔可之，其讐殺事情仍令鎮巡官議處以聞。（史料八六）

都勻長官司長官吳欽與其叔吳敏爭襲的原因，在欽之曾祖父吳賴陣亡時，祖父吳琮（賴之子）年紀尚小，因此准由吳賴之弟亦即吳琮之叔吳貴借襲，俟琮年長出幼，吳貴還職吳琮，本來問題已經解決了。可是吳琮以後雖然還照例襲了三代，到吳欽時其叔吳敏却因已祖吳貴曾經襲職爲由，欲奪其位，互相爭奪不已[61]。雙方只顧互相讐殺，這時便由兵部出面，根據貼黃的記載判定吳欽襲職的合法性。經皇帝下詔裁可，二人間的紛爭也告一段落。由此可知貼黃在武官的襲職上具有至大的權威。

也因此，欲求作僞的人也不得不從改寫貼黃上動手。「世宗實錄」卷二九七，嘉靖二四年（一五四五）三月壬辰條：

先是欽天監革職博士韓鑑，與兵部武選司該吏畢文舉、汪椿孫、李相，貼寫胡椿等謀為姦利，受諸武職應革襲者金錢，陰通內府校役魏聰、韓昇及查黃該吏等盜出黃册，竄易洗改，妄增功次，鈐以偽造御寶，潛復納之內府。册中前後冒襲千百戶侯太等三十八員。如是幾二十年，事未發覺。至是椿孫不禮其妻，其妻兄陳仁執所偽造黃臘御寶及冒選武職私籍首之。東廠有旨，命法司窮治，并兵部節年所司官吏、印綬監當事人員通行按劾以聞。於是刑部參奏印綬監少監王瑜，監丞楊宇等職司監守，素鈌關防；武選司前後查黃主事陞任項喬、鄔閱、熊過、何中行、顧翀、賀府、牟朝宗、葛縉，去任呂高、張鐸、王應期，降調白若圭，見任袁襲裳、張纓，陞任郎中鄭琬、黃福、楊大章、熊洛，調任傅頤，去任薛僑、吳撒，見任孫校等校對疎虞，失於覺察；通宜究治，以懲不恪。是時文舉先死，椿孫、鑑、相及校尉聰、昇等俱論斬。椿及諸同謀姦騙吏役陸永安等悉發邊衞充軍。冒襲官侯太等下各巡按御史捕治革職，永不許襲。項喬等并鄭琬等俱降一級調外任，王瑜等亦降一級。其中尚有詐冒隱漏人數，仍令兵部查出，具奏以清選法。（史料八七）

牽連到兵部武選司、印綬監先後任主管人員數十名，可說是一個大案。案件之爆發，只爲了作僞者中之一人夫婦不和，而爲妻兄執所僞造黃臘御寶和冒選武職的私人名簿所告發。如果沒有這一個意外事件，冒僞的工作可能還會繼續下去；事實上過去的近二十年間，雖經過六、七次的清黃62，也從未曾發生過疵漏。可以想見作僞組織間連繫之密切，一方面也說明了明代在貼黃的管理與查對上，存在很大的漏洞。作僞集團的成員包括了欽天監革職博士、兵部武選司該吏、貼寫、內府校役和查黃該吏。他們收受武職應革襲者的金錢，盜出黃册，竄易改寫，或者妄增功次，其後蓋上僞造的御寶，再送回內府。先後僞造了侯太等三十八人的履歷，手法直可比爲天衣無縫。類似的案件相信一定還有很多，未被發覺因而得逞奸計的例子也必不少，惟以缺乏史料，此處不擬深論。

上一條史料說到貼黃清理不得法，連坐兵部節年所司官吏與印綬監當事人員，而因此依法受到究治的有印綬監少監、監丞和武選司查黃主事與郎中之已陞任、去任或見任者多人。印綬監罪在「職司監守，素缺關防」，武選司罪在「校對踈虞，失於覺察」。由此可了解二者對貼黃的保管、清查所分擔的任務。清黃方面除兵部與前述監生外，通政司、都察院、大理寺、翰林院也各派有人提督監管63。大體兵部侍郎及都察院僉都御史是最主要的二名提督官。通政司到了成化二年（一四六六），「置提督謄黃右通政，不理司事，錄武官黃衞所襲替之故，以徵選事」。其後直到萬曆九年（一五八一）廢除爲止，擔負了提督、謄寫的工作64。大理寺掌理天下刑獄65，猜想是在遭遇襲替糾紛時，負責審判定讞的。翰林學士「掌制誥、史册、文翰之事，以考議制度、詳正文書，備天子顧問」[66]，因此亦參與謄黃之事。此外如用寶時兵科給事中亦有監視之責，則由下條史料可以窺知。

「孝宗實錄」卷一四，弘治元年（一四八八）五月戊寅條：

先是兵部尚書余子俊等以清理軍職貼黃事竣，會同原清黃官都察院右副都御史邊鏞、左春坊左庶子兼翰林院侍讀學士李傑、及尚寶司少卿胡恭、司丞楊泰、兵科給事中曾昂等用寶於奉天門，時尚寶監內官趙聰等就門旁便舍具酒食邀之，聰繼以他事下錦衣衛獄。有併發其會食事者，上怒，令各具實以聞。子俊等請罪，俱宥之。（史料八八）

貼黃清理完畢用寶之日，須由上舉各官會同監視。因事關重大，爲防止勾結作弊，禁止私人間的宴飲應酬。兵部尚書余子俊等接受尚寶監內官邀宴，幾成爲肇禍之因，其用心之嚴可以察知。惟事在人爲，防範能奏效於一時，不能塞源於永遠，前文所引之冒僞案是一明證。

內外貼黃本以百葉爲限，似乎是維持了相當久的定規，到萬曆六年（一五七八）兵部左侍郎曾省吾清黃，又建議在百葉之前，「另緝目錄三葉，總列職銜、員數。仍註衞所指揮、千百戶、鎭撫官銜」，在查閱時帶來很大方便。這時離明初設置貼黃已有二百餘年，武官貼黃重覆或遺失者甚多，清理之際乃另設「黃紙號簿」，將所有在庫之內、外黃張及歷年陸續增補、見存者，要約其內容，全部登入號簿內。掌握住大致情況後，再加以比對。有重覆或被革職應「揭黃」者，燒燬黃張；有缺失不存者記其號於號簿，以便日後統籌與正黃查對，其餘則按衞所、職別，編入各黃本內[67]。新設「黃紙號簿」可說是清查結果的備忘錄。

上述造册、清理的工作，都係中央政府內部的作業。除此之外，在京在外各衞所也都有「軍職貼黃文册，每年一造，送部查考」[68]。衞所軍職貼黃文册册式不詳，它也許是採用了黏貼方式，也許只是因記載內容和作用與中央之貼黃一致而得名。正德「金山衞志」上卷三，軍職貼黃册項下註曰：「凡衞所官軍開報脚色及陞官緣由」；「世宗實錄」卷九，正德一六年（一五二一）十二月庚子條謂：「將所屬審取各父祖從軍陞襲來歷」，可知該册所載包括一衞內所有官軍自祖軍以來世代陞襲的記錄。金山衞造的貼黃册「解中（軍都督）府轉送兵部」[69]，可知在兵部清黃、武官襲職時也發揮了一定的作用。惟缺乏其它史料，無法深論[70]。

第三節　衞選簿

前引實錄嘉靖十年（一五三一）三月丙戌朔條下(f)項中提到選簿。軍職襲替，除須與貼黃查對無誤外，貼黃又須與選簿相同方可。史料中說到貼黃與選簿的差別在前者詳於「立功來歷」，而後者詳於「歷代脚色」。從前文的敍述我們得知，貼黃本的記錄是同時兼備了立功來歷與歷代脚色的。選簿既與貼黃有互相補缺的作用，自然也就兼具二種內容。那麼，二者究竟是如何表現了它們的不同呢？貼黃本已不能得見，幸運的是，中國大陸還存留有相當多數明末的選簿，其中的十三部且經日本學者之委託，寫成抄本，送到了日本，得以廣爲吾人所利用。由於該史料在研究明代軍制上有第一手史料的價值，下文擬多費一些篇幅，先從其收藏狀況和有關之研究介紹起。

原本武職選簿現藏北京故宮博物院明清檔案部。溯其本源，乃是在清康熙以後修「明史」時，爲補文獻之不足下詔徵集來的。明史修完後，轉交內閣保管，遂成爲清內閣大庫檔案中的一部分。民國以後，幾經波折，最後才回到故宮[71]。衛選簿在中國所藏似乎相當豐富，這由張鴻翔「明西北歸化人世系表」、「明外族賜姓續考」文中所引選簿的名稱可以窺知[72]。可惜中國學者尚未能利用之以研究明代軍制。韋慶遠「明代黃册制度」一書，曾在卷首揭載其中一頁之像片，惟書中並未加以論及，不能不說是一大遺憾[73]。

衛選簿之能廣爲世界學者所利用，首應歸功日本學者牧野巽博士，一九三五年夏，牧野氏訪北京故宮，從堆積如山的選簿中抽出一部，委託該院謄寫。這本寫本在送到東京以後，受到和田清和岩井大慧二氏的注意。其後以東洋文庫之名義，陸續委託謄寫，其數共達十三册[74]。這十三册選簿原都是成立於萬曆二十二年的，它們分別是玉林衛、雲川衛、鎭虜衛（以上山西行都司）、平涼衛、安東中護衛、西安左衛、寧夏前衛、寧夏中屯衛、甘州中護衛（以上陝西都司）、鎭番衛（陝西行都司）、寧遠衛、瀋陽左衛、瀋陽右衛（二衛合為一册，稱瀋陽衛選簿）、三萬衛（以上遼東都司）等各衛的選簿。現俱藏於東洋文庫。

從十三册衛選簿封面內頁所蓋東洋文庫收件登錄印上的日期可知，這些寫本是在一九三六到一九三八年間陸續送到東洋文庫的。牧野氏於一九六三年曾撰文介紹此一史料[75]，然在前後的三十多年間都不曾受到學者的重視[76]。一九七一年夏，美國學者Wade F.Wilkison 訪日，在東洋文庫發現這批史料，返美後得到威丁堡大學湯瑪斯圖書館（Thomas Library of Wittenberg

University)的援助，將十三冊選簿的寫本全部照相影印。Wilkison氏並在一九七七年利用該史料完成博士論文[77]。日本方面有川越泰博氏自一九七二年前後開始注意這項史料；但利用之作嚴密分析，則要到稍後的一九七七年左右[78]。

關於二者的業績，不可否認都應給予相當的評價。然而川越氏的缺點在於太過依賴該項史料，以致缺乏其它史料之佐證，侷限了論點的發展性[79]。Wilkison氏在這一方面雖能參照諸書推論，却又失之於矯枉過正，不無因緣附會之嫌[80]。例如有關於衞選簿的性質問題，川越氏以爲是「衞的戶籍簿」[81]，Wilkison氏以爲就是「類衞册」[82]，不用說就是未能認淸它是專爲審理武官世襲而設的一點，而將選簿與管理一般軍戶的戶籍册混爲一談。十三册選簿之中，有七册在最前部揭載了隆慶四年（一五七〇）六月「兵部爲淸査功次選簿以裨軍政事」一疏，其中列舉二十一條編册要項，相當於該簿的凡例，是筆者所見有關選簿諸記事中最詳細的一條。該項記事雖然可能只代表了隆、萬以後的衞選簿，但在了解其編纂原則、管理方法和效用上實不作二想。並且，以一反三，或許由之亦可增加我們對前文所介紹各種管軍册籍的了解。因此下文擬就該項史料之記述，參照十三册選簿簿文，嘗試分析衞選簿的性質[83]。

兵部為清查功次選簿以裨軍政事。隆慶三年九月該本部尚書霍、左侍郎曹，議得武選司庫貯功次選簿及零選簿年久浥爛，而近年獲功堂稿與核册題覆尚未謄造，每遇選官清黃之期，典籍殘闕，卒難尋閱，合宜及時照例修補。題奉欽依。續該尚書郭、右侍郎王嚴加清理，詳定規議。先後行委車駕司員外郎賴嘉謨、武選司主事謝東陽，會同武選郎中吳兊、李汶、

> 王俸、王叔杲、劉漢儒、員外郎張世烈、主事李與善、余弘運、李承武、韓應元、李松、彭富，開局立法；督率選到七十八衞所吏役，逐一將功次、零選、堂稿及新功叢題未經立簿者盡行修補謄造外，爲照選簿備載內外二黃、零選、功次及續附節年造過審稿，所以爲清黃選官計也。往年修造，輩數或缺而未備，職姓或混而未清，功次或未盡謄，審稿或未盡附，終非完籍，未便稽考。且革發、充軍、揭黃等項，原未該載，每遇大選，無從檢查，竟滋奸弊。今以各衞所官員照級類造，對叢明白，用司印鈐蓋。依樣另造目錄二本，總列成帙，題曰武職選簿。一本送堂貯庫，一本存司，掌印官相沿交收，俾按簿查名，一覽可知，以杜將來吏胥去籍之弊。仍申明先年員外郎馬坤等原議，專委本司員外郎提督管貯前簿，單月附選。及今重議，每遇大選，看選主事各照所管新官、舊官、陞、調、給、養、未及六十，督率該吏赴庫查選，不得出外，以致損改。後凡該司接任官員，務宜留心掌修。應附應補，及時謄寫，不得如前混遺。庶簿籍完備，可以永便於檢查。而功罪明核，又能潛杜夫奸弊。今將目合修造及日後附補事宜凡例開列於後，須至簿者。（史料八九）

從史料中我們得出的第一個特點是，武職選簿不像一般管理軍戶的冊籍常任由各衞自行申報，它是由兵部「開局立法」，統籌編造的。主管造冊的，主要是兵部武選司的官員，另外再適當派予兵部大員若干。而實際負責造冊工作的，則是從各衞所中選拔出來的吏役。編冊之際，務清查所有相關資料（詳下文），比對後詳細列入選簿，以供日後清黃或大選時便於查對。冊造一式二本，編成後鈐蓋武選司印，一本送兵部堂上官過目後貯庫，另一本則留在武選司，由掌印官收貯。

掌印官交替，册亦隨之交接，如此天下衞所官員，掌印官都能一目瞭然。遇有大選，看選主事率領該吏赴庫查閱，不得將選簿攜出庫外，以避免損壞或篡改之弊。選簿大造，似無規定年限，大造之間，凡有應附應補者，應及時謄入，補寫作業由武選司掌印官負監督之責。

十三册選簿的大小都是四五．五公分×二七公分。卷首揭出前述上奏文全文後，記有「萬曆二十二年（一五九四）七月日委官武選司主事陸經脩」。顯示在隆慶四年大造以後，到萬曆二十二年又予重脩。奏文後另起一頁，揭載目錄。但亦有因「原無目錄，恐滋弊竇，不敢補造」者，則只記明簿內起首與終末者之職級姓名，如「指揮同知李元善起，至試百戶張鎭止」之屬[84]。目錄是按千戶所別與職級別排列的。也就是一衞一册者，按左、右、中、前、後五所次序；官少併二衞爲一册者，則先列某衞之五所，再列另一衞之五所[85]。五所之前，按級開列該衞之指揮使、指揮同知和指揮僉事；五所之下，則以正千戶、副千戶、實授百戶、試百戶的順序排列[86]。

從指揮使到試百戶，合計共分爲七個級，這是編造衞選簿時最基本的職級。因爲儀衞正與正千戶同級，衞鎭撫、儀衞副與副千戶同級，所鎭撫、典仗又與試百戶同級，故分別列入同級各項之下。至於有署職者，則列於同級之首；如署指揮使事指揮同知列於諸指揮同知之首。署正千戶事副千戶列於它副千戶之首。要之，人以級爲序，同級則按署職高低爲斷。若有以大署小，如實授百戶署所鎭撫者，乃是「署掌其事」，並非降級敍用，故仍列在實授百戶的一級內，又不待言而自明了[87]。

七級之下，另有關於冠帶總小旗的特別規定。總小旗不入大選，本不列身選簿[88]，但因與試百戶之間只有一步之差，又可說是具有了候補的身分。新立功陞至試百戶以上者固須爲之立選[89]，由試百戶以上因事革充冠帶總小旗或總小旗者，亦因日後以功例陞試百戶的可能性很大，若略而不記，將來子孫襲替之日又須重新調查前所獲總、小旗二級的功次，徒然造成手續上的重覆，因此也附於七類之後，以備參考[90]。推廣所及，署試百戶事冠帶總旗有蹟可查者也都儘量附記於七類之後[91]。因此選簿的武官職級，最高自指揮使起，最低到冠帶總小旗止。至於現任都指揮僉事以上和署都指揮僉事以上，因屬流官只附記於指揮使之首，不另列一級[92]。同級同所內之各官都編有號碼，其順位與署職之高低有關[93]。

目錄中依據上法開列出的官員，不用說是編纂當時在任的官員；也就是史料中所謂的「脚選」[94]、「脚輩」[95]。脚輩名下註明立功始祖姓名、籍貫，以及傳襲至本官的代數[96]。目錄中另外值得注目的是「年遠事故」、「輩數未全」、「優養」和所謂的「選簿未載，貼黃有名，但襲替年月未開，無憑吊查黃選者」諸項。「年遠事故」乃是因充軍、調衞或幼丁記錄後未依法出幼襲職（或改調近地）等因，繼承情況有了異變，而以本衞一時失於查理，致多年後不知下落者[97]。「輩數未全」大多肇因於原始資料的缺失，因此在編册當時不能掌握住整個世系，只先儘有案可查者備列出來，詳細資料則要待子孫襲替之日，查照審稿重行補造[98]。「優養」一項分優養殘疾無嗣武職、絕嗣武職遺孀和父母雙亡、無兄弟可襲職之孤女等[99]。上述三項，都各附錄於同級各官之後。最後一項「選簿未載」云云，乃是指近年新陞官員，在舊選簿編成時雖尚不及登入，但貼黃查有姓名者。因貼黃中未開襲替年月，無法吊出黃選，因此附其名於總目之後，「俟後子孫襲替之日」，再行補造[100]。正文中不用說是沒有這些人的記錄的。目錄之後，緊接著正文。原則上每員各佔一頁，頁首大書脚輩姓名，其下分兩行縱書職級名，如署指揮使事指揮同知等，字體稍小。職級名下，用以抄黃。其記事見於內黃者記「內黃查有」，見於外黃者記「外黃查有」，若二黃俱有，則「從其詳者書之」。黃用小字分兩行抄寫。抄黃完畢，另起一行，從立功始祖記起，以始祖爲一輩，其後繼承者各按世代排列[101]。頁首所開脚輩及册成後續襲者亦皆依次排入[102]，十三册選簿中輩數多者有到十一、二輩[103]，少則止一、二輩[104]。輩下書名，然後抄「零選」。每一輩原則上一行，行內亦以小字分兩行細書，不足，可連書二、三行，稱作「某輩選條」[105]。

選條下的記事大多明記出處，如「舊選簿查有」、「欽陞簿查有」、「編軍簿查有」等。如果這些資料文是引用自他處，亦詳記其出典。如「寧夏前衞選簿」後所實授百戶龔直項下：

> 四輩：龔林。舊選簿查有：弔到正德五年六三九號勘合，內開陞一級不賞寧夏前衞後所二人共斬賊首級一顆，為首小旗陞總旗一名龔慶一。（史料九〇）

「寧夏中屯衞選簿」中所實授百戶牛麟項下：

> 五輩：牛淙。審稿簿查有：選簿查有：正德九年二月，牛淙，息縣人。……堂稿查有：一件人命事，都察院咨，巡撫寧夏都御史張，問得犯人牛淙，係寧夏中屯衞中所實授百戶監臨官，因公事於人虛怯去處，毆打至死。照酷刑事例，發原籍為民。（史料九一）

「鎮番衞選簿」左所副千戶楊繼芳項下：

六輩：楊繼芳。（以下大書）萬曆九年六月一件，糾究貪庸將官以肅邊紀事。准職方清吏司手本，該巡按陝西監察御史趙楫奏：問得犯人楊繼芳，招係鎮番衛左所正千戶，犯該管軍官科歛軍人錢糧入己者，計贓以枉法論。有祿人捌拾貫，律絞，係雜犯，准徒五年，照例編發榆林衛前所永遠充軍。子孫革襲，查取洪武年間功陞百戶次房無碍子孫赴部降襲。如無次房子孫，即行停革。（史料九二）

就是其中幾個最典型的例子。

由上舉諸例也可以察知，衛選簿的編成是在參考了多種記錄文件後，經過愼重而詳細的比對工作而成的。關於這些文件，單從凡例之中即可檢出功次選簿、零選簿、獲功堂稿、核册題覆、內外二黃、節年選過審稿、貼黃、誥命諸種；如果再翻閱簿文，更可看到欽陞簿、職方司手本、都察院咨、右府勘合劄付、山西道卷宗、革册、單本等等[106]。另外如類題稿簿、類題堂稿、原題功次堂稿、題稿、堂稿簿等疑爲同種資料之諸異稱者更是所在多有。這些史料從名稱上加以歸類，可知選簿所依據的除去上文所提及的內外貼黃與誥勅外，第一是記載各官功次的勘合、堂稿類；第二是在襲替或選清理之際，調查舊案審理所得的審稿類；第三則是武官因犯罪或失於守備而被判充軍之際，記載其充軍衛分、罪名、判刑處分的充軍簿類。衛選簿參照這些各具特別功用的簿類，摘其綱要，按輩分彙入同祖各官的項下，以備大選之時，便於查檢，一目而可掌握到各官所有功過記錄。換言之，是綜合全體而編成的一部索引。

選簿既依據這些參考資料而編成，若諸種資料在記錄上有分岐之處，應照舊存疑，不得妄自增改。舊選簿中，如有將功次錯附於他輩選條者，新編之際須與以改正，務使功次抄於本人名下[107]。舊選簿未載，查有近年審稿者，亦應備細抄謄[108]。若舊選簿總目有名，正文中却未開載者，應盡數查出抄造，仍舊無查者，則開其名附於總目之後[109]。

武官的最初數輩，特別是陞至試百戶、百戶者前的數輩，常是無選條可查的。此時若有關資料已見於脚輩項下所引黃，則於該輩姓名下書「已載前黃」。節輩功次有已書於內外黃或他輩選條者，亦書「已載前黃」或「已載某輩選條」。不必再重覆抄寫，「免費時日」。有某輩選缺者，旁註小「缺」字；功次缺，則旁註小字曰「候查」。若內外黃俱缺，亦於脚輩下註「缺」字。其下各留空白處若干，以便日後查補[110]。我們由此可知，選簿在利用諸資料時，並非毫無選擇的濫用，無寧說它是兼備存疑、補遺、正誤、去冗諸效用的。我們說它在明代管理武官諸文件中具有索引的地位，應該不是過言。

編冊之時有因新立功陞至試百戶以上者，須爲之立選，這在前文也稍有提及。此時遵照每員一頁的原則，將本人排作第一輩，項下詳列本人功次。若總小旗功係父祖所獲（亦即本人係繼承父祖之總小旗役者），亦須參照貼黃，查出父祖總小旗的姓名、功次，列於本人項下[111]。新立功陞官者原則上排在同級原有各官之後，但冊成之後，若再有陸續添入者，則因紙數的限制，多利用他官選紙剩餘空白之處。且因紙面關係，常攙雜在同級各官之間，有時甚至跳入他級，附錄一○b面便是其中的一例[112]。

各級官員遇有調衞等情者，除不得再回原衞者應將記錄改列所調衞分外，照例可回衞者以及改調附近，尚未經子孫襲替者，則仍列入原衛選簿之中。改列他衛者，仍列名於原衛選簿之總目內，以便日後有據可查，不致因而迷失衛所[113]。因犯罪被判永遠充軍，因而「揭黃」者，以及雖判永遠充軍，却因有洪武年間立功大次房子孫，得降襲祖職者，應吊取職方司編軍簿，將有關文移即時抄附各人名下[114]。選條中若有末輩死故多年，子孫過限仍未襲職者，應予「革發」[115]。武官世家既經揭黃或革發的處分，與武選已脫離關係，因此有關之記錄原是被抽出不再附選簿的。可是因此却造成了重覆保結或冒襲之僞，隆慶四年以後乃改使革發、揭黃者皆保留記錄於選簿，並於名下記明最終處分。這些人是一總彙記於同級官員之後的[116]。

最後想再度強調的，是有關輩數的問題。選簿通常是以立功陞至試百戶者爲第一輩的。但若資料齊全者，亦有以元末明初從軍之始祖爲第一輩的。附錄一是將平涼衛資料較完整（即除去年遠事故等項後）的各官選條整理所得的結果，其中三、九、八九的第一輩是以軍人終生的。十七、三三、五十、五一終於小旗；二七、二九、三一、三七、四九、五二、六二、六六、六七、六八、七十則終於總旗。不過由整體來看，大致是遵守了試百戶以上的原則，我們由此也可窺知選簿和武選的關係。另外，劃有黑綫的一欄是所謂的「脚輩」，其後各輩則屬隆慶四年以後追加記入者。前面說到脚輩是指編冊當時現任的官員，諸冊既編於萬曆二十二年，爲何以嘉隆間人當作脚輩呢？我們由前文所引隆慶四年奏疏已經得知，萬曆的選簿是有相當部分延襲了隆慶選簿的，這些脚輩可想而知是隆慶年間造冊當時現任的官員。就這個意義來看，我們可以推斷隆慶的大造才是眞正的大造，至於萬曆間事例，則不過是在舊有基礎上加以增補罷了。

萬曆選簿的記事，最遲有到崇禎末年者，這是因爲到明亡爲止都不曾再大造的緣故。也就是說，萬曆二十二年的選簿自編成之日始，五十年間繼續不斷的發揮了作用。五十年間正是明末動亂的時期，想像中人事的異動應該很大，子孫承繼代數多者亦達三、四代，按理說都須一一記入選簿的。不僅是承襲月日或比試結果，一切功罪陞降調遷的記錄都應如此。可是大多數的記事都只載其大選年月和比試成績，甚者自隆慶以後便失去記錄[117]。這些人或許是絕了嗣，或許因充軍、調衞已不在原衞，或許雖在衞承襲不斷，却失於不查。選簿中既全未說明其去向，國家便也無法確切掌握住武官全體的動向。似乎到了明末，國家對武官的監視管理已較前放鬆得多，舊武官集團的陞降也漸趨停滯。相反的，以舍餘、家丁出身應募爲軍因功陞職者開始活躍，選簿中關於這類人的記載也特別詳細[118]。這充分反映了明代軍制的變遷，同時也暗示著選簿雖爲大選而設，選簿的研究却絕不儘局限於武官襲替之間。從衞選簿開發出明代軍制問題，未嘗不是一條可走的路。今後仍須加強對衞選簿的分析與研究。

綜合上述可知，選簿記載的對象是試百戶以上代代世襲爲官者。它統籌由兵部武選司主持編纂，參考了兵部以及內府等處所藏有關武選的各種檔案文書。它既然包括了武官所有功罪賞罰，因而在大選或清黃欲調閱有關案卷之際，具有索引和集大成的功能。選簿記載的方式，是以輩分爲準，除二黃繫於脚輩項下外，個人功次應儘量抄入各輩選條。史料八五(f)謂選簿詳於歷代脚色，便是這個意義。

❶ 參見Romeyn Taylor, "Yüan Origins of the Wei-So System," in C.O. Hucker ed., *Chinese Government in Ming Times* (Columbia University, 1969) 頁三七～三九。又有關明代武人地位的變遷，從下條史料也可窺知。沈德符「萬曆野獲篇」卷一七，「文臣改武」：「張信字彥實，英國公張輔從兄也。中洪武三十二年鄉試第一。文皇初，拜禮科給事中，尋遷刑科郎。永樂九年晉工部右侍郎。仁宗登極，轉兵部左侍郎。其弟輔爲信求改武階，乃調錦衣衛指揮同知，尋陞指揮使。交趾叛，率兵往勦，以功進四川都指揮僉事，又進都使。在蜀十五年，以正統十年卒於官。蓋信從鉛槧起家，居省闥者幾十年，爲卿貳者十三年，徙右列握兵柄者又二十年。夫以省垣近臣中樞政地忽伍兜鍪，似出謫辱，乃以英國雁行爲乞恩澤始得之；且專征仗鉞，恩遇始終，抑又何耶。」由明末人看來，文臣改武「似出謫辱」，這是因爲到明中期以後，武人地位已顯著降低，連軍隊中武臣也要受文人的節制。可是明初就大不同了。張信之得改武階，由從弟張輔之代爲乞恩而得。可見明初文人非但不以武職爲恥，甚至還視之爲榮譽。宮崎市定在「洪武から永樂へ—初期明朝政權の性格—」（「東洋史研究」二七～四，一九六九）一文中論及此點，以爲是受到蒙古以來重武賤文風氣的影響。我們知道元代蒙古人利用胥吏代理政務，文官常不過是點綴用具，至於蒙古貴族則世代襲替武職，保持著極度優越的身分。明初承襲之，故有武臣最尊，事務官次之，儒臣最次的現象。宮崎氏將這種結果與蒙元時代蒙古、漢人、南人三階級間差別待遇相提並觀，這一點筆者因爲對種族差別待遇問題缺乏足夠的認識，無法深論。不過宮崎氏同時又以明初世襲武臣地位之高，推斷明初世襲軍戶的生活相當安定，筆者以爲尚有商榷餘地。衛所軍官私役軍士的問題在明初已很嚴重，又如本章第一節敍述明代軍戶與官軍戶（世襲武官）間對

立的問題，官與軍同採世襲制度，結果產生了兩個固定的階層，身分上的從屬關係也漸趨固定，官的方面固可受到無限保障，軍人也就世代受到壓迫。這個問題明代人已經注意到了。參見萬曆「南昌府志」卷九，「軍差」。我們看明代的世襲軍戶制度，必須要注意官與軍間的差異，不可將之混爲一談。事實上明代軍戶的地位，一般說來是遠較民戶爲低的，參見王毓銓前引書，頁二三九～二四〇。不過，王氏因而斷言「有明一代，但見軍逃爲民，雖犯重罪而不顧，未見民戶有求充軍戶者」云云，也容易引起誤會。明代因對軍戶有優免一丁差役的規定，民戶之取巧者有時便利用之以逃避差役；同時軍役雖苦，軍糧一石却有不小的魅力，因此民戶冒名領糧或冒作軍戶人丁避役的例子層出不窮，這些待將來有機會還會論及。不過不管是那一種情形，他們都沒有實際出來負擔軍役的誠意。王氏的說法要在這個意義上才能解釋得通。

❷ 何孟春「何文簡公集」，「武選對字二條」（「皇明經世文編」卷一二六）。

❸ 「平涼衞選簿」副千戶朱欽項下所引內黃。參見附錄一之五五，第一輩朱成項下。

❹ 「安東中護衞選簿」指揮僉事王世澤項下所引外黃。

❺ 「寧夏中屯衞選簿」指揮同知汪檻項下所引外黃。

❻ 原文中爲筆者所省略的部分是這樣的：「丙午年克高郵。吳元年陞正千戶。洪武三年征黃河西淨州，授大同衞世襲正千戶，調大同右衞後所，故。有父朱整，二十五年襲本衞所世襲正千戶，貼黃內查出年深，洪武二十六年陞豹韜衞世襲指揮僉事。與黨逆指揮王敬干親，調鎭虜衞，故。俊係嫡長男，洪武三十四年襲鎭虜衞世襲指揮僉事。」可知朱整在陞爲世襲指揮僉事後一度因與逆黨結親而被調衞，但官職不減。又，朱邦寧是第九輩，嘉靖四一年以父故襲祖職指揮使，時年六歲。

朱家並一直到隆、萬間均爲指揮使。參照選簿該條。

❼ 參見附錄一之一。

❽ 參見附錄一之四九。

❾ 「太祖實錄」卷一九〇，洪武二一年四月壬申條。

❿ 梁材，南京金吾右衞人。字大用，謚端肅。弘治進士，嘉靖時官至戶部尙書。「明史」卷一九四有傳。

⓫ 何孟春以爲武職之濫始於成祖，其說頗有可觀。見何著「餘冬序錄摘抄」卷五（「紀錄彙編」卷一五二）。由這條史料也可看出，武職之濫，最初是由於皇帝用來獎勵私功（如靖難、土木之變、奪門之變中對皇帝個人有功者），其後則濫在「冒功買級」。冒功、買功的問題在下文中將會討論，買級應是指納粟買官之屬，這裡從略。附錄一中以革除年間靖難功陞官者例如三、九、一五、一六、一七、一八、二一、三三、三六、五一、六〇、七二、七四、七六、七八、七九、八七、八八、八九等都是。

⓬ 關於「優養」和「優給」，參見陸容「菽園雜記摘抄」卷五（「紀錄彙編」卷一八四）。陸容評成祖「起藩邸，得天下於一家之親」，其「待功臣之典，厚薄如此，揆之治體，似未穩當」，可謂至論。

⓭ 「太祖實錄」卷一八二，洪武二〇年六月戊戌條。

⓮ 「太祖實錄」卷七〇，洪武四年十二月壬辰條。

⓯ 「太祖實錄」卷一六二，洪武一七年五月壬子條。

⑯「太祖實錄」卷一七四，洪武一八年八月己未條。

⑰「太祖實錄」卷一九二，洪武二一年七月己丑條。

⑱參見本文所引史料八〇。其實例參見附錄一之十九，黃淵—黃英；一之五八，楊寧—楊欽。

⑲參見附錄一之十一，甘永禎—甘守禮；一之十四，李得時—李得春；一之二一，魏英—魏著；一之三六，時貴—時斌；一之四六，李受—李觀；一之五三，陳美—陳銳；一之六二，？—孫國祚；一之六五，胡英—胡印；一之八二，楊紹祖—楊世臣；一之八四，陳菩薩奴—陳玘等。逃亡者見附錄一之十五，翟馬駒—翟剛；一之六〇，武威—武英。

⑳參見本文所引史料七九、史料八二。

㉑「太宗實錄」卷一五，洪武三五年十二月壬子條。

㉒「明史」卷八九，「兵志一」。

㉓「明史」卷七六，「職官志五」。

㉔同註㉓。

㉕參見註❷。

㉖霍韜，南海人。字渭先。初號兀厓，後更渭厓。謚文敏。正德進士。告歸，讀書西樵山，通經史。世宗踐阼，除職方主事。大禮議起，能知帝意，官至禮部尚書。「明史」卷一九七有傳。

㉗川越泰博「衛選簿よりみた三萬衛の人的構造—明代衛所制度史研究によせて—」（「軍事史學」七~四，一九七二）。

㉘霍韜「霍文敏公文集」，「裨治疏」（「皇明經世文編」卷一八六）在敍述了這條法令後評到：

「臣謹按：聖祖此令，于軍職雖行世襲之制，寔寓考試之典。故後之有功者可以陞授，而不才者可以汰減，萬世不易之法也。今之襲職者，率納賂權貴，乃行比試，雖乳臭小兒，亦無比試不中者矣。此軍職所以冗濫，材力忠勇者無途自進也。故比試之制，在今日尤宜舉行，仍嚴納賂之禁，乃弊可革。」

㉙「明史」卷六九，「選舉志一」。

㉚「明史」卷一〇，「英宗前紀」：「（宣德十年十月）辛亥，詔天下衞所皆立學。」

㉛京師武學成立於正統元年，參考朱鑑「朱簡齋先生奏議」，「請開設京衞武學疏」。

㉜例如「英宗實錄」卷一三二，正統一〇年八月己酉條。可知舍人餘丁是同等的。

㉝「武宗實錄」卷三八，正德三年五月丁巳條。

：「復置萬全都司懷安衞儒學。學建于國初，設教授、訓導各一員，正統間以兵變裁革，本衞生員俱入萬全左衞學肄業。至是指揮同知宋覺等奏復之。」「明史」「選舉志一」並未載明衞學教官的人數，陸容前引書卷三：「本朝軍衞舊無學。今天下衞所凡與府州縣同治一城者，官軍子弟皆附其學，食廩歲貢與民生同。軍衞獨治一城，無學可附者，皆立衞學，宣德十年從兵部尚書徐琦之請也。其制學官教授一員，訓導二員，武官子弟曰武生，軍中俊秀曰軍生」，則以爲衞學與一般縣學相同，是設有教授一員，訓導二員的。不過由註㉜之史料亦可知，邊衞衞學的教官以二名爲限，故採前者的說法。待查。

㉞「憲宗實錄」卷一一，天順八年十一月丙辰條。

㉟「憲宗實錄」卷一七三，成化一三年十二月庚申條。

㊱「憲宗實錄」卷一七三，成化一三年十二月庚申條。

㊲參見本文所引史料七三。

㊳參見本文所引史料七四。

㊴參見註㉛。

㊵「世宗實錄」卷七四，嘉靖六年三月庚寅條。不過，必須注意的是，武學六年會舉，並非自嘉靖而始，其起始年代待查。

㊶胡世寧，仁和人。字永清，謚端敏。弘治進士。爲南京刑部主事，上書極論時政缺失。嘉靖中至兵部尚書。「明史」卷一九九有傳。

㊷李賢，鄧人。字原德，謚文達。宣德進士。景泰初由文選郞超拜吏部侍郞。英宗復位後由翰林學士入直文淵閣，進尚書。憲宗時爲少保華蓋殿大學士。「明史」卷一七六有傳。

㊸「英宗實錄」卷三，宣德一〇年三月丁丑條。

㊹以堂兄弟繼襲者見附錄一之二〇（七輩），一之二七（一一輩），一之五九（一一輩），一之六四（九輩）。堂姪繼襲者見一之三二（八輩）。以姪孫繼襲者見附錄一之三〇（八輩），一之三一（七輩）。

㊺有關軍官私役衞軍、收納月錢、冒支糧餉等問題，參見吳晗前引文，頁一〇八、一一三～一一五；王毓銓前引書，下編四：應當官差私役，頁二七二～二七四；寺田隆信前引書，第四章第三節：官僚、商人の商業活動，頁二一一～二二〇等。筆者亦收集了若干資料，將來有機會還想更深一步研究。這裡只舉出一條有趣的史料以供參考。「孝宗實錄」卷一九六，弘治一六年二月庚戌條：

「巡撫遼東都御史張鼐陳八事。……一、清隱占。遼東總兵副總兵參將都指揮千戶等官，先年各選驍勇軍士，隨從殺賊，久之遂爲家人。其陞調官員，則有帶去軍丁見在世襲子孫，有任參將以下者，一家有十餘姓，一姓有十七八人，又有隱占軍丁從嫁使令者。見今一家多者有二三百丁，俱稱舍餘，不當差役。乞降聖旨榜文曉諭，許隱占之家，限三月以裡首官改正免罪，軍丁發回衞所收補。不首者官每五丁降一級，甚者罷職充軍。軍發沿邊墩臺，永遠哨瞭。庶豪官不敢隱占，奸軍不得避役。」以軍士爲家人，官員陞調或女兒出嫁，都携之前往，名義上雖爲該官之舍餘，其實則與家奴無異。我們知道明末將領多用家兵，這與前引史料中的家人又有什麼關係，都是很值得探討的。家兵的問題參見鈴木正「明代家兵考」（「史觀」二二、二三，一九四〇）。

㊻ 軍變、兵變的原因非常複雜，除了因世襲制所引起官與軍的強烈對立外，又與當時社會經濟情況的變動和國外局勢等有密切不可分的關係。這些都有待將來的研究。關於明代軍變的研究並不多，目前可作參考的有荻原淳平「明代嘉靖期の大同反亂とモンゴリア（上）（下）」（「東洋史研究」三〇～四，三一～一，一九七二），川勝守「明末、南京兵士の叛亂—明末の都市構造についての一素描」（「星博士退官記念中國史論集」，一九七八；周遠廉、謝肇華「明代遼東軍戶制初探—明代遼東檔案研究之一」（「社會科學輯栞」一九八〇、二）。

㊼ 詳下文並參見本章註(70)。

㊽ 「野獲篇」卷五，「左右卷內外黃」：「至於世職，則自指揮使以下皆屬兵部。武選司選官俱以黃爲據。黃分內外，舊官新官各有黃簿。每官一員，名下註寫功陞世次，會同尚寶監、尚寶司、兵科，於奉天門請用御寶鈐記。外黃印綬監收掌，內黃送內庫銅匱中收貯。後遇襲替官選簿迷

失者，許赴內府查外黃。如外黃可驗則已，如或不明，再查內黃。蓋事之重而防之密如此。」同樣的錯誤亦見於陸容前引書卷五，內容幾完全一致。可以說代表了明末人一般的見識。他們雖知道諸黃之中有一種是藏於內庫之銅匱，但對正黃又全無所聞，因此由內、外黃之名稱推斷內黃是貯於銅匱中者。

㊾ 內、外黃雖不存，但因內、外黃的資料為衞選簿所直接引用，因此不難窺知其記載方式。本文多所引用，例如第一章註54等。選簿中揭載實例見附錄六、九、一〇。選簿與內外黃的關係參見本章第三節頁一七二～一七三。

㊿ 這個規定至少在太祖時是被確實的遵守過的。我們從衞選簿中可以找到許多例證。如「西安左衞選簿」右所實授百戶游憲項下：「三輩，游斌，襲簿查有：洪武二十六年，游斌舊名賴兒，係西安衞中所故世襲百戶游文庶長男。父為受賍擅收余丁充軍，充軍犯絞罪，免罪發充軍，病故，告襲。引至御前，欽依著襲了，領恩軍，去寧夏右屯衞守禦。授寧夏前衞左所世襲百戶。」「寧夏中屯衞選簿」前所副千戶袁相項下：「二輩，袁質，舊選簿查有：洪武二十五年八月，袁質係寧夏衞中所世襲百戶袁海嫡長男。父為征傷右腿寒濕告替，係八年以前在京護衞，父子俱至御前。欽依，他在京止是護衞，不多年，他從軍年深，替了陞睢陽衞前所世襲副千戶。」「甘州中護衞選簿」年遠指揮同知一條：「洪武二十六年十月，徐庸係甘州中護衞流官指揮僉事徐義嫡長男。嫡長兄徐顯先年病故，別無兒男，今父老疾，告替。父子俱至御前，問及從軍年月，因憐功力深遠，欽准替職，越世襲指揮僉事陞本衞世襲指揮同知」等。由此可以查知，朱元璋與下級武官間也不時有會面的機會，保持著適當的聯繫。這可以更加強他對武官的統制力和影響力。

51. 「明史」卷七四，「職官志三」「中書科」。

52. 「武職應得誥勑，多有請續，年遠未曾撰給，兵部會同贍黃官及中書舍人盡數查出，先儘誥册收貯，見在者上緊撰寫給散。其有無應該停授幷查理未明者，兵部查議，奏請施行。」

53. 「神宗實錄」卷二，隆慶六年六月甲子條。

54. 「石林燕語」，一〇卷，宋葉夢得撰。引文見卷三。該文續曰：「今奏狀箚子皆白紙，有意所未盡，揭其要處，以黃紙別書於後，乃謂之貼黃，蓋失之矣。」是到宋代仍用以稱上奏文中以黃紙揭出的部分。與本文所討論的貼黃大不相同，必須加以區別。

55. 參見註49。

56. 黃所記載的範圍較選簿廣，參見本章第三節頁一五七。選簿所記七級，最低到試百戶，總旗則唯署試百戶事者得入列。這是因爲「總小旗不入大選，無選條可抄」（註83所引史料第五項）。新陞試百戶者，舊選簿無查，須查貼黃方有資料。

57. 參見註48，和史料八八。

58. 「孝宗實錄」卷一〇〇，弘治八年五月甲辰條。

59. 疑是「半年」之誤。這一方面是因爲一年半的期限過長，使記錄不論在信憑性或參考性上都會被打折扣；另一方面下文說到遇犯該揭黃者「亦每半年同更調貼黃揭出」，亦可作參考。

60. 由史料八三可知內外黃都藏於內府，註48所引史料謂外黃由印綬監收掌，內黃則收入內庫銅匱。前文已經指出沈德符和陸容錯以正黃爲內黃，或許內黃也是收藏在印綬監的？又，史料八七提到黃册被盜改，印綬監罪「職司監守，素缺關防」，惟不知是單指外黃？兼指內外？

61 吳欽與吳敏的親屬關係以及吳氏繼襲的順序是這樣的（以吳賴爲第一輩）：

┌賴❶—琮❸—○❹—欽❺
└貴❷—○—敏

62 黃本每三年一清，見本文頁一六一。故二十年間應清理六～七次。

63 各舉一例如下：「英宗實錄」卷一〇五，正統八年六月乙未條：「右通政呂爰正先是清理武職貼黃，至是事畢，命理本司事。」「憲宗實錄」卷一六，成化元年四月庚寅條：「兵部尚書王竑等言：清理武選貼黃，例用本部幷都察院堂上官各一員提督。……令侍郎王復不妨部事，同都御史林聰清黃。」「憲宗實錄」卷一〇二，成化八年三月辛酉條：「命兵部左侍郎李震、大理寺左寺丞汪霦、翰林院侍講徐瓊清理軍職貼黃。」關於呂爰正清黃的記事，又見於「宣宗實錄」卷八五，宣德六年十二月己酉條；「英宗實錄」卷七六，正統六年二月乙亥條；「英宗實錄」卷一二三，正統九年十一月丙申條；「英宗實錄」卷一六一，正統一二年十二月辛未條。可知呂爰正在任右通政以前，曾在兵部選司呆過二十餘年，「貼黃皆其所掌」。到通政司後亦長年擔任此務。其間雖數次考滿當遷，都以詳練武選爲由，祇陞品祿。例如宣宗就曾說過：「官不數易，則能修其職。」可是，事實上又如何呢？職務不變的最大理由，筆者以爲不止是由於武選工作太過繁劇，非長久其任，不能熟悉。又因關係武官前途，不公正者容易造成貪汚，公正者又易叢怨，非有特別之能力不能應付，也因此能善處者就顯得特別珍貴，而要爲政府一再留任了。這從下舉二條地方志裡的資料也可查知。崇禎「太倉州志」卷一三，「人物志」「列傳」：「陳愷，字企之，成化甲辰（成化二〇年，一四八〇）進士。授兵部武選司主事，歷郎中，前後十四年不離武選。武選職劇，易叢怨，愷奉公，斷絕私謁。」崇禎「松江府志」卷三八，「人物」「國朝賢達」：「徐觀，字尙賓，華亭人。少工翰墨，正統辛酉舉于鄉，游國學，才名益著。……授武選司主事，選事絲紛，繁製難措，觀檢覈鈎稽浹旬而辦。」又，呂爰正在正統年間清黃的記錄，整理出來是這樣的：正統六年二月（？）被派清黃，八年六月事峻；九年十一月再清，十二年十二月事峻；大抵符合三年一清的規定。

(64) 「明史」卷七三，「職官志二」。

(65) 同註(64)。

(66) 同註(64)。

(67) 「神宗實錄」卷七七，萬曆六年七月戊寅條：「兵部題覆本衙門左侍郎曾省吾條陳清黃四事。
一曰：先歸黃。各官先立號簿，通將內外黃張與續書見貯者，盡數簡明登記，以爲綱領，然後支放、比對，歸附黃本。其先年重立者，簡出完日，與揭過黃張一同燒燬。
一曰：增黃本。舊制黃本紙各百葉。今擬百葉之前，另緝目錄三葉，總列職銜員數，仍註衞所指揮千百戶鎭撫官銜，挨次粘貼，勿令混淆遺漏。
一曰：議立黃。清黃事例，有內外貼黃，復有正黃。正黃貯之金櫃，啓閉爲難。今須模倣規式，別立黃紙號簿，如有缺內外黃者，止照黃之所缺，互相掛號于上，以便備照。
一曰：愼謄寫。夫黃張謄寫，係各官功次、接背源流，關係匪輕，務大字楷書，以免磨擦，兼杜吏胥因緣之弊。報可。」史料中之「立黃」，所立者爲「黃紙號簿」，與前文所討論的「立黃」不同，要注意。

68 「世宗實錄」卷九，正德一六年十二月庚子條。

69 見該書上卷三，「繳報」項下。

70 衞所造貼黃的存在，爲我們提示了一個問題。前引史料八三中所謂的「內外貼黃」，是不是也可以解釋作內黃、外黃與貼黃三種册子呢？這並非全無可能。由本章第三節註83所引史料第三項看來，貼黃與內、外二黃是不同的。兵部編造選簿，先查對貼黃資料，有不足者再吊內、外黃。又，同史料第四項說到衞所各官脚輩項下應該引用內外黃資料，十五項却說貼黃內即使查有功次選條，亦因屬各衞自造文册，難以信憑，不准附寫於選簿。很明顯的告訴我們該史料中所說的貼黃是衞所造「軍職貼黃文册」，內、外二黃纔是本文討論的「貼黃」。本文之所以採用這個解釋，最大的證據還是史料八五，其解釋已見於本章頁一六〇～一六二。且史料八三的「內外貼黃」，既由武選官在武選後一併「附寫」，與衞所造册自應有所區別，故將內外貼黃與軍職貼黃一分爲二。不過筆者也不否認有誤解的可能，這裡暫且存疑，以就教於大方。又，關於內外黃採用黏貼方式的一點，可參考註48陸容的說法。

71 劉子揚、朱金甫、李鵬年「故宮明清檔案概論」（「清史論叢」一，一九八〇）。

72 前者載「輔仁學誌」八～二，一九三九。後者載「輔仁學誌」四～二，一九三四。牧野巽在註74所引文中介紹了張氏所著「明外族賜姓續考」文中引用的各種選簿名稱，可參考。

73 該書附圖四，標題「軍職選簿」，記明「中央檔案館明清檔案部藏」（由註71所引文可知，明清檔案原藏中央檔案館，後移入故宮博物院）。圖下附有簡單的說明：「這件軍職選簿雖然不是一般的軍黃册，但它是爲記載和管理軍官襲替事務而設置的。從這個文件中可以看到明代軍戶世代充應軍役或擔任軍職的情況。」可說是正確的把握了選簿的性質。可惜的是韋氏並沒有利用這項史料。翻遍其書，也只在頁五五註一中提到「明代官兵世代承襲的問題還可參閱本書附載的『軍職選簿』圖片」；此外不見更進一步的說明。

74 牧野巽「明青州左衛選簿について」（「岩井博士古稀記念典籍論集」，一九六三）。青州左衛選簿不見於東洋文庫，應屬牧野氏私人所持。又文中介紹東洋文庫計藏十一冊寫本，應爲十三冊之誤，或者係當時目錄有缺。

75 參見註74。

76 關於日本方面對衛選簿的利用狀況，可參考川越泰博「明代女直軍官考序說—『三萬衛選簿』の分析を通して—」（「史苑」三八～一、二，一九七七、十二。）註八。數量既少，又都與軍制史研究無關。

77 參見Wade F. Wilkison，“Newly Discovered Ming Dynasty Guard Registers，” Ming Studies，3（1976），36—45。博士論文題爲“The Early Ming Military System，1368—1450”。見前引文註1，筆者未能得見。

78 川越氏利用衛選簿資料發表了相當多的論文，最早的一篇即本章註27所引之文，內容極短，是他在第五回軍事史學會大會上的報告。文中尚未能正確把握住選簿的收藏狀況。一九七七年以後陸續發表多文，其中以選簿爲中心完成的即有「明代衛所官の都司職任用について—衛選簿を中心に—」（「中央大學紀要」史學科，二四，一九七九）和註76所引文。

79 川越氏前引三篇論文，都是以某冊選簿爲中心，將所有資料一一整理，欲就該史料來說明該史料，而不能參照實錄或其他史料，以求更正確的解讀史料。本文第一章第二節討論垜集、抽籍法時提到川越氏將二者視爲一物，可是仔細分析他所利用的史料，却又發現是完全缺乏說服力的。這就是因爲他只將視點侷限在選簿之中，反而誤解了史料的眞正意義。尤其不可思議的是，他雖然也參考了牧野氏的文章，却抹殺了牧野氏以之爲「軍官世襲記錄」的一點，堅持其「衞所戶籍册」說，誤以選簿爲管理衞所軍戶全體之册籍，更顯示了研究上的漏洞，是美中不足的一點。

(80) 例如他將故宮謄寫人員在謄抄之際遇有原書破損或紛失情形，爲說明其狀況而貼附於抄本上的紅紙（參見附錄三a面），稱作是「紅牌」（參見前引文頁三八～三九），指稱明代爲了防止汚職，除「紅牌」外不得貼付任何紙條於政府文書，不能不說是無稽之譚。Wilkison 氏不知該項史料是抄本，因誤以之爲原物而發生此項錯誤，或許還可原諒。但何以會將這些紅紙聯想到「紅牌」上，甚不可解。筆者孤陋寡聞，有關「紅牌」一詞，只知道永樂三年曾發布「紅牌事例」（見「大明會典」卷一八，「屯田」），是有關屯田子粒的規定。至於貼紅牌以防止汚職云云，則從未得見。尤其像本章第二節所介紹的「貼黃」，本身即以黃紙之黏付而成立。另外，Wilkison 氏對韋氏之書雖然幾近毫無批判的加以引用，但是韋氏書中既以類衞册爲軍黃册下之一支，關於選簿又明白指明與軍黃册屬不同系統，Wilkison 氏却將選簿指認爲類衞册，更是令人不解。

(81) 川越氏在註(78)所引三篇論文中都作同一主張，但也都沒有仔細討論其性質。

(82) 參見 Wilkison 氏前引文頁三七，及本文註(80)。

(83) 這條史料在理解選簿的性質與編成上非常重要，却爲諸學者所忽視。因此才會造成如上所述的各種錯誤認識。牧野氏也因未注意到這條史料，因此對本書成立時代只能付諸猜測。不過他的推論相當正確，這一點是不能不特別指出的。參見牧野氏前引文。史料八九敍述了編纂的經緯，其下列舉二一條凡例，內容是這樣的：「計開凡例二十一款：

一、一，每衞各立一簿，所附衞後。如衞官多者，各所另爲一簿。所照左、右、中、前、後次序，不相混淆。如官少則二衞併爲一簿。仍各立總目，以便檢查。

二、一，指揮使、指揮同知、指揮僉事、正千戶、副千戶、實授百戶、試百戶、署試百戶事冠帶總小旗，分爲七項謄造。儀衞正與正千戶同級，衞鎮撫、儀衞副與副千戶同級，所鎮撫、典仗與試百戶同級，俱照級類造。如現任都指揮僉事以上，及署都指揮僉事以上，此乃流官，止加於指揮使之首類造。其署指揮使事，則加於指揮同知之首類造。署指揮同知事，則加於指揮僉事之首類造。以下五級署職，俱照此例。其有以大署小，如實授百戶署所鎮撫之類，乃署掌其事也，非級也，與前署職不同，仍歸本級實授百戶內抄造。

三、一，各衞所照官級次序，先以貼黃歷查輩數、襲替、優給、功罪、陞革年月，將舊選簿逐一磨對，如黃選功罪與原載相同者，備細抄謄。其中有缺者，吊取內外二黃、審稿、零選、功次等簿，查出補寫各輩項下。其選簿內有重複及非關係選法者不錄，庶免淆亂。如舊選簿未載，貼黃有名，係近年官員，不得遺去。但襲替年月未開，無憑吊查黃選者，止附抄總目後，俟後子孫襲替之日補造。

四、一，每員止用半頁，首書脚輩姓名，下用二行抄黃，每行分寫。二黃俱有，從其詳者書之。其輩數各占一行，先抄零選，若係優給出幼，亦每行內分寫。其有功次，量空一字，下分行附抄。字多不拘一行。如無選有黃，則書已載前黃；如功次或載黃內，則書已載前黃；或載選內，則書已載某輩選條，免費時日查抄。至於某輩選缺，則旁註小『缺』字；某功次缺，則旁註小『俟查』字，俱留半行。并前內外黃俱無，亦註小『缺』字，以俟子孫襲替之日查補。

五、一，凡本人頂祖役總小旗，立功陞試百戶以上，緣總小旗不入大選，無選條可抄；而本人功次又多係祖名，今以本人作一輩起於下，先將貼黃所開祖父總小旗姓名功次抄出，方查抄本人功次。如祖父係宣德以後功，亦須查錄。

六、一，凡舊選簿未載，而有近年審稿者，此必當日所遺，該與抄造。

七、一，凡選條、內、外黃、功次、誥命中，如有差落者，照舊傳疑，不得增改。其有選條功次原錯附者，今俱改正，抄寫本人名下，以便檢查。

八、一，凡子替故絕，或孫年幼、本人病痊、年未六十、應得復襲原職者，不作輩數，止附於子選條下。

九、一，調衞。除不得復還原衞者，該載所調衞分。原衞止註明總目頁內。其例得回衞，并未經子孫襲替，改調附近衞所者，仍歸本衞，庶檢查不混。

十、一，舊選簿內共載數輩，無貼黃可查前後輩數，以憑吊查零選、功次者，則於各官級之後，另用頁數類抄，約照員數，各留白頁。俟後子孫襲替，每大選畢日，該司員外郎督率各該吏役，查照前式，將審稿備細抄謄各官級之尾。每員照舊仍用半頁。

十一、一，凡革充冠帶總小旗與總小旗雖不入大選，然日後獲功，例陞試百戶，子孫襲替之日，前二級功次又所必查。今附七類之後，以備參考。

十二、一，凡選條末輩，查貼黃開稱死故，在今新限十二年、十五年外者，不問子孫弟姪有無，例當革發。止附七類頁後，以備參考。如死故年月未開者，仍依級抄，待其襲替之日，查明定奪。

十三、一，優養。新官不拘年限，生子准襲。舊官十年生子准襲者，照舊與襲替。優給並造外，其優養婦女，係戶無承襲之人，止附類抄頁尾，用備查考，以杜後來冒襲之弊。

十四、一，充軍有終身者，終身方許承襲，有永遠者，不得承襲。及許洪武、永樂年間立功子孫降襲，舊未登簿，竟貽冒襲之弊。今吊職方司編軍簿，盡數抄附各人項下，庶後隱情不供者，難逃檢查。其編軍簿內，原未開出原衞所者，總附目錄，以便查考。

十五、一，選簿、審稿如開貼黃查有功次選條者，此條各衞自造文册，難以憑信，俱不附寫。

十六、一，每簿前各將衞所官員，照級編號，開立總目。大書腳選姓名，名下註立功始祖，及籍貫代數，并前項類抄亦附於後。至於年遠事故，及已經革發揭黃、不准襲替者，類附總目後，另書一款，用備參考，以杜日後買囑隱情保襲之弊。

十七、一，凡舊選簿總目有名，後未開載者，查出盡數抄造。如仍舊無查，亦開附總目之後。

十八、一，舊革發人員未附選簿，以致復保，無憑稽查，後遇選畢，該管員外郎一併抄附選簿。

十九、一，舊驗册功次未附選簿，以致册籍散逸，查選未便，後經驗題錄陞該管協司郎中，督率吏役，抄附各人名下，以便大選檢查。

二十、一，舊充軍揭黃，未附選簿，以致大選清黃，或滋奸弊，後遇前項文移到部，即時抄附各人名下，以便查考。

二十一、一，後經調衞不得還衞者，將祖衞來歷緣由抄續今調衞分。兩衞總綱內，俱要各將調去、調來官級姓名，明註于後，以便檢查。」

84 缺目錄的計有「玉林衞選簿」、「鎭虜衞選簿」、「寧遠衞選簿」三册，此處所舉的是「寧遠衞選簿」的例子。參見附錄一二。史料中明記起始於李元善，然而緊接著的却是祖天壽的記錄，這是因爲「原無目錄……張鎭止」是隆慶間造册時留下的記錄，祖天壽的父親祖承訓既在萬曆二年才陞試百戶，隆慶間自不登選簿。祖天壽的記事是到後來補入的。又因原簿沒有其他空白處，故以指揮僉事插入指揮同知李元善之前。破壞了選簿各官按職級排列的原則（詳下文）。

85 參見註83所引史料一。

86 參見註83所引史料二及附錄四b面。

87 參見註83所引史料二。

88 參見註83所引史料五。

89 參見註83所引史料五。

90 參見註83所引史料一一。

91 參見註83所引史料二。

92 參見註83所引史料二。

93 參見註83所引史料一六及附錄四b面。

94 參見註83所引史料一六。

95 參見註83所引史料四。

96 參見註83所引史料一六及附錄四b面。

97 參見註83所引史料一六。

(98) 參見註(83)所引史料一〇。

(99) 參見註(83)所引史料一三及附錄七，九a面。

(100) 參見註(83)所引史料三。

(101) 參見註(83)所引史料四及附錄六a面、六b面、九a面、九b面、一〇a面。又附錄一一a面是個很特殊的例子，可作參考。

(102) 參見附錄六a面、六b面、八b面、九a面、一〇a面、一一a面、一三。

(103) 參見附錄六b面。

(104) 參見附錄八a面、一二。

(105) 參見註(83)所引史料四。

(106) 參見附錄六b面、八a面、八b面、一〇a面、一二、一三、一四。

(107) 參見註(83)所引史料七。

(108) 參見註(83)所引史料六。

(109) 參見註(83)所引史料一七。

(110) 參見註(83)所引史料四及附錄八b面、九b面、一四。

(111) 參見註(83)所引史料五。

(112) 並參照註(84)。

(113) 參見註(83)所引史料九。

(114) 參見註(83)所引史料一四及附錄一二、一四。

115 參見註83所引史料一二。

116 參見註83所引史料一二、二〇。

117 參見附錄一。

118 例如附錄一三就是以家丁出身的例子。

結論

明代沿襲元代的世襲戶籍制度，把軍人編作軍戶，使子孫世世代代繼承軍役，其初取兵固有多途。舊來諸說因爲受到「明史」「兵志」等的局限，將明代軍戶的來源固定爲從征、歸附、謫發、垛集的四種，因而在解釋史料時牽強附會，其實大可不必如此。不過如果一定要加以區分的話，須知歸附之外尚有收集，是於明王朝成立以後收集舊有反對勢力之殘餘部隊爲軍者。而垛集之外尚有抽籍等法，雖然同樣是由民戶中僉丁爲兵，但抽籍法只由丁多之家僉一丁充軍；垛集法則不論丁多丁少，每湊數戶人丁達一標準，即以一戶爲正軍戶，他戶爲貼軍戶，在所有諸法中最具特徵，是自元代才出現的點兵法。

諸法之外另外在元朝曾爲軍戶者也被明朝吸收爲軍戶，這與從征、歸附、收集軍同樣是以現役軍人編充軍戶，問題比較單純。謫發以下則屬民戶充軍，其中謫發法因有懲罰罪犯的意思，待遇較一般軍士爲差。軍士的素質也參差不齊，對明朝的國防兵備實際上並無效用。垛集和抽籍則是視地方防衛等需要，在特定的地區大規模僉民爲軍，這時便須顧慮到軍政與民政間的平衡。尤其是垛集軍法幾乎網羅了當地所有民戶，當軍役的供應影響到民差之辦納時，政府有時也會准許將垛軍改回民籍的。

謫發軍分終身、永遠二種。永遠充軍者需要改變戶籍，這時由有司發與旁支「戶繇」，俟大造黃册之時將軍犯本房人丁分出另立軍戶。垜集軍亦於黃册上明白註明正、貼戶別，以爲日後僉丁補役的基準。大抵正、貼戶輪流充役，不應役者供辦軍裝等費。單丁戶可免充軍，當軍家並可免一丁差役，這也是基於對民政的配慮的。不過，由於正、貼戶間沒有任何血緣關係，雙方的連繫全是由於法令，在社會經濟殘破的明初或許是維持軍役供辦的不二法門，可是當社會經濟逐漸恢復，終於朝向飛躍的發展時，輪充的原則就成爲很大的障碍。中期以後垜集軍屢逃屢補，形同空役，對於國防同樣是沒有幫助的。

軍戶的戶籍至遲到洪武三年成立戶帖時即已確定。洪武十四年成立黃册，軍、民、匠、灶各種戶籍遂被置於同一系統的管理下。軍戶世襲，目的是維持軍役的供辦，因此當軍士有逃故老疾造成缺額時的勾補或根補，便成爲重要的作業。洪武二十一年設立清勾册、軍戶戶口册與軍籍勘合，使軍衞、有司在清軍作業上分工合作，一時似乎收到相當的效果。不過，一般說來明前期勾軍責任主要在衞所，有司則站在輔助的地位。勾軍官旗執勘合赴各軍原籍勾丁，有司即指派里老到戶遣丁，里老幷代行處理勾軍之糾紛。

勾軍應以在營壯丁優先。在營無丁，回原籍勾取，則以本房戶丁爲先，再而是同戶內他房戶丁。沒有血緣關係的只要是同籍也都有可能替補。逃軍則以根補正身爲原則，正身未獲，先取戶丁補役。勾出的戶丁由勾軍官旗解送回衞，經收伍存恤後便成爲正式的軍人。

勾軍官旗憑勘合勾軍，勘合的出入却未能嚴格查核，因此勾軍官旗趁機作弊，致有受賄賣放應勾人丁、強以民籍或里老充役，或通同軍戶窩藏不回的情形。宣德年間逃軍的問題已非常嚴重，派出勾軍的官旗又多不回衞，明朝經過幾次大規模派遣朝臣清理，終於到正統元年設立了清理軍政監察御史。每三年一更代，專責清軍。清軍作業的重心由衞所轉移到有司。同時以宣德間清理的結果記入黃册，其後若有任何戶籍上的糾紛，都依宣德間黃册爲斷。這爲軍戶逃役開了另一條新路，中期以後遂有賄買里書篡改黃册戶籍的惡例出現。

清軍用的各種册籍也更形完備。衞所缺軍，造清勾册送兵部轉發各軍原籍有司勾補，有司查照軍黃册發遣戶丁，每年並須將已解或無勾者都造册回答。衞所並有旗軍文册管理全衞官軍舍餘。此外，應勾軍丁解發之際，長解所執「解軍批申」，以及軍士收伍後衞所發給的「收管批廻」，都須經軍衞、有司雙方的嚴重比較。最後並由清軍御史做最終的確認。可知清軍是在極其繁複的手續上慎重舉行的。

宣德四年發布的軍政條例，其後隨著清軍御史工作的展開也不斷被擴充。到萬曆二年最終成立，其間經過多次增補，全文見「南樞志」「軍政條例」。中期以後的軍政條例確保了衞軍對原籍財產的收租權，無產者尚須由本房戶丁津貼生計；並且規定補役戶丁須携妻子一同赴衞，對餘丁、繼丁在軍役繼承上的分擔也賦與了明確的性格。這些都造成了軍戶的分化，一方面在衞所確實形成了許多大家族，另一方面開始有雇買假妻或詐逃以騙取原籍戶丁津貼軍裝者。軍士逃亡的趨勢有增無減。清軍御史在這種背景中被設立，原是背負著很大的期望。可是因爲清勾成績直接影響到考績，因妄誤造成寃抑的情形很多。有時里老亦因所受壓力太大，在文面上做手脚，實際則並無軍清解，軍政乃更形紊亂。

這時明代軍隊的來源也漸趨多樣化，嘉靖以後出現有主張免清勾，由政府將軍戶應解時所辦軍裝盤費徵收以充募兵費用者。清軍工作的重要性較前減少，清軍御史也失去工作熱情。明代平白設了許多册籍管理軍戶或清勾，徒然造成衞所或有司造册之苦，而半點不發生作用。嘉靖十一年成立軍單，先後並簡化了各種册籍。萬曆二年更廢止清軍御史，清軍作業由巡按御史兼理。

造成軍士逃亡的最大原因，是爲武官的世襲制度，這是朱元璋爲酬報開國功臣而自元朝引進的。明初武官集團除從征將領外，也吸收了不少故元或元末群雄的將領。其世襲以嫡長子孫爲優先，其次才輪到次嫡子孫、庶長子孫和弟姪。無丁可繼或應繼人丁年幼、殘疾、逃亡之時，政府又另有「優養」、「優給」、「借襲」等措施，保障武官之地位，推恩可謂深遠。明代又於京師設武學，衞所設儒學，教育青年武官和武官子弟應襲者；規定子孫襲職都須比試，二試不中者降充軍，是於世襲之中寓考試之典，其初並非毫無條件的世襲。可惜比試之法首先即爲成祖所破壞。因靖難功陞官者被稱作「新官」，子孫襲職不須比試，因循所至遂致舊官之比試也不過虛應故事。武學衞學也被利用來作爲避役、奔競之手段，武官素質降低，量却不斷膨大，不只帶來冗食的問題，由官多職少又引起嚴重的買官問題。有才者無財不得管事，無才者有財即可居位；而爲了填補其買官的資費，軍士自然是最理想的壓榨對象了。

這些奸猾勢豪更利用身分上的便利搶奪軍士的戰功，同時因從小即對父兄之科虐軍士耳濡目染，襲職以後便也變本加厲。官與軍逐漸演化爲兩個很明顯的不同階層，軍士成爲武官的世奴。

明朝政府也並非不曾嚐試挽救，例如嚴襲替和比試之法，可是受到武官的反對，無法實現。世襲的軍人便永遠受到世襲武官的壓迫。他們初而逃亡，繼而起來反抗，這就是明代軍變的一大要因。

本文最後介紹了幾種管理武官世襲的册籍。明代優遇武臣，賜誥勅以報功勵世，誥勅內記有自祖軍以來各官之履歷。由武官收執，世代相傳。武官襲職須執誥勅赴兵部以爲憑證，兵部會同各官查對與貼黄相同，然後才爲之報上。貼黄之名得自其黏貼方式，藏於內府的有正黄、內黄與外黄三種。除正黄平時貯於銅匱輕易不能得見外，內、外黄是武選時不可或缺的一項證據資料。每三年一次由監生大清，遇有新官入仕或各種陞調降革事例，亦應隨時記入。貼黄並且在有武官子孫爭襲祖職時負起判定的任務，裁奪誰才是眞正合法的繼承者。

清理貼黄的工作叫做「清黄」，清黄之時，兵部、都察院、通政司、大理寺、翰林院都要派人提督監管。清理完畢，蓋上御寶，用寶時又有兵科給事中、尙寶司、監之人會同。同時爲防止勾結舞弊，禁止私人間宴飲，防備可謂極嚴。不過儘管如此，舞弊的情形仍無法避免，嘉靖二十四年的大案，冒僞者收受革職武官金錢，盜改貼黄記錄，近二十年始因內部告發而公諸於世，說明了明代在貼黄的管理與查對上，其實是存在了很大的漏洞的。

貼黄之外，另有選簿，是由兵部開局立法，統籌編造的。二者在大選時互相查對，選簿的製作並須參考貼黄資料，二者的性質可說非常接近。唯貼黄詳於歷功來歷，總小旗有功者亦得列入；選簿則只記入選的試百戶以上，原則上是不記總小旗的。選簿的特色在按衞所職級之別將各官自祖輩起照輩分逐一排列，各輩凡有功罪陞調襲替事例，均予網羅。其作成，參考了各項有關文獻，因此在大選或清黃時具有索引的作用。

東洋文庫所藏衞選簿的原本，編成於萬曆二十二年，其內容大部因襲了隆慶四年的選簿。以後且陸續加入新官的記錄，一直到明亡。不過有關明初以來世襲武官的記事到了最後的五十年已不多見，家丁出身的武官却大爲活躍。這也正反映了明代軍制的變遷，也爲我們提供了新的課題。選簿的利用正有待吾人之開發。

附錄一❶　平涼衛暨各所武職世襲記錄表

凡例　脚輩❷　官職　原籍地方

內　（外）黃

分輩		（脚輩）	
人名			
引用資料❸			
選條成立時間與替補當時年齡❹			
與前一輩之親屬關係			
選條內容❺			
去職時所在衛所名			
去職時官職名			
去職或次輩替補年月、去職原因、年齡			

❶ 本附錄係根據『平涼衞選簿』整理而成，但輩分不全者從闕。
❷ 脚輩指隆慶四年大造選簿時在任者，參見附錄五、六等。
❸ 本項內所謂「前黃」者，是爲脚輩項下所引之黃。或爲「內黃」，或爲「外黃」，參照脚輩項下。
❹ 前數輩屬「前黃查有」者，其項下所記年代係筆者由前黃中找出，爲歸附、從軍或替職的年代。
❺ 有關陞調充軍的記錄。選簿有於某輩選條內兼述數輩事蹟者，均儘量分別列入各輩名下，以備查考。

附錄一之一（土官）指揮使 海羅縣

一輩	卜顏荅失	前黃	洪武九年歸附		洪武十年，除授大同右衞前所鎮撫。	大同右衞前所	所鎮撫	洪武一三年故
二	哈剌啫咄	前黃	洪武二五年一一月	嫡長男	襲除平涼衞中所。永樂八年，隨征有功，陞副千戶。永樂二二年，迤北隨征回還，陞正千戶。宣德四年，	平涼衞	指揮使（守備固原州）	殺賊陣亡

外黃

輩	姓名	出處	時間	關係	事蹟	衛所	職位	結局
輩					隨征，陞指揮僉事。正統元年，黑山兒功，陞指揮同知。三年，迤北莊浪地面並黑松林等處獲功，陞指揮使。			
三輩	哈震	舊選簿	成化四年四月	嫡長男（父哈昭）	以父陣亡功，陞一級，襲陞都指揮僉事，於陝西都司支俸差操。	陝西都司	都指揮僉事	弘治一五年老
四輩	哈經	舊選簿	弘治一五年九月	嫡長男	照例革襲伊祖原職指揮使，於原衛帶俸。	平涼衛	指揮使	嘉靖二〇年故絕
五輩	哈緯	舊選簿	嘉靖二〇年七月 二二年四月	庶弟	原職指揮使，嘉靖三四年，因宿娼問調寧夏中衛帶俸差操。	寧夏中衛	指揮使	隆慶二年故絕
六	哈乾		萬曆一一	親姪	緯故絕，應乾父纘承	安東中	指揮使	

輩	七輩
	哈胤昌
年一二月（四三歲）	萬曆四五年八月（二六歲）
	嫡長男
襲，未襲先故。本舍先於萬曆四年保送赴部，隱匿伊伯宿娼調衛情由，隨經駁查去後，今據咨查無碍，合照舊襲指揮使，仍盡宿娼事例，改調附近安東中護衛。	大選過，比中三等。改還原衛。
護衛	平涼衛
	指揮使

附錄一之二（帶俸達官）署指揮使事指揮同知 女直

一
把失
前黃
宣德三年
始祖
授錦衣衛鎮撫司指揮
錦衣衛
指揮使
成化八

	塔		來降		同知。正統七年，征麓川有功，九年，陞指揮使。			年故
二	王鑑	前黃			舊名楚雄保，襲。	錦衣衛	指揮使	正德八年故
三	王謙	前黃	正德九年	長男	正德九年，替，平涼衛。	平涼衛	指揮使	嘉靖五年故
四	王鼎	舊選簿	嘉靖六年八月（三四歲）	嫡長男		平涼衛	指揮使	嘉靖七年故絕
五	王鼐	舊選簿	嘉靖八年一〇月（三三歲）	親弟		平涼衛	指揮使	嘉靖一九年故
六	王文	舊選簿	嘉靖二二年四月（二四歲）	嫡長男	查麓川功無擒斬，革襲署指揮使指揮同知。	平涼衛	署指揮使指揮同知	嘉靖二八年故
七	王思	舊選	嘉靖三八	嫡長男	嘉靖二九年八月，照	平涼衛	署指揮使	

外黃

	八
慎	王應龍
簿	
年六月（二四歲）	萬曆三〇年正月（一六歲）
	嫡長男
例與全俸優給，嘉靖三六年終住支。嘉靖三八年六月，優給出幼襲職。查得本舍優給，違限一年，限外有無多支，俸糧查扣，畢日關支。	達官不比。
	平涼衛
指揮同知	署指揮使指揮同知

附錄一之三 世襲指揮同知 沛縣

一
陳中
前黃
丙午年從軍
軍
洪武二一年老

								疾
二	陳廣	前黃	洪武二一年？	姪	洪武三二年，眞定陞小旗。鄭村壩陞總旗。三三年，濟南陞本所百戶。三四年，西水塞陞正千戶。三五年，平定京師陞江陰衛指揮同知。	江陰衛	流官指揮同知	
三	陳貴	舊選簿	宣德八年八月	嫡長男	正德一三年一二月，陳貴係江陰衛世襲指揮同知，調平涼衛。	平涼衛	世襲指揮同知	故
四	陳賢	舊選簿	天順八年三月	嫡長男		平涼衛	世襲指揮同知	故
五	陳晟	舊選簿	成化一〇年九月	嫡長男		平涼衛	世襲指揮同知	老疾
六	陳清	舊選簿	正德一六年一〇月	嫡長男		平涼衛	世襲指揮同知	故

外黃

七	陳英	舊選簿	嘉靖一三年四月（二六歲）	嫡長男	襲祖職。嘉靖一三年，部下功陞署都指揮同知。	平涼衛	署都指揮同知	嘉靖三八年故
八	陳希堯	舊選簿	嘉靖四三年二月（二五歲）	嫡長男	伊父所據部下功陞職級，例不准襲，本舍照例革襲祖職指揮同知。	平涼衛	指揮同知	年老
九	陳魁		萬曆二八年六月（三七歲）	親姪	比中三等。	平涼衛	指揮同知	故
十	陳定國		天啓二年四月（二四歲）	嫡長男	大選過，比中三等。	平涼衛	指揮同知	

附錄一之四　指揮同知　合肥縣

一	杜旺	前黃	甲午年從軍	(祖父)	丁酉，陞萬戶。吳元年，除百戶。洪武三年，欽陞副千戶。一一年，除定遼後衛權指揮僉事。一二年，實授指揮僉事。	定遼後衛	世襲指揮僉事	年老
二	杜芳	前黃	洪武一二年?替職	(父)	洪武三二年，陞陝西都指揮僉事。	陝西都司	都指揮僉事	故
三	杜諒	舊選簿	永樂二年二月(一一歲)	庶長男	欽准襲父原職指揮僉事，授平涼衛世襲指揮僉事。	平涼衛	世襲指揮僉事	故
四	杜瑄	舊選簿	正統八年五月(一六歲)	嫡長男	指揮同知功次，欽陞簿查有：天順四年，鎮番地方殺賊獲功，	平涼衛	指揮同知	故

外

					例陞一級，平涼衛指揮僉事陞指揮同知。			
五	杜欽	舊選簿	成化一二年五月	庶長男	欽與世襲。	平涼衛	世襲指揮同知	故
六	杜振	舊選簿	正德四年四月	嫡長男		平涼衛	世襲指揮同知	嘉靖一〇年六月五四歲患疾
七	杜剛	舊選簿	嘉靖一〇年六月（一九歲）	嫡長男	告替。	平涼衛	世襲指揮、同知	故
八	杜龍	舊選簿	嘉靖二四年一二月（一六歲）	嫡長男	萬曆一二年三月，准都察院咨，爲套虜犯邊，殺死總兵千把總等事內開，杜龍犯該守備不設，被賊侵入境內，虜掠人民者，		民	老

黃

					律減杖九十，發邊遠充軍，遇革照例爲民。候身終之日，保送應襲之人承襲。隆慶二年，歷陞游擊，問調衛，納銀免調。			
九	杜傑		萬曆二九年正月（五三歲）	男	單本選過，所據伊父推陞流官，例不准替，本舍照例與替祖職指揮同知，比中三等。	平涼衛	指揮同知	老
十	杜柱		天啓元年二月（二四歲）	嫡長孫	大選過，比中三等。	平涼衛	指揮同知	

附錄一之五　指揮同知　合肥縣

一	王德	缺				偏橋衛左所	世襲百戶	故
二	王隆	舊選簿	洪武二六年八月	嫡長男	襲除寧夏左屯衛後所世襲百戶。	寧夏左屯衛後所	世襲百戶	陣亡
三	王澄	舊選簿	宣德二年六月（一七歲）	嫡次男		寧夏左屯衛後所	世襲百戶	
四	王琮	舊選簿	成化六年一二月	嫡長男		寧夏左屯衛後所	世襲百戶	
五	王震	舊選簿	弘治一二年一二月	嫡長男	審稿簿查有：吊來正德六年右府箚付，查有寧夏隻山南新墩地方獲功陞一級不賞二人共斬賊級一顆，為	平涼衛	指揮同知	老疾

	六
	王鰲
	舊選簿
	嘉靖八年二月（三一歲）
	嫡長男
首官旗二員名，寧夏左屯衛後所百戶王震陞副千戶。吊來正德八年右府劄付，查有寧夏強家湃、月牙湖等處獲功寧夏左屯衛陞一級二人共斬賊級一顆，爲首後所實授副千戶陞正千戶內一員王震。指揮僉事功次：候查。指揮同知功次：候查。	伊父原係百戶，歷功陞前職，原係正德年間功次，本人暫准替職，候革册到日定奪。本人比試不中，暫准
	平涼衛
	指揮同知
	故絕

					替職，與支半俸，候及二年，起送再比。			
七	王鰲	舊選簿	嘉靖一一年六月（二七歲）	親弟	充軍簿查有：係平涼指揮使，犯該守備不設，照例於嘉靖三八年七月充平虜衛左所終身軍。嘉靖三三年，部下獲功，陞指揮使。嘉靖三四年，推陞寧夏協同。三六年，地方失事，參問充終身軍。	平虜衛左所	軍	嘉靖四〇年故
八	王大綱	舊選簿	嘉靖四四年六月（八歲）	嫡長男	（伊父）所據部下功次并推陞虛銜，俱例不准襲，本舍照例革復祖職指揮同知，半俸優給，扣至嘉靖五	平涼衛?中所	正千戶	

〇年終住支，出幼襲職。萬曆二年二月一七歲，查得伊祖王震歷陞指揮同知功次，係正德年間功，本人替職，候革册至日定奪。及河南功次，俱無擒斬，今本舍合革襲正千戶。

附錄一之六　指揮同知　壽州

一

陶德

前黃

乙未年歸附

（伯）

充百戶。征宣州、廣德州，陞千戶。己亥，克諸暨紹興，敬授百戶。

百戶

乙巳陣亡

二	陶友	前黃	乙巳?	姪	權管伯父百戶職事。丙午，克桐廬，充總旗。洪武七年，除雄武衛中所百戶。八年，調密雲衛。十三年，調彭城衛中所。二五年，爲首（甘州左）衛指揮僉事趙麒等，黨逆，陞平涼衛世襲指揮僉事。二八年欽調河州衛管事，未奉之先，陣亡。	平涼衛	世襲指揮僉事	陣亡
三	陶志	舊選簿	洪武二八年八月	嫡長男		平涼衛	世襲指揮僉事	故
四	陶信	舊選簿	永樂二年十月（一一歲）	親弟	指揮同知功次：已載前黃。正統元年，口外隻山遇賊，殺敗賊	平涼衛	世襲指揮同知	老

					衆有功，陞指揮同知。			
五	陶瑄	舊選簿	景泰五年四月（四〇歲）	嫡長男	欽與世襲。	平涼衛	署指揮使事指揮同知	
六	陶勛	舊選簿	成化一二年十二月	嫡長男	石城當先，陞署指揮使，遇例實授。	平涼衛	指揮使	
七	陶文	舊選簿	弘治六年閏五月	嫡長男	本人照例革替署指揮使事指揮同知。	平涼衛	帶俸都指揮僉事	
八	陶希臯	審稿	嘉靖八年（三〇歲）	嫡長男	：父相沿推陞前職，所據當先、遇例并都指揮流官職級，俱例無承襲，本舍照例革替指揮同知。嘉靖三六年等，歷陞靈州左參將。三八年，革任回衛。四〇年，爲聲息事參降署正千	平涼衛	署正千戶	嘉靖四〇年，老疾，隆慶三年，故

外黃

					戶。			
九	陶岳	舊選簿	嘉靖四〇年十二月（三五歲）	庶長男	本舍照例暫替所降署正千戶，候伊父身終之日，復襲祖職指揮同知。嘉靖四〇年，遇例加納指揮僉事。		暫替署正千戶納級指揮僉事	萬曆四年故
十	陶遇春		萬曆一二年四月（一八歲）	親孫	父世忠未襲先故，所據伊祖納級虛銜，例不准襲，本舍合照例復襲祖職指揮同知。比中三等。		指揮同知	故
十一	陶光顯		萬曆三八年十二月（二五歲）	嫡長男	大選過，比中三等。	平涼衛	指揮同知	故
十二	陶臣		崇禎四年十月（二	嫡長男	大選過，比中二等。	平涼衛	指揮同知	

附錄一之七　指揮同知　臨淮縣

一	吳眞	缺				府軍衛中所	世襲副千戶	故
二	吳官音保	舊選簿	洪武二五年十一月	嫡長男	欽准襲職，陞紹興衛世襲指揮僉事。	紹興衛	世襲指揮僉事	
三	吳綱	缺			指揮同知功次：候查。	平涼衛	世襲指揮同知	故
四	吳瑄	舊選簿	成化一二年十二月（一三歲）	嫡長男		平涼衛	世襲指揮同知	故
五	吳弘	舊選簿	弘治一五年八月	親弟		平涼衛	世襲指揮同知	故

二歲）

六	吳璽	舊選簿	正德一一年十月	嫡長男		平涼衛	世襲指揮同知	故
七	吳嵩	審稿	嘉靖一〇年四月	嫡長男		平涼衛	世襲指揮同知	故
八	吳瀛	舊選簿	嘉靖二六年十月（九歲）	庶長男	照例與全俸優給，至嘉靖三一年終住支。嘉靖三三年二月，一六歲，優給出幼襲職。	平涼衛	世襲指揮同知	故
九	吳璘		萬曆元年二月（二一歲）	嫡長男		平涼衛	世襲指揮同知	故
十	吳國英		萬曆四七年三月（三七歲）	嫡長男	大選過，比中二等。	平涼衛	世襲指揮同知	

附錄一之八 指揮僉事 開城縣

一	保山奴	前黃	永樂二年		永樂二年，選作土民總甲，征進。宣德五年，黑山兒等處征阿臺朵兒只伯有功，正統元年陞總旗。二年，鹹灘等處殺獲脫火卜花有功，陞平涼衛中所試百戶。三年，白鹽池有功，陞實授百戶。	平涼衛中所	百戶	正統八年風疾
二	保林	舊選簿	正統九年十二月	嫡長男	欽與世襲。陣亡功次：已載三輩選條。（天順元年，於蔡旗堡等處殺賊陣亡，例陞一級）。	平涼衛中所	世襲百戶	天順元年陣亡

					（參照首項外黃查有，及三輩舊選簿查有。）天順六年，陞副千戶。（四輩誥命）			
三	保通	舊選簿	天順八年六月	嫡長男	父林陣亡，例陞副千戶，照例本人該襲陞副千戶。	平涼衛中所	副千戶	弘治一一年老
四	保泰	舊選簿	弘治一二年六月	嫡長男	誥命查有：正德四年，會兵進套風城梁，斬首一顆。五年陞正千戶。十年，固原防禦涇河灘，斬首一顆，三年陞指揮僉事。嘉靖元年，牛圈岔斬首一顆，部下斬首五顆，五年陞指揮同知。	平涼衛	指揮同知	老疾
五	保邦	舊選	嘉靖一六	嫡長男	所據越陞織級，及白	平涼衛	署指揮僉	年老

外黃

		六	七	八
		保印	保國祚	保元勳
	簿	舊選簿		
	年八月	隆慶元年四月（三五歲）	萬曆一三年四月（三三歲）	崇禎四年三月（四二歲）
	嫡長男	嫡長男	嫡長男	嫡長男
	鹽池功，查無擒斬，相應減革，本人與替署指揮僉事事正千戶。	今本舍告辯，吊查誥命（見四輩），越陞一級，例應減革，其白鹽池功，查有擒斬，准復與指揮僉事。	查伊曾祖保泰，嘉靖元年牛圈岔斬首一顆，陞指揮僉事一級，係領兵官違例報功，應照例革替正千戶。比中三等。	單本選過，比中三等。
		平涼衛	平涼衛中所	平涼衛中所
	事事正千戶	指揮僉事	正千戶	正千戶
		患疾	故	

附錄一之九 指揮僉事

無錫縣 雲南陽宗縣

	濮祥				丙午，軍，疾。將弟濮阿住代役，故。將清補役。清，雲南陽宗縣人。先年被無錫縣人軍人濮祥拘虜爲義男，就作濮清姓名，代充軍征進，有功，陞前職。			
一	濮阿住	前黃		弟				軍
二	濮清	前黃		（義）姪	洪武三三年，大同，陞小旗。濟南，陞總	廣武衛？	流官指揮僉事	

					旗。三四年，西水寨，陞試百戶。三五年，平定京師，陞廣武衛前所正千戶。永樂三年，世襲職事。八年，阿魯臺，陞指揮僉事。九年，具啓改正，復姓名尹貴，授流官附選。			
三	尹貴	前黃	永樂九年 復姓			廣武衛 ?	流官指揮僉事	
四	尹忠	前黃				平涼衛	指揮僉事	年老
五	尹泰	零選簿	成化八年五月	嫡長男				
六	尹直	缺			世襲指揮僉事，爲失機事降正千戶。	平涼衛	正千戶	故絕
七	尹璽	舊選	正德一三	堂弟	襲祖職指揮僉事。	平涼衛	指揮僉事	故

外黃

	八	九	十
	尹玉	尹濂	尹廷瑞
簿	舊選簿		
年六月	嘉靖四一年六月（三二歲）	萬曆一九年十二月（二五歲）	崇禎六年二月
	嫡長男	嫡長男	嫡長孫
		比中三等。	大選過，平涼衛指揮僉事優給舍人一名，年六歲，照例與全俸優給，至崇禎一五年終住支。
	平涼衛	平涼衛	
	指揮僉事	指揮僉事	優給舍人
	故	故	

附錄一之十 指揮僉事 潛江縣

一	馬俊	前黃	戊戌充先鋒	一世祖	乙未年陞小旗。六月陞總旗。洪武元年，迤北征進，陞百戶。二十年，開設太原左護衛。二三年，除調太原右衛中所副千戶。	太原右護衛	中所世襲副千戶	氣疾
二	馬興	舊選簿	洪武二七年	嫡長男	欽准替職。（洪武二九年，榆羊口備禦，陞振武衛指揮僉事。三二年，調今衛。）—見外黃查有。正千戶、指揮僉事功次：候查。	平涼衛	世襲指揮僉事	永樂七年疾
三	馬能	舊選簿	宣德二年三月	嫡長男		平涼衛	世襲指揮僉事	

外黃

四	馬賢	舊選簿	正統六年二月	嫡長男		平涼衞	世襲指揮僉事	陣亡
五	馬雲	舊選簿	天順四年八月（一五歲）	嫡長男		平涼衞	世襲指揮僉事	故絕
六	馬騰	舊選簿	成化四年五月（一七歲）	堂弟	保陞陝西都司署都指揮僉事。	陝西都司	署都指揮僉事	病故
七	馬鉞	舊選簿	弘治一二年七月	嫡長男	本人照例革襲指揮僉事，仍在原衞支俸。	平涼衞	指揮僉事	故
八	馬經	舊選簿	正德一三年十二月（一七歲）	嫡長男		平涼衞	指揮僉事	故
九	馬昇	審稿	隆慶四年二月（三十歲）	嫡長男		平涼衞	指揮僉事	患疾
十	馬友		萬曆二二	嫡長男	比中三等。	平涼衞	指揮僉事	老

	麟		年二月（三一歲）					
十一	馬之蛟		崇禎七年四月（二三歲）	嫡長孫	大選過，比中三等。	平涼衛	指揮僉事	

附錄一之二一 指揮僉事 潛山縣

一	甘係（傑）	前黃	辛丑年歸附	（祖）	先充萬戶，辛丑年歸附，甲辰年編伍，除百戶。		百戶	老疾
二	甘冕	前黃	洪武一四年二月	（叔）	替職百戶。	宣武衛左所？	百戶	故
三	甘晟	舊選簿	洪武二六年六月	（父）	襲，陞宣武衛左所世襲副千戶。年深，起	平涼衛	世襲指揮僉事	故

外

					取赴京。洪武二六年，欽依越正千戶陞除平涼衛世襲指揮僉事。			
四	甘忠	舊選簿	洪武二八年十月（一三歲）	嫡長男	欽襲本衛世襲指揮僉事，支俸操練，至一六歲管事。	平涼衛	世襲指揮僉事	故
五	甘澤	舊選簿	正統七年七月（一五歲）	庶長男	保陞署都指揮僉事，病故，子甘祿係嫡長男，患風疾不堪承襲。	陝西都司平涼衛	署都指揮僉事	病故
六	甘瑞	舊選簿	弘治七年十月（一九歲）	庶長孫	照例革襲伊祖原職指揮僉事，於原衛支俸，管理雜事。	平涼衛	指揮僉事	嘉靖十年六月五十六歲殘疾
七	甘勳	舊選簿	嘉靖一〇年六月（三〇歲）	嫡長男	替。	平涼衛	指揮僉事	老疾
八	甘雨	舊選	嘉靖四〇	嫡長男		平涼衛	指揮僉事	老疾

黃

		簿	年十二月（三七歲）					
九	甘守禮		萬曆九年十月（二八歲）	嫡次男	伊父老疾，應該伊兄甘永禎承襲，患疾不堪，無子，本舍照例准借替祖職指揮僉事。待後伊兄疾痊，或生有兒男，退還職事。比中三等。	平涼衛	指揮僉事	老
十	甘永清		萬曆三一年八月（三一歲）	親姪	大選過，比中三等。	平涼衛	指揮僉事	

附錄一之一二　指揮僉事　定遠縣

一	鄭資	前黃	甲午年歸附		洪武元年，除百戶。八年，除副千戶。爲受贓容留年老總旗在伍，犯徒罪，降百戶，管操集軍。	威淸衞右所	百戶	病故
二	鄭忠	舊選簿	洪武二六年五月	嫡長男	告襲引奏，欽依還襲副千戶，平涼衞左所管軍。洪武二九年，爲埋沒軍役事，受贓犯罪，發南丹衞充軍，夾河陣亡。	南丹衞	軍	陣亡
三	鄭壽	舊選簿	永樂一一年五月（二二歲）	嫡長男	照例與全俸優給，永樂一一年，出幼襲職副千戶。正千戶功次：功次簿查有：天順元	平涼衞左所	正千戶	

外

					年，陝西寧夏等衛沙山兒苟家灘等處，擒賊獲功平涼衛副千戶陞正千戶一員，鄭壽。			
四	鄭瓛	舊選簿	天順七年二月	庶長男	欽與世襲。	平涼衛左所	世襲正千戶	
五	鄭鏞	舊選簿	成化二三年五月	嫡長男		平涼衛左所	世襲正千戶	故
六	鄭爵	舊選簿	嘉靖三年十月	嫡次男	功次簿查有：嘉靖五年，爲截殺斬獲首級事，二人共斬賊級一顆，爲首官旗十員名，平涼衛左所正千戶陞指揮僉事內一員，鄭鏞。	平涼衛	指揮僉事	年老
七	鄭表	舊選簿	嘉靖四三年六月	嫡長男		平涼衛	指揮僉事	故

黃

八	鄭國臣		萬曆二二年二月(二四歲)(一六歲)	嫡長男	比中三等。

附錄一之一三　指揮僉事　合肥縣

一	陳銘	前黃	乙未年充軍		洪武八年，選充威武衞小旗。十七年，陞充羽林右衞總旗。十九年，欽除府軍左衞流官百戶。二一年，除平涼衞中所世襲副千戶。三三年，選署指揮僉事。	平涼衞	署指揮僉事	洪武三四年故

二	陳敬	舊選簿	洪武三五年	嫡長男	襲，授平涼衛指揮僉事。永樂三年，欽與流官職事。—內黃八年，平涼衛中所副千戶陞正千戶陳敬。—舊選簿	平涼衛中所	正千戶	故
三	陳清	舊選簿	宣德五年十一月	嫡長男	欽與世襲。	平涼衛中所	世襲正千戶	
四	陳英	舊選簿	景泰六年七月	嫡長男		平涼衛中所	世襲正千戶	故
五	陳懷	舊選簿	成化一〇年十二月	親弟		平涼衛中所	世襲正千戶	
六	陳綱	舊選簿	弘治一四年二月	嫡長男		平涼衛中所	世襲正千戶	老疾
七	陳鉉	舊選簿	嘉靖八年四月（三七歲）	嫡長男	功次簿查有：嘉靖一五年三月，固原等處獲功二人共斬首一顆，	平涼衛	指揮僉事	老疾

內

					為首陞實授一級，平涼衛中所正千戶陞指揮僉事一員，陳鉉。			
八	陳振	舊選簿	嘉靖二八年四月（二三歲）	嫡長男	職方司手本查有：內開巡按直隸御史李鳳毛題稱，嘉靖三五年六月，宣府張家堡陣亡官陳瑤，千總官陳振等九員，該本部議將陳瑤等各兒男保送部，於祖職上加陞三級世襲等因，奉聖旨：是，陳瑤等加襲，依擬欽此。	平涼衛	指揮僉事	陣亡
九	陳揚	舊選簿	嘉靖三八年二月（二二歲）	親弟	伊兄原襲指揮僉事，嘉靖三五年黃土梁陣亡，奉欽依將兒男保	平涼衛	都指揮僉事	萬曆二一年故

黃

					送赴部，於祖職上加陞三級世襲。今無嗣，本舍照例於指揮僉事上加伊兄陣亡三級，與襲都指揮僉事。萬曆一三年，歷陞參將。			
十	陳九儀		萬曆二三年（二三歲）	嫡長男	所據伊伯陳振陣亡功三級，并伊父推陞流官，例不准襲，本舍合照例革襲指揮僉事。比中一等。		指揮僉事	故
十一	陳九禮		萬曆三〇年十月（三〇歲）	親弟	大選過，比中一等。	平涼衛	照舊指揮僉事	

附錄一之一四　衛鎮撫　昌邑縣

一	李良兒	缺						
二	李英	舊選簿	洪武三年九月		平涼衛軍民指揮使司試衛鎮撫。	平涼衛	署衛鎮撫事副千戶	
三	李俊	舊選簿	宣德四年	嫡長男		平涼衛	世襲衛鎮撫	故
四	李貴	舊選簿	成化三年三月	嫡長孫		平涼衛	世襲衛鎮撫	
五	李欽	舊選簿	弘治一三年六月	嫡長男		平涼衛	世襲衛鎮撫	故
六	李政	舊選簿	正德一〇年十二月	嫡長男		平涼衛	世襲衛鎮撫	嘉靖三五年在外不回
七	李得春	堂稿簿	嘉靖四五年三月	嫡（次）男	嘉靖四五年三月，一件襲替優給事，計開	平涼衛	世襲衛鎮撫	故

			(三〇歲)		替職官二四員，內一員李得春，年三十歲，昌邑縣人。係平涼衛在外不回兄李得時風癱衛鎮撫李政嫡長男。伊父原襲祖職衛鎮撫，嘉靖三五年往原籍討取盤纏不回，兄李得時風癱不堪承襲，無子，本舍照例與借祖職衛鎮撫。待後伊兄李得時疾痊，或生有兒男，退還職事。			
八	李得時	零選簿	隆慶三年(四二歲)	親兄		平涼衛	世襲衛鎮撫	故
九	李茂		萬曆二二年三月	嫡長男	比中三等。	平涼衛	世襲衛鎮撫	老

			（一九歲）					
十	李奇勳		崇禎九年十月（一七歲）	庶長男	比中三等。	平涼衛	世襲衛鎮撫	

附錄一之一五　衛鎮撫　滕縣

一	翟清	前黃						
二	翟順	前黃	吳元年從軍	（叔）				眼疾
三	翟善	前黃	洪武三二年代役	（姪）	舊名清？洪武三三年，濟南，陞小旗。三四年，夾河，陞試百戶。三五年，平定京師，陞陳	平涼衛	世襲衛鎮撫	

外黃

					州衛左所副千戶。			
四	翟剛	舊選簿	正統二年十一月	親次姪	有親兄翟馬駒逃走出外，今久不知下落，欽准本人替職。仍令打聽伊兄下落。	平涼衛	世襲衛鎮撫	
五	翟振	舊選簿	成化一五年六月	嫡長男		平涼衛	世襲衛鎮撫	
六	翟賢	舊選簿	弘治一五年九月	嫡長男		平涼衛	世襲衛鎮撫	故
七	翟林	舊選簿	嘉靖一五年二月(三六歲)	嫡長男		平涼衛	世襲衛鎮撫	老疾
八	翟崑	舊選簿	嘉靖四三年九月(三八歲)	嫡長男		平涼衛	世襲衛鎮撫	患疾
九	翟世勳		萬曆一三年二月	嫡長男		平涼衛	世襲衛鎮撫	老

			(三五歲)					
十	翟瑛		萬曆四〇年十月(二五歲)	嫡長男	大選過，比中三等。	平涼衛	世襲衛鎮撫	

附錄一之一六　署指揮僉事事正千戶　恩縣息縣

一	康敬	前黃	甲辰年從軍	外曾祖	乙巳，選充小旗。		小旗？	洪武三年故
二	康來保	前黃	洪武三年補役	祖父	黃敬故，將康來保作黃來保補役。洪武三三年，鄭村垻，陞副千戶。濟南，陞正千戶。三四年，西水寨，陞指揮僉事。		指揮僉事	洪武三五年陣亡

三	康寧	前黃	永樂元年	父	舊名黃斌。爲祖陣亡，陞通州衛世襲指揮同知。永樂元年七月，陣亡。	通州衛	世襲指揮同知	永樂元年陣亡
四	康輔	舊選簿	正統四年十月	嫡長男	調平涼衛。	平涼衛	世襲指揮同知	
五	康永	舊選簿	成化六年正月	嫡長男		平涼衛	世襲指揮同知	
六	康和	舊選簿	成化一五年正月	嫡長男		平涼衛	世襲指揮同知	
七	康隆	舊選簿	弘治一二年四月	嫡長男		平涼衛	世襲指揮同知	老疾
八	康崑	舊選簿	嘉靖一九年十月	嫡長男	伊始祖寧，頂補外祖黃敬，先小旗，歷陞指揮同知，祖父相沿，所據外祖異姓軍功，例無承襲，本人照例	平涼衛	署指揮僉事事正千戶	故

外黃

					革襲署指揮僉事事正千戶。堂稿簿查有：一件爲陳時弊，度虜情事，內開查催嘉靖三二年分秋夏糧草未完七分以上者，管屯官調邊衛官一九員，內平涼衛指揮僉事康崑，調寧夏中衛（嘉靖三〇年）。隆慶元年，遇宥赦回原衛。			
九	康誥	審稿簿	隆慶三年八月（二八歲）	嫡長男	本舍照例襲祖職指揮僉事事正千戶，仍回原衛。	平涼衛	署指揮僉事事正千戶	老
十	康元勳		萬曆四六年六月（二三歲）	庶長男	大選過，比中三等。	平涼衛	照舊署指揮僉事事正千戶	

附錄一之一七 署指揮僉事事正千戶 崑山縣

一	王皮	前黃		次兄	有兄王回住，丙午年從軍，故，王皮補役。洪武三三年，陞小旗。陣亡，將勝補。		小旗	陣亡
二	王勝	前黃		弟	舊名阿陞。陞試百戶。洪武三五年，克金川門，陞副千戶。永樂五年，欽與世襲職事。	平涼衛中所	世襲副千戶	老疾
三	王驥	舊選簿	正統七年	嫡長男	正統七年，欽准替授平涼衛中所世襲副千戶。署指揮僉事功次：德勝門等處歷功，該	武城後衛中所	世襲副千戶	故

內　黃

					陞指揮僉事。未陞故。			
四	王瑄	舊選簿		嫡長男	本人先因年幼，已與改正，陞與署指揮僉事事正千戶俸優給。後遇例實授，今出幼，該襲指揮僉事。	柳州衛	指揮僉事	故
五	王佐	舊選簿	嘉靖一四年十二月（九歲）	嫡長男	所據遇例職級，例應減革，本人照例革與署指揮僉事事正千戶俸優給，至嘉靖二〇年終住支。		署指揮僉事事正千戶	

附錄一之一八　署指揮僉事事正千戶　滁州

一	李彬	前黃			李杲，曾祖李來住，丙午年頂異父周來住名字充軍，老。祖李彬替役。洪武三三年，克雄縣，陞小旗。濟南，陞總旗。三四年，西水寨，陞試百戶。三五年，克應天府，陞虎賁右衛後所正千戶，復姓李。宣德元年，調平涼衛。老，祖李廣替職。	平涼衛左所	世襲正千戶	老
二	李廣	舊選簿	宣德三年二月	嫡長男		平涼衛左所	世襲正千戶	故
三	李謙	舊選	天順八年	嫡長男		平涼衛	世襲正千	

外黃

		簿	四月			左所	戶	
四	李杲	舊選簿	弘治一〇年十月	庶長男	原襲正千戶。平涼功，陞指揮僉事。	平涼衛	指揮僉事	故
五	李經	舊選簿	嘉靖一六年	嫡長男	伊父所據平涼功，查無擒斬，例應減革。本人照例革襲署指揮僉事事正千戶。	平涼衛	署指揮僉事事正千戶	故
六	李實		萬曆五年六月（二七歲）	嫡長男	比中二等。	平涼衛	署指揮僉事事正千戶	患疾
七	李先茂		萬曆三〇年（二五歲）	嫡長男	比中一等。	平涼衛	署指揮僉事事正千戶	故
八	李國棟		天啓二年正月（二三歲）	嫡長男	補天啓元年十二月，大選過，平涼衛署指揮僉事事正千戶。比中三等。	平涼衛	署指揮僉事事正千戶	故

九	李松年		崇禎四年四月（七歲）	嫡長男	照例與全俸優給，至崇禎一二年終住支。	平涼衛	優給舍人	

附錄一之一九　正千戶　合肥縣

一	黃禮	前黃	丁酉年歸附	祖	壬寅，充小旗。洪武元年，調河南右衛。四年，併充總旗。一一年，除慶陽衛中所試百戶。一二年實授。一六年疾。	慶陽衛中所	世襲百戶	洪武一六年疾
二	黃清	舊選簿	洪武二四年替	父	洪武二四年世襲百戶。二六年，越副千戶陞平涼衛左所正千戶。	平涼衛左所	世襲正千戶	洪武三一年故

內黃

三	黃淵	前黃	洪武三五年？	叔	因英年幼，叔黃淵借職，三五年襲正千戶。永樂元年，英出幼，襲正千戶。叔閒住。	平涼衛左所	世襲正千戶	永樂元年閒住
四	黃英	舊選簿	永樂元年閏十一月	（清）嫡長男	欽依襲授。	平涼衛左所	世襲正千戶	故絕
五	黃貴	舊選簿	宣德五年十二月	堂弟	堂兄故，無兒男，故襲。	平涼衛左所	世襲正千戶	
六	黃禎	舊選簿	天順七年八月	嫡長男		平涼衛左所	世襲正千戶	故
七	黃傑	舊選簿	正德三年九月	嫡長男		平涼衛左所	世襲正千戶	故絕
八	黃壐	舊選簿	正德一四年二月	堂兄		平涼衛左所	世襲正千戶	故
九	黃金重	舊選簿	嘉靖二四年二月（一七歲）	嫡長男		平涼衛左所	世襲正千戶	故

十	黃道		萬曆三年四月（二五歲）	嫡長男		平涼衛左所	世襲正千戶	患疾
十一	黃國胤		萬曆二九年二月（二五歲）	嫡長男	比中三等。	平涼衛左所	正千戶	故
十二	黃錦		崇禎四年六月（三八歲）	嫡長男	大選過，比中三等。	平涼衛左所	正千戶	

附錄一之二十 署衛鎮撫事副千戶 五河縣

一	陸斌	舊選簿			永樂十六年六月，副千戶改世襲衛鎮撫。	平涼衛	世襲署衛鎮撫事副千戶	故

二	陸麟	舊選簿	宣德元年十一月	嫡次男		平涼衛	衛鎮撫	
三	陸瑄	舊選簿	成化元年三月	嫡長男		平涼衛	衛鎮撫	
四	陸文	舊選簿	弘治元年九月	嫡長男		平涼衛	署衛鎮撫事副千戶	故
五	陸瑾	舊選簿	正德八年二月	嫡長男		平涼衛	署衛鎮撫事副千戶	故
六	陸雄		隆慶四年十二月	嫡長男		平涼衛	署衛鎮撫事副千戶	故
七	陸虎		萬曆一六年二月（四三歲）	堂兄	比中三等。	平涼衛	署衛鎮撫事副千戶	故
八	陸綵		萬曆三六年二月（三二歲）	嫡長男	大選過，比中二等。	平涼衛	署衛鎮撫事副千戶	
九	陸國		崇禎一〇	嫡長男	補九年十二月大選過，	平涼衛	署衛鎮撫	

禎		年正月（三三歲）		比中三等。	平涼衛	事副千戶	

附錄一之二一　副千戶　鄒平縣

一	魏莊	前黃	洪武三三年招募		洪武三三年，招募，赴濟南朝見，除武功中衛左所實授百戶。三五年，克金川門，陞武功中衛左所副千戶。	武功中衛左所	世襲副千戶	故
二	魏著	舊選簿	正統元年六月	親姪	伯故，有嫡次男魏英矮短不堪承襲，著借襲，待有男還與職事（欽准）。	平涼衛右所	世襲副千戶	

內黃

三	魏選	舊選簿	天順二年閏二月	嫡長男	正統十年，調平涼衛左所。	平涼衛左所	世襲副千戶	故
四	魏欽	舊選簿	成化一八年六月	嫡長男		平涼衛左所	世襲副千戶	老疾
五	魏經	舊選簿	嘉靖四年十二月	嫡長男		平涼衛左所	世襲副千戶	故
六	魏相	舊選簿	嘉靖二五年二月	庶長男		平涼衛左所	世襲副千戶	故
七	魏國忠		萬曆二年二月（一七歲）	庶長男	萬曆二〇年九月，克復寧夏，獲斬功，陞正千戶。	平涼衛左所	正千戶	故
八	魏璋		天啓二年二月（三五歲）	嫡長男	本舍以子承父，查無違碍，合准襲正千戶。單本選過，比中三等。	平涼衛左所	正千戶	

附錄一之二二　副千戶　泗州

一	田勝	前黃	辛丑年歸附		辛丑，充小旗。壬寅，充總旗。洪武四年，除百戶。一一年，調權平涼衛左所。一二年，授流官副千戶。二三年，老疾告替。	平涼衛左所	流官副千戶	洪武二三年老疾
二	田潤	舊選簿	洪武二七年四月	嫡長男	欽准替職。與世襲。仍授本衛所世襲副千戶。	平涼衛左所	世襲副千戶	故
三	田茂	舊選簿	永樂一五年八月（一七歲）	嫡長男		平涼衛左所	世襲副千戶	故
四	田和	舊選簿	景泰二年二月	嫡長男		平涼衛左所	世襲副千戶	
五	田能	舊選	天順元年	親弟	兄爲事立功，病故，	平涼衛	世襲副千	故

外黃

		簿	五月		本人年壯，照例襲職，調寧夏中衛左所。	左所	戶	
六	田璟	舊選簿	成化六年五月（一五歲）	嫡長男		平涼衛左所	世襲副千戶	
七	田英	舊選簿	正德二年十二年	嫡長男		平涼衛左所	世襲副千戶	老疾
八	田登	舊選簿	嘉靖一七年二月	嫡長男		平涼衛左所	世襲副千戶	故
九	田時 新		萬曆二三年十月（二八歲）	庶長男	比中三等。			

附錄一之二三 世襲百戶 臨汾縣

一	賈逵	缺			為事充軍。砍蠻子頭。	西安左護衛左所	世襲百戶	故
二	賈成	舊選簿	永樂二年（一五歲）	嫡長男	欽與襲職，授西安後衛左所世襲百戶。候年二十歲比試弓馬。	平涼衛左所	世襲百戶	故
三	賈瑄	舊選簿	宣德四年三月（一七歲）	嫡長男		平涼衛左所	世襲百戶	故
四	賈弘	舊選簿	弘治元年三月	嫡長孫		平涼衛左所	世襲百戶	陣傷故絕
五	賈晟	舊選簿	正德一三年三月	親姪		平涼衛左所	世襲百戶	年老
六	賈振	舊選簿	嘉靖三五年六月	嫡長男		平涼衛左所	實授百戶	陣亡

七	賈承業		隆慶六年七月（一八歲）	親弟	伊兄原襲祖職實授百戶。嘉靖四五年紅崖溝陣亡，該本部題奉欽依，應繼兒男襲陞一級，絕嗣，所據伊兄陣亡一級，例難併襲，本舍照例准襲祖職實授百戶。	平涼衞左所	實授百戶	故
八	賈偉		天啓三年四月（三九歲）	嫡長男	大選過，比中三等。	平涼衞左所	實授百戶	

附錄一之二四　世襲百戶　江都縣

一	張住	缺				平涼衛左所	百戶	
二	張勝	舊選簿	宣德三年十一月	嫡長男		平涼衛左所	世襲百戶	
三	張翊	舊選簿	景泰七年五月	嫡長男		平涼衛左所	世襲百戶	
四	張雄	舊選簿	成化一四年二月	嫡長男		平涼衛左所	世襲百戶	故
五	張鎮	舊選簿	正德一二年八月	嫡長男		平涼衛左所	世襲百戶	故絕
六	張隆	舊選簿	嘉靖元年三月	親弟		平涼衛左所	世襲百戶	故
七	張威		萬曆七年四月（二四歲）	庶長男	比中三等。	平涼衛左所	實授百戶	故

八	張文炳		天啓二年八月（二五歲）	庶長男	大選過，比中三等。	平涼衛左所	實授百戶	

附錄一之二五 實授百戶 鄒平縣

一	賈瑾	前黃	洪武三年 ？		洪武三年，充總旗。二四年，爲年深全總旗，除錦衣衛右所世襲百戶。二九年，爲倒死馬牛事，犯斬罪，免死，發開平拿達子。三十年，復職，調威虜衛中所世襲百戶。	平涼衛左所	世襲百戶	永樂元年故
二	賈銘	舊選	永樂二年	嫡次男	瑾之嫡長男賈廸，先	平涼衛	世襲百戶	

外　黃

		簿	十二月		年故。	左所		
三	賈瑢	舊選簿	正統元年閏六月	嫡長男		平涼衛左所	世襲百戶	
四	賈忠	舊選簿	天順八年六月（一六歲）	嫡長男		平涼衛左所	世襲百戶	故
五	賈志	舊選簿	成化一四年二月	親弟		平涼衛左所	世襲百戶	故
六	賈源	舊選簿	正德七年十月	庶長男		平涼衛左所	世襲百戶	故
七	賈朝	舊選簿	嘉靖二九年六月	嫡長男		平涼衛左所	實授百戶	故
八	賈棟	舊選簿	隆慶二年二月（二六歲）	嫡長男		平涼衛左所	實授百戶	

附錄一之二六　實授百戶　高郵州

一	林成	前黃	丙午年歸附	（父）	丙午，充馬軍。吳元年，充崇德衛總旗。洪武二二年，除西安左護衛中所世襲百戶。二四年，調平涼衛左所。二六年，老。	平涼衛左所	世襲百戶	洪武二六年老
二	林貴	前黃	洪武三一年替	（兄）		平涼衛左所	世襲百戶	洪武三四年故
三	林春	前黃	洪武三五年	親弟	兄有嫡長男林斗，斗幼小，春係親弟，三五年襲，待姪長成，還與職事。	平涼衛左所	世襲百戶	故
四	林讓	舊選	永樂二一	親姪	欽准襲授。	平涼衛	世襲百戶	故

外黃

		簿	年五月			左所		
五	林泰	舊選簿			缺。			
六	林祥	舊選簿	景泰七年五月	讓之嫡次男	已與姪林泰優給，病故。	平涼衛左所	世襲百戶	
七	林清	舊選簿	弘治一六年九月	嫡長孫		平涼衛左所	實授百戶	老疾
八	林松	舊選簿	嘉靖二二年二月	親姪	原襲祖職世襲百戶，嘉靖三四年委管屯糧，參調寧夏衛左所。隆慶二年，遇有回衛。四年，故。	平涼衛左所	實授百戶	隆慶四年故
九	林有昇		萬曆七年十二月（二一歲）	庶長男	比中三等。	平涼衛左所	世襲百戶	故
十	林國柱		萬曆三〇年四月	嫡長男	比中三等。			

（二四歲）

附錄一之二七　實授百戶　壽州

一	宋旺	前黃	甲辰年歸附	（祖）	先係舒城軍，甲辰，選小旗。洪武元年，充總旗。二二年老，征傷殘疾。		總旗	洪武二二年老征傷殘疾
二	宋敏	前黃		（父）	舊名關兒。代父役，仍充總旗。洪武二四年，爲年深總旗赴京。二五年，欽除平涼衛左所世襲百戶。	平涼衛左所	世襲百戶	洪武三五年故
三	宋禎	舊選簿	永樂二年五月（一	嫡長男	欽准襲授。	平涼衛左所	世襲百戶	故

外黃

	四	五	六	七	八	九
	宋剛	宋安	宋軏	宋經	宋震	宋鵾
	舊選簿	舊選簿	舊選簿	舊選簿	舊選簿	舊選簿
五歲）	永樂十年正月（一六歲）	永樂一七年五月（一七歲）	天順七年二月（一六歲）	正德二年七月	嘉靖一四年二月	隆慶三年四月（三一歲）
	親弟	親弟	庶長男	庶長男	嫡長男	嫡長男
	平涼衛左所	平涼衛左所	平涼衛左所	平涼衛左所	平涼衛左所	平涼衛左所
	世襲百戶	世襲百戶	世襲百戶	百戶	實授百戶	世襲百戶
	故		老疾	老疾	年老	患疾

十	宋英		萬曆二三年八月(二七歲)	嫡長男	比中一等。	平涼衛左所	實授百戶	故
十一	宋雄		萬曆二八年十月(三〇歲)	堂弟	比中三等。	平涼衛左所	實授百戶	老
十二	宋鉉		崇禎五年正月(四三歲)	嫡長男	補四年十二月，大選過，比中三等。	平涼衛左所	實授百戶	

附錄一之二八　實授百戶　沔陽州　玉沙縣

一	施榮	舊選簿	癸卯年歸附		洪武二年，充總旗。一八年，除流官百戶。二三年，為役使軍人。	平涼衛左所	世襲百戶	老

					二四年，充軍。二五年，復職。二六年，除平涼衛左所世襲百戶。（選條：二五年四月平涼衛左所世襲百戶施榮）			
二	施貴	舊選簿	洪武二九年五月	嫡長男	爲父老疾，欽准替職。	平涼衛左所	世襲百戶	
三	施廣	舊選簿	宣德六年四月	嫡長男		平涼衛左所	世襲百戶	
四	施祥	舊選簿	天順元年七月（一六歲）	嫡長男		平涼衛左所	世襲百戶	傷故
五	施鐸	舊選簿	成化三年八月	親弟		平涼衛左所	世襲百戶	
六	施瑛	舊選簿	弘治一三年六月	嫡長男		平涼衛左所	世襲百戶	

七	施文	舊選簿	正德一二年四月	嫡長男		平涼衛左所	世襲百戶	
八（內黃）	施振	舊選簿	嘉靖三一年二月	庶長男		平涼衛左所	世襲百戶	故
九	施詔		萬曆七年六月（一八歲）	嫡長男	比中三等。			

附錄一之二九 百戶 泰州

一	丁賢	前黃	吳元年歸附	（父）	先張氏下千戶。吳元年，選充小旗。征山東等處，選充總旗。洪武二三年，征傷殘疾。		總旗	洪武二三年征傷殘疾

外

二	丁宗	前黃	洪武二三年代役	（兄）	舊名皀住。代併父役，仍充總旗。洪武二四年，欽取年深總旗赴京。三五（二五？）年欽除平涼衛左所世襲百戶。三四年，故，別無兒男，全係親弟。	平涼衛左所	世襲百戶	洪武三四年故
三	丁全	前黃	洪武三五年准襲	親弟		平涼衛左所	世襲百戶	
四	丁剛	舊選簿	宣德六年九月	嫡長男		平涼衛左所	世襲百戶	故
五	丁鑑	舊選簿	正統一二年七月（五歲）	庶長男	欽與全俸優給，至正統二一年終住支。	平涼衛左所	世襲百戶	
六	丁振	舊選簿	弘治四年十月	嫡長男		平涼衛左所	百戶	年老
七	丁欽	舊選	嘉靖一四	嫡長男		平涼衛	實授百戶	年老

黃

		簿	年二月			左所		
八	丁麒		隆慶五年十月（四九歲）	嫡長男		平涼衛左所	實授百戶	故
九	丁鉞		萬曆一四年十二月（三三歲）	嫡長男	比中三等。	平涼衛左所	實授百戶	故
十	丁勇		崇禎元年正月（四四歲）	嫡長男	補天啓七年十二月，大選過，比中三等。	平涼衛左所	實授百戶	

附錄一之三十　百戶　唐縣

一	曹寬	舊選簿			洪武二五年五月，係泰州總旗，欽除平涼	平涼衛左所	世襲百戶	

					衛左所世襲百戶。			
二	曹均	舊選簿	永樂四年五月	嫡長男		平涼衛左所	世襲百戶	故
三	曹廣	舊選簿	洪熙元年八月	嫡長男		平涼衛左所	世襲百戶	
四	曹雄	舊選簿	正統一三年十一月	嫡長男		平涼衛左所	世襲百戶	故
五	曹文	舊選簿	弘治七年七月（一七歲）	庶長男		平涼衛左所	百戶	故
六	曹欽	舊選簿	嘉靖一四年二月(三六歲)	嫡長男		平涼衛左所	實授百戶	年老
七	曹勳		隆慶五年十月（三九歲）	嫡長男		平涼衛左所	實授百戶	故
八	曹可		天啓六年	姪孫	大選過，比中三等。	平涼衛	實授百戶	

	友		八月（三七歲）			左所		

附錄一之三一　試百戶　鳳陽縣

一	朱源	前黃	丙午年從軍		洪武三年，充小旗。一五年，併充總旗。		總旗	故
二	朱英	前黃					總旗	故
三	朱眞（禎）	前黃			正統九年，誮屯口擒賊有功，陞試百戶。天順元年，遇例實授。	平涼衞左所	百戶	老
四	朱璘	舊選簿	成化一〇年六月（一九歲）	嫡長孫	父朱能，未襲，故。欽與世襲。	平涼衞左所	百戶	正德三年疾
五	朱玉	舊選	正德五年	嫡長男	照例革與試百戶。（祖	平涼衞	副千戶	故

內黃

		簿	四月		係遇例）報捷，陞副千戶。	左所		
六	朱經	舊選簿	嘉靖一三年十月（三〇歲）	嫡長男	本人照例革遇例及報捷陞級，與試百戶。（遇例實授）	平涼衛左所	實授百戶	故
七	朱澄	舊選簿	嘉靖四三年六月（二四歲）	嫡長男	革遇例，與襲試百戶。	平涼衛左所	試百戶	故
八	朱國薦		天啓五年十月（三九歲）	姪孫	大選過，比中三等。	平涼衛左所	試百戶	

附錄一之三二 所鎮撫 長葛縣

一	花信	前黃	洪武元年		先係前元楊平章下同	肅州衛	流官所鎮	洪武三

			歸附		僉。洪武元年，充宣武衛總旗。四年，併鎗仍充總旗。十九年，除錦衣衛右所流官所鎮撫。二八年，改肅州衛左所。三三年，爲事典刑。	左所	撫	三年軍前典刑
二	花茂	舊選簿	永樂元年五月襲	嫡長男	襲職，與世襲。	平涼衛左所	世襲所鎮撫	老疾
三	花偉	舊選簿	正統三年十一月替	庶長男		平涼衛左所	世襲所鎮撫	故
四	花英	舊選簿	成化一二年四月襲	嫡長孫	欽與世襲。	平涼衛左所	世襲所鎮撫	
五	花芳	舊選簿	正德一一年六月	嫡長男		平涼衛左所	世襲所鎮撫	嘉靖一四年二月（五四歲）

外　黃

								患疾
六	花錦	舊選簿	嘉靖一四年二月（三五歲）	嫡長男	告替祖職，納級副千戶。	平涼衛左所	世襲所鎮撫（納級副千戶）	嘉靖四五年故
七	花奇		隆慶六年十二月（二三歲）	庶長男	伊父所據納級虛銜，例不准襲，本舍照例准襲祖職所鎮撫。	平涼衛左所	所鎮撫	故
八	花登第		崇禎五年八月（四三歲）	堂姪	大選過，比中三等。	平涼衛左所	所鎮撫	

附錄一之三三　正千戶　鄒平縣

一	楊克中	前黃		（叔）	充濟南衛小旗。撥濟南衛。	濟南衛	小旗	老疾

外黃

二	楊得	前黃	代役充軍	（姪）	克西水寨等，陞小旗。洪武三五年，渡淮，陞試百戶。平定京師，陞汝寧衛中所副千戶。永樂三年，與世襲。七年，調宿州衛中所。	平涼衛中所	世襲副千戶	故
三	楊貴	舊選簿	宣德八年三月	嫡長男		平涼衛中所	世襲副千戶	
四	楊泰	舊選簿	天順元年五月	嫡長男		平涼衛中所	世襲副千戶	
五	楊威	舊選簿	弘治一三年十一月	嫡長男	正千戶功次：候查。	平涼衛中所	正千戶	陣亡
六	楊欽	舊選簿	正德八年二月	嫡長男	伊父原係副千戶，陣亡，陞前職，本人該襲正千戶。	平涼衛中所	正千戶	故
七	楊璽	舊選簿	嘉靖一八年四月	嫡長男		平涼衛中所	正千戶	故

八	楊時芳		萬曆二年二月（二八歲）	嫡長男		平涼衛中所	正千戶	患疾
九	楊捷		萬曆二九年四月（二六歲）	嫡長男	比中一等。			

附錄一之三四　正千戶　開城縣

一	阿都忽					平涼衛中所	流官百戶	
二	荅荅罕	舊選簿	洪武三一年正月	嫡長男	欽與世襲。	平涼衛中所	管土軍不支俸世襲百戶	故
三	火力	舊選	永樂二年	親姪	副千戶功次：永樂二	平涼衛	不支俸土	

	忽荅	簿	二月		二年，迤北，回還，平涼衛百戶陞副千戶。	中所	官副千戶	
四	火榮	舊選簿	正統四年四月	嫡長男	欽與世襲。	平涼衛中所	正千戶	故
五	火瑄	舊選簿	成化九年二月	嫡長男	令襲前職。	平涼衛中所。	不支俸土官正千戶	病故
六	火清	舊選簿	弘治一一年四月	嫡長男	伊父原係副千戶，遇例告復正千戶，病故。本人照例革襲伊父原職副千戶，仍不支俸。	平涼衛中所	世襲不支俸土官副千戶	老疾
七	火松	舊選簿	嘉靖五年二月（三一歲）	嫡長男	堂稿簿查有：嘉靖十三年六等月，地名廝黃梁沙湖等處獲功，陞實授一級不賞，二人共斬首一顆，爲首平涼衛中所副千戶陞正千戶火松。	平涼衛中所	不支俸土官正千戶	故

缺

八	火鎮	舊選簿	嘉靖二六年六月	嫡長男		平涼衛中所	不支俸土官正千戶	故
九	火熒		天啓五年二月（三八歲）	係不支俸土官正千戶火德光嫡長男	大選過，土官不比。	平涼衛中所	不支俸土官正千戶	

附錄一之三五 副千戶 合肥縣

一	王均彰	舊選簿	乙未年從軍		吳元年，克蘇州，充小旗。洪武一三年，併勝，充總旗。二五年，除平涼衛中所世襲百戶。二五年五月，	平涼衛中所	世襲百戶	老

					係莊浪衛總旗，先爲年深赴京，少軍，發回勾足，係一向在外守禦，起到，欽除平涼衛中所世襲百戶。			
二	王清	舊選簿	洪武三一年二月替	嫡長男		平涼衛中所	世襲百戶	洪武三二年陣亡
三	王信	舊選簿	永樂元年十一月（二二歲）	嫡長男	副千戶功次：候查。	平涼衛中所	副千戶	
四	王眞	舊選簿	天順七年七月	嫡長男	欽與世襲。	平涼衛中所	世襲副千戶	故
五	王英	舊選簿	弘治五年八月	嫡長男		平涼衛中所	世襲副千戶	故
六	王璽	舊選簿	正德九年六月（一	嫡長男	優給出幼襲職，限外多支俸一年，扣除滿	平涼衛中所	世襲副千戶	故

內黃

	七	八	九
	王世功	王國正	王相
	審稿簿	舊選簿	
六歲）	嘉靖一八年十二月	嘉靖三一年二月	萬曆二五年二月（二四歲）
	嫡長男	嫡長男	嫡長男
日關支。			比中二等。
	平涼衞中所	平涼衞中所	
	世襲副千戶	世襲副千戶	
		故	

附錄一之三六　副千戶　泰州（泰安州）

	一
時征	時成
	前黃
洪武二年充軍	
（兄）	
	兄老疾，將成戶名不動代役。洪武三二年，
	平涼衞中所
	世襲百戶
	故

					鄭村埧，陞小旗。三三年，陞總旗。三五年，克東阿，陞濟陽衛右所百戶。永樂三年，欽與世襲職事。			
二	時斌	舊選簿	宣德八年二月	庶長男	有嫡兄時貴患癡呆風疾，不堪承襲，欽准本人襲職，待有男還與職事。	平涼衛中所	世襲百戶	故
三	時勝	舊選簿	景泰二年二月	嫡長男		平涼衛中所	世襲百戶	
四	時景	舊選簿	成化一八年十一月	嫡長男		平涼衛中所	世襲百戶	
五	時玉	舊選簿	正德元年十月	嫡長男	誥命查有：時玉，弘治一八年替百戶。正德四年寧夏興武營風城兒地方斬首一顆，	平涼衛中所	副千戶	故

外黃

					五年陞副千戶。			
六	時椿	舊選簿	嘉靖一一年四月（三七歲）	嫡長男		平涼衛中所	副千戶	
七	時安	舊選簿	嘉靖一三年十二月（一五歲）	嫡長男	嘉靖三三年，納級指揮僉事。	平涼衛	納級指揮僉事	萬曆二年故
八	時際明		萬曆一三年十二月（一六歲）	庶長男	伊父所據納級虛銜，例不准襲，本舍照例革襲祖職副千戶於原中所。	平涼衛中所	副千戶	故
九	時際可		萬曆一九年四月（二三歲）	親弟	比中三等。	平涼衛中所	副千戶	
十	時愛		萬曆四一年十月（二〇歲）	嫡長男	大選過，比中三等。	平涼衛中所	副千戶	

附錄一之三七 副千戶 定遠縣

一	陳得興	前黃	甲午年歸附	（高祖）	甲午，充百戶。乙巳，殺賊有功，充小旗。洪武二年，征北平平陽有功陞總旗，調平涼衞守禦。	平涼衞	總旗	疾
二	陳信	前黃		（曾祖）			總旗	疾
三	陳敬	前黃		（祖）	宣德十年，胭脂蘇武臺有功，正統元年陞試百戶。	平涼衞中所	試百戶	風癱
四	陳弘	舊選簿	正統九年十二月	（父）嫡長男	正統九年十二月，陳弘係平涼衞中所試百戶陳敬，戶名陳得興	平涼衞中所	副千戶	故

嫡長男。父原係總旗，征孛羅口達賊有功，陞前職，欽准本人替實授百戶。實授百戶功次：署副千戶功次：已載前黃。成化四年，石城兒征剿反賊滿四等功，陞本人署副千戶。弘治五年，遇例實授。

五

陳策

舊選簿

弘治一一年六月（一六歲）

嫡長男

父原係功陞署副千戶。弘治五年遇例實授，故。本人照例革襲署副千戶事百戶。功次簿查有：嘉靖七年，固原地方鹽池細溝等處，陞實授一級，不

平涼衛中所

正千戶

老疾

	六
	陳勳
	舊選簿
	嘉靖二六年六月（二六歲）
	嫡長男
賞，二人共斬賊級一顆，爲首平涼衞中所副千戶陞正千戶二員，內一員陳策。	伊祖弘以試百戶欽准，并石城兒署級俱例不准襲，本舍該與做實授百戶。遇例納級指揮僉事。堂稿查有：隆慶元年六月一件，套虜犯邊等事，計開：定擬陞賞，嘉靖四五年九等月，固原寧夏楡林三鎮暗門等處地方獲功陣亡功次，陞實授一級，陣亡，平涼衞不開所分實授百
	平涼衞中所
	納級指揮僉事
	嘉靖四五年陣亡

外 黃

					戶，納級副千戶陳勳，該陞副千戶。			
七	陳立	舊選簿	隆慶二年十二月（三〇歲）	嫡長男	該本部題奉欽依，應繼兒男襲陞一級，與襲陞副千戶。	平涼衛中所	副千戶	

附錄一之三八 署指揮僉事 松陽縣

一	葉富	缺				平涼衛中所	世襲副千戶	故
二	葉皋		洪武三一年七月	嫡長男		平涼衛中所	世襲副千戶	故
三	葉能		永樂九年八月（一六歲）	嫡長男		平涼衛中所	世襲副千戶	故

四	葉盛		天順二年閏二月	堂弟		平涼衛中所	世襲副千戶	故
五	葉茂		弘治一八年二月(一七歲)	庶長男	優給出幼襲職。	平涼衛	指揮僉事	故
六	葉青		隆慶五年六月	庶長男	查伊父葉茂，以祖職副千戶歷功陞署指揮僉事。今查冒功實授，所據冒供，例不准襲，今本舍仍革襲署指揮僉事。	平涼衛	署指揮僉事	故
七	葉繩武		萬曆四三年十月(二七歲)	嫡長男	大選過，奉旨免比。	平涼衛	署指揮僉事	

附錄一之三九 實授百戶 靈壁縣

外

一	劉肅	前黃	甲辰年從軍		洪武十四年，選充小旗。十九年，併鎗充總旗。二二年，除陽和衛前所試百戶。	陽和衛前所	試百戶	故
二	劉成	前黃	洪武二三年優給	嫡長男	洪武二五年，襲除平涼衛中所世襲百戶。	平涼衛中所	世襲百戶	殘疾
三	劉貴	前黃		（嫡長男）		平涼衛中所	世襲百戶	故
四	劉灝	舊選簿	天順元年五月	嫡長男	欽准襲授平涼衛中所世襲百戶。	平涼衛中所	世襲百戶	
五	劉禮	舊選簿	弘治二年六月	嫡長男		平涼衛中所	世襲百戶	
六	劉欽	舊選簿	正德七年十月	嫡長男		平涼衛中所	實授百戶	老疾
七	劉朝	舊選	嘉靖一九	嫡長男		平涼衛	世襲百戶	年老

黃

		簿	年十二月			中所		
八	劉勇		隆慶六年十二月（二六歲）	嫡長男		平涼衛中所	實授百戶	故
九	劉寵		萬曆三四年十月（三八歲）	嫡長男	大選過，比中二等。	平涼衛中所	實授百戶	故
十	劉憲		天啓元年五月（三四歲）	嫡長男	補四月大選過，比中三等。	平涼衛中所	實授百戶	

附錄一之四十 實授百戶 章丘縣

一	陳斌	前黃	洪武二年垜集		洪武二年，垜集，將正戶龍保兒充濟南衛	平涼衛中所	世襲百戶	故

內

					軍。十九年病故。斌係貼戶，頂戶補役。濟南，陞小旗。西水寨，陞總旗。平定京師，陞寧國衛左所百戶。欽與世襲。			
二	陳榮	舊選簿	宣德元年十一月	嫡長男	宣德元年十一月，陳榮係平涼衛中千戶所故百戶陳斌，舊姓名龍保兒嫡長男。	平涼衛中所	世襲百戶	故
三	陳能	舊選簿	天順七年閏七月	嫡長男		平涼衛中所	世襲百戶	
四	陳鋭	舊選簿	弘治二年八月	嫡長男		平涼衛中所	世襲百戶	老疾
五	陳文	舊選簿	正德一二年二月	嫡長男		平涼衛中所	實授百戶	故
六	陳諫	舊選	嘉靖三八	嫡長男		平涼衛	實授百戶	故

黃

		簿	年六月（二三歲）			中所		
七	陳有功		萬曆一三年二月（二〇歲）	嫡長男	比中三等。			

附錄一之四一　實授百戶　隆德縣

一	計保	前黃	洪武二七年充軍	（曾祖）	洪武三〇年，併鎗陞小旗。永樂一一年，迤北征達賊，對敵功，陞實授總旗。			疾
二	計海	前黃		（祖）				
三	計堂	前黃		（父）	嘉靖五年，鎮虜地方打剌堡斬首一顆，陞	平涼衛中所	試百戶	老

內黃

	四	五
	計成	計印
	舊選簿	審稿
	嘉靖一四年二月（二一歲）	隆慶三年八月（二三歲）
	嫡長男	嫡長男
試百戶。	堂稿查有：隆慶元年六月，一件套虜犯邊等事，計開擬陞嘉靖四五年九等月，固原寧夏榆林三鎮獲功，陣亡，陞實授一級，平涼衛中所試百戶計成。該陞實授百戶。	伊父陣亡，該本部題奉欽依應繼兒男襲陞一級，本舍照例於祖職試百戶上，加伊父陣亡功一級，與襲陞實授百戶。
	平涼衛中所	平涼衛中所
	試百戶	實授百戶
	陣亡	

附錄一之四二 實授百戶 監利縣

一	馬臣	舊選簿	辛丑年從軍		甲辰，充威武衛小旗。吳元年，陞總旗。洪武元年，克東昌，七年，調延安衛。一三年，調平涼衛。二四年一一月，係西寧衛總旗，欽除平涼衛中所世襲百戶。三一年，授世襲。	平涼衛中所	世襲百戶	老
二	馬俊	舊選簿	洪武三一年二月	嫡長男	無兒男。	平涼衛中所	世襲百戶	永樂七年故
三	馬興	舊選簿	永樂八年四月襲	親弟		平涼衛中所	世襲百戶	故
四	馬彪	舊選	宣德元年	嫡長男		平涼衛	世襲百戶	

外黃

		簿	十一月（一六歲）			中所		
五	馬能	舊選簿	成化五年二月	嫡長男		平涼衛中所	世襲百戶	故
六	馬鑑	舊選簿	弘治一八年二月	嫡長男		平涼衛中所	世襲百戶	故
七	馬隆	舊選簿	嘉靖五年十二月	嫡長男		平涼衛中所	實授百戶	痼疾
八	馬麟	舊選簿	嘉靖二六年六月	嫡長男		平涼衛中所	實授百戶	年老
九	馬世強		萬曆一四年六月（二二歲）	庶長男	比中二等。	平涼衛中所	實授百戶	

附錄一之四三 實授百戶 同州

	張崇			（伯）	起取赴京。洪武三年，充金吾右衛將軍。			
一	張成	前黃	洪武一八年補役	（父）	充將軍，洪武二三年，克馬尾龍、黃堝等處回還，二六年，除四川百戶，無缺，調平涼衛中所世襲百戶。三〇年，剿捕文縣等處殺賊。	平涼衛中所	世襲百戶	永樂六年病故
二	張壽	舊選簿	永樂八年二月（一八歲）	嫡長男		平涼衛中所	世襲百戶	故
三	張安	舊選簿	宣德三年十一月	親弟		平涼衛中所	世襲百戶	故
四	張通	舊選	天順二年	嫡長男		平涼衛	世襲百戶	故

內黃

		簿	五月			中所		
五	張泰	舊選簿	成化六年六月（一六歲）	嫡長男		平涼衛中所	世襲百戶	老疾
六	張璽	舊選簿	正德一一年二月（二三歲）	嫡長男	伊父襲，未比，今老疾，本人照例襲授百戶，住俸三年。	平涼衛中所	實授百戶	故
七	張鉞	舊選簿	嘉靖二六年十二月	嫡長男		平涼衛中所	實授百戶	年老
八	張恩	舊選簿	隆慶元年八月（三九歲）	嫡長男		平涼衛中所	實授百戶	年老
九	張虎		萬曆二一年四月（二四歲）	嫡長男	比中三等。	平涼衛中所	實授百戶	疾
十	張璦		天啓元年十月（二	嫡長男	大選過，比中三等。	平涼衛中所	實授百所	

七歲）

附錄一之四四　世襲百戶　邠州

一	趙旺	缺				寬河衛後所	世襲百戶	病故
二	趙海	舊選簿	正統六年十一月	親姪孫	襲職，調除平涼衛中所管事。爲事降小旗立功。病故。	平涼衛中所	小旗	病故
三	趙銘	舊選簿	成化一五年閏十月	男	本人照例襲伊叔祖原職百戶，仍去後調衛所差操。	平涼衛中所	世襲百戶	故
四	趙雲	舊選簿	弘治五年十二月	嫡長男			？	
五	趙雯			？	試百戶功次：吊來右	平涼衛	實授百戶	故

					府嘉靖三年勘合箚付，內開，二人共斬賊級一顆，爲首官總五員名，平涼衛中所總旗陞試百戶一員。實授百戶功次：嘉靖五年連送，內開：二人共斬賊級一顆，爲首官旗七員名，俱陞一級，平涼衛中所試百戶陞實授百戶一員趙雯。	中所		
六	趙隆	舊選簿	嘉靖一七年二月	嫡長男		平涼衛中所	世襲百戶	故
七	趙京		萬曆三年十二月（三一歲）	親姪		平涼衛中所	實授百戶	故
八	趙登		萬曆二九	庶長男	大選過，比中三等。	平涼衛	實授百戶	

	瀛		年十月（二六歲）			中所		

附錄一之四五 實授百戶 江都縣

一	陳興	缺				平涼衛中所	流官百戶	故
二	陳貴	舊選簿	洪武二六年十月	親弟	欽准襲職，仍授本衛所世襲百戶。	平涼衛中所	世襲百戶	故
三	陳智	舊選簿	宣德三年七月（一五歲）	庶長男	舊名楊家兒。	平涼衛中所	世襲百戶	
四	陳英	舊選簿	成化二年閏三月	親姪孫		平涼衛中所	世襲百戶	故
五	陳隆	舊選	弘治九年	嫡長男		平涼衛	世襲百戶	年老

		簿	五月			中所		
六	陳鉞	舊選簿	嘉靖一四年四月(三四歲)	嫡長男		平涼衛中所	實授百戶	故
七	陳爵	舊選簿	嘉靖四一年六月(四九歲)	嫡長男		平涼衛中所	實授百戶	年老
八	陳璋		隆慶六年十月(二九歲)	嫡長男		平涼衛中所	實授百戶	故
九	陳國勳		萬曆三七年十二月(二十歲)	庶長男	大選過，比中三等。	平涼衛中所	實授百戶	故
十	陳三德		崇禎一三年四月(三五歲)	嫡長男	大選過，比中三等。	平涼衛中所	實授百戶	

附錄一之四六 實授百戶 興化縣

一	李成	舊選簿	丙午歸附		吳元年，充小旗。洪武二年，克陝西，選（涼州衛）充總旗。二四年，以年深總旗，欽除平涼衛中所世襲百戶。	平涼衛中所	世襲百戶	老
二	李觀	舊選簿	洪武二八年十一月	嫡次男	父爲風疾病症，有嫡長兄李受現患右胳膊殘疾，欽准本人替職。	平涼衛中所	世襲百戶	永樂九年革閑
三	李智	舊選簿	永樂九年四月（一七歲）	親姪	因父李受殘疾，叔李觀替職，續生本人，今長成，退與職事，敬襲世襲百戶。伊叔	平涼衛中所	世襲百戶	殘疾

					革閑。			
四	李剛	審稿簿	正統六年三月替授	堂弟	堂兄殘疾無兒男。	平涼衛中所	世襲百戶	
五	李茂	舊選簿	成化七年八月（二六歲）	親姪		平涼衛中所	署副千戶	病故
六	李勝	舊選簿	成化一三年	親弟	伯父（剛）疾，無兒男，父李鑑風疾不堪替職，兄李茂替職，病故，亦無兒男。勝於成化一三年欽准襲授平涼衛中所世襲百戶，仍署副千戶事。弘治五年，遇例實授。	平涼衛中所	副千戶	
七	李振	舊選簿	弘治九年十二月	嫡長男	本人照例革襲署副千戶事百戶。	平涼衛中所	署副千戶事百戶	故
八	李恩	舊選	正德一四	嫡長男	嘉靖三二年，因未完	寧夏衛	署副千戶	嘉靖四

內黃

		簿	年十月		屯糧七分以上，參調寧夏衛中所。	中所	事實授百戶	四年故
九	李麟	舊選簿	隆慶元年八月（三四歲）	嫡長男	所據伊曾祖伯李茂署副千戶職級，功無擒斬，例不准襲，本舍照例襲祖職實授百戶，仍註原調衛所。	平涼衛中所	實授百戶	故
十	李桂		萬曆一三年二月（三〇歲）	親姪	比中三等。	平涼衛中所	實授百戶	故
十一	李陞		天啓五年八月（三六歲）	嫡長男	大選過，比中三等。	平涼衛中所	實授百戶	故
十二	李宗		崇禎六年二月（二四歲）	嫡長男	大選過，比中二等。	平涼衛中所	實授百戶	

附錄一之四七 試百戶 隆德縣

一	何木勒				小旗功次：缺。			
二	何虎龍只				總旗功次：缺。			
三	何清	缺						
四	何景元	缺						
五	何朝甫				功次簿查有：嘉靖七年固原功次，陞實授一級，不當二人共斬賊級一顆，爲首平涼衛中所實授總旗試百戶一員何木勒。	平涼衛中所	試百戶	故

六	何雲	舊選簿	嘉靖二八年四月（二五歲）	嫡長男		平涼衛中所	試百戶	故
七	何震	舊選簿	嘉靖四五年十二月（二七歲）	親弟		平涼衛中所	試百戶	故
八	何風		天啓六年二月（五七歲）	親弟	大選過，比中三等。	平涼衛中所	試百戶	老
九	何天錫		崇禎一〇年（二十歲）	庶長男	補九年十二月，大選過，比中三等。	平涼衛中所	試百戶	

附錄一之四八 試百戶 來安縣

一	萬留保	舊選簿			永樂八年，征剿胡寇有功，平涼衛左所總旗陞試百戶萬留保。	平涼衛中所	試百戶	病故
二	萬璉	舊選簿	正統一三年八月（一五歲）	庶長男	係平涼衛中所試百戶萬能，戶名萬留保庶長男。父病故，實授世襲百戶。	平涼衛中所	世襲百戶	故
三	萬通	舊選簿	天順五年二月	堂兄		平涼衛中所	世襲百戶	故
四	萬忠	舊選簿	成化一五年三月（一六歲）	嫡長男		平涼衛中所	世襲百戶	故
五	萬信	舊選簿	弘治元年三月	庶弟		平涼衛中所	世襲百戶	
六	萬福	舊選	嘉靖元年	嫡長男	伊曾伯祖萬能原係功			

		簿	三月		陞試百戶，堂叔祖璉、祖通、伯忠及父各襲實授，本人照例革與試百戶。			

附錄一之四九　試百戶　隆德縣（陝西平涼府）

一	公古剌歹	前黃	洪武七年歸附	（始祖）	洪武七年，收集土達軍士歸附平涼衞，因招達軍有功，陞實授總旗。	平涼衞	總旗	洪武二三年老疾
二	公二保	前黃		（高祖）		平涼衞	總旗	征傷
三	公妥	前黃		（曾祖）		平涼衞	總旗	成化一三年疾

內黃

四	公士 清	前黃		（祖）		平涼衛	總旗	正德一六年老
五	公爵	前黃		（父）	嘉靖七年，固原鹽池袖溝等處斬首一顆，陞試百戶。	平涼衛中所	試百戶	嘉靖三〇年故
六	公邦奇	舊選簿	嘉靖三一年二月（三八歲）	嫡長男		平涼衛中所	試百戶	老
七	公伯雍		萬曆二三年五月（三三歲）	嫡長男	比中二等。			

附錄一之五十 試百戶 山西太原府 臨縣

一	白帖	前黃	吳元年	（始祖）	吳元年，充青州衛軍。	平涼衛	小旗	故

外黃

輩	姓名	簿	年月	關係	事蹟	衛所	職	備註
	木				洪武三年，征進王保保功，陞小旗，調平涼衛。			
二	白黑子	前黃		（高祖）	併補。	平涼衛	小旗	疾
三	白畨兒	前黃		（曾祖）嫡長男	併補。	平涼衛	小旗	永樂一四年故
四	白智	前黃		（祖）嫡長男	併補。天順元年，漢坝生擒達賊一名，陞總旗。	平涼衛	總旗	成化四年疾
五	白璽	前黃		（父）嫡長男	代役。成化一七年，納米免併。正德四年，張扁店斬獲達賊首級一顆。六年，陞平涼衛中所試百戶。	平涼衛中所	試百戶	故
六	白憲	舊選簿	嘉靖一五年六月	嫡長男		平涼衛中所	試百戶	

附錄一之五一　試百戶　西安府長安縣

一	張從義		洪武二年	(太祖)	洪武二年，選充勇士小旗。四年，撥平涼衛前所。吊來勘合查有：陝西莊浪地名馬營溝等處地方獲功，平涼衛陞實授一級不賞，二人共斬賊級二顆，爲首不開所分總旗陞試百戶二員，內一員張從義。	平涼衛前所	小旗	洪武二〇年老
二	張益	前黃		(始祖)嫡長男	洪武三二年，赴京隨軍奉天征討。三三年，	平涼衛前所	小旗	洪武三三年陣

外黃

代	姓名	來源	年月	關係	事蹟	衛所	職	終
					白溝河陣亡，陞本所實授總旗。			亡
三	張興	前黃		（高祖）	補役。	平涼衛中所	實授總旗	景泰元年老
四	張景	前黃		（曾祖）	代役。	平涼衛中所	實授總旗	成化五年疾
五	張珣	前黃		（祖）	代役。	平涼衛中所	實授總旗	成化一七年疾
六	張端	前黃		（父）	代役。正德四年，陝西莊浪地方馬營溝等處，爲首斬首二顆，陞本衛所世襲試百戶。	平涼衛中所	世襲試百戶	嘉靖二九年老疾
七	張騰	舊選簿	嘉靖二九年十二月（四〇歲）	嫡長男	替。（外黃—嘉靖二九年，選簿—嘉靖一九年。）	平涼衛前所	世襲試百戶	年老
八	張邦		萬曆八年二月（二	嫡長孫	比中三等。	平涼衛前所	世襲試百戶	疾

	儒		四歲）					
九	張存仁		萬曆四〇年十月（三五歲）	嫡長男	大選過，比中二等。	平涼衛前所	世襲試百戶	故
十	張宗禹		崇禎一三年四月（四一歲）	嫡長男	大選過，比中三等。	平涼衛前所	世襲試百戶	

附錄一之五二　試百戶　江陰縣

一	張朝鳳					平涼衛中所	實授總旗	陣亡
二	張武		隆慶五年六月（一八歲）	嫡長男	伊父原頂祖役張士中總旗。嘉靖四四年，瓦楂梁陣亡。彼時錯	平涼衛中所	試百戶	故

					報固原衛人張思中，該本部照册擬陞小旗，今題奉欽依備行外，今擬平涼衛結稱，陣亡張士中原係本衛總旗。隨赴本部司告明改正訖，今本舍合於祖役總旗上，加伊父陣亡功一級，與襲陞試百戶。			
三	張添德		萬曆三二年八月（二五歲）	嫡長男	大選過，比中三等。	平涼衛中所	試百戶	故
四	張勳		崇禎一三年四月（四〇歲）	嫡長男	大選過，比中三等。	平涼衛中所	試百戶	

附錄一之五三　正千戶　懷寧縣

一	陳關子	前黃	洪武四年收充軍	（高伯祖）	洪武八年，調遵化衛右所小旗。三三年，濟南陞總旗。三四年，西水寨陞百戶。			洪武三五年陣亡
二	陳諒	前黃	永樂元年	（高祖）	因伊父陣亡，襲陞正千戶。未任，老。			未任，老
三	陳斌	舊選簿		（曾祖）	永樂二〇年，調平涼衛前所。宣德九年，平涼衛前所陳斌，世襲正千戶。	平涼衛前所	世襲正千戶	老
四	陳林	舊選簿		（祖）	替。被達賊搶虜。	平涼衛前所	世襲正千戶	被擄
五	陳懷	舊選	天順七年	（父）	前黃作「陳優」替。	平涼衛	世襲正千	老

內黃

		簿	二月	嫡長男		前所	戶	
六	陳琦	舊選簿	弘治一八年四月	嫡長男	替。	平涼衛前所	世襲正千所	故
七	陳謨	舊選簿	嘉靖三六年十二月（一六歲）	嫡長孫		平涼衛前所	世襲正千戶	故
八	陳詳		萬曆七年四月（二七歲）	伯叔弟	查得伊兄陳謨一輩未比，照例罰俸三年。比中三等。	平涼衛前所	世襲正千戶	故
九	陳銳		萬曆四五年十二月（二九歲）	姪	大選過，因伊堂兄陳美患瞽不堪承襲，本舍借襲前職，待兄生子退還。比中一等。	平涼衛前所	世襲正千戶	

附錄一之五四　副千戶　滁州

一	丁寬	前黃	甲午歸附		舊名谷用。乙未，充小旗。丁酉，保充百戶。乙巳，降充小旗。洪武二年，選充總旗。三年，併除西安衛百戶。調平涼衛前所，世襲。	平涼衛前所	世襲百戶	故
二	丁允	舊選簿	洪武二四年四月	嫡長男	欽准襲職。	平涼衛前所	世襲百戶	陣亡
三	丁晃	舊選簿	永樂元年十一月（一一歲）	嫡長男		平涼衛前所	世襲百戶	
四	丁勛	舊選簿	景泰七年七月	嫡長男	欽陞簿查有：天順四年，鎮番地方殺賊獲功，例陞一級，陞副	平涼衛前所	署正千戶事副千戶	故

內

					千戶。欽陞簿查有：成化五年，固原等處殺賊，陞署正千戶。			
五	丁通	舊選簿	成化一九年二月	嫡長男	遇例實授。	平涼衛前所	正千戶	故絕
六	丁禮	舊選簿	嘉靖八年四月（三八歲）	親姪	緣伊伯遇例一級，例應減革，本人與襲署正千戶事副千戶。	平涼衛前所	署正千戶事	故
七	丁朝相	舊選簿	嘉靖二三年二月	嫡長男	伊曾伯祖勛，天順四年鎮番擒賊功，陞副千戶。成化五年固原功，陞署正千戶。祖父沿襲，所據固原功陞，查無擒斬，照例革襲副千戶。	平涼衛前所	副千戶	故
八	丁寀	舊選簿	隆慶三年六月（二	嫡長男		平涼衛前所	副千戶	故

黃	九
	丁汝成
三歲）	萬曆四一年十二月（三九歲）
	嫡長男
	大選過，比中二等。
	平涼衛前所
	副千戶

附錄一之五五　副千戶　隨州

一
朱成
前黃
癸卯歸附
先陳友諒下總管。甲辰，充小旗。吳元年，克蘇州，陞總旗。洪武三年，取興原。四年，除世襲百戶，授世襲。勅命歸併平涼衛。二五年，查出年深，欽陞平涼衛前所
平涼衛前所
世襲副千戶
老

內黃

					世襲副千戶。			
二	朱通	舊選簿	洪武二八年十一月	嫡長男	父為年老征傷，欽准替職。	平涼衛前所	世襲副千戶	故
三	朱祀	舊選簿	洪武二九年九月（九歲）	嫡長男	欽與世襲，支俸操練，至一六歲管事。	平涼衛前所	世襲副千戶	
四	朱瑛	舊選簿	正統一三年四月	嫡長男		平涼衛前所	世襲副千戶	
五	朱能	舊選簿	成化一三年七月	庶長男		平涼衛前所	世襲副千戶	故
六	朱欽	舊選簿	嘉靖元年十月（一一歲）	嫡長男	欽與全俸優給，至嘉靖四年終住支。			
七	朱邦靖	缺				平涼衛前所	世襲副千戶	故
八	朱綱		萬曆一四年十二月	嫡長男	比中二等。	平涼衛前所	世襲副千戶	故

			（二一歲）					
九	朱馨		天啓四年四月（三二歲）	嫡長男	大選過，比中三等。	平涼衛前所	世襲副千戶	
十	朱璽		崇禎七年四月（二一歲）	嫡長男	大選過，比中三等。	平涼衛前所	世襲副千戶	

附錄一之五六 副千戶

定遠縣（鳳陽府）

一	戴祥	前黃	甲午從軍		舊名均祥。丙辰，充小旗。洪武元年，充總旗。三年，除百戶。四年，授世襲。二三年，陞副千戶，除平	平涼衛前所	世襲副千戶	洪武二六年老

					涼衛。（無嫡男）			
二	戴亨	舊選簿	洪武三一年二月	庶長男	替。	平涼衛前所	世襲副千戶	爲事立功故
三	戴儼	舊選簿	永樂一五年六月（一五歲）	嫡長男		平涼衛前所	世襲副千戶	故
四	戴瑛	舊選簿	天順七年五月	嫡長男		平涼衛前所	世襲副千戶	
五	戴文	舊選簿	弘治一〇年二月	嫡長男		平涼衛前所	世襲副千戶	故
六	戴江	舊選簿	正德八年二月（一六歲）	嫡長男		平涼衛前所	世襲副千戶	
七 外黃	戴功	舊選簿	嘉靖三一年二月	嫡長男		平涼衛前所	世襲副千戶	老
八	戴用		萬曆二四年十二月	嫡長男	比中三等。	平涼衛前所	世襲副千戶	故

	九
	戴承聘
(四二歲)	崇禎一一年二月(二五歲)
	親孫
	大選過，比中三等。
	平涼衞前所
	世襲副千戶

附錄一之五七　副千戶　大興縣

一	二	三	四
孟得	孟廣	孟傑	孟禎
缺	舊選簿	舊選簿	舊選簿
	永樂一五年十一月	正統一二年五月	成化四年十月
	嫡長男	嫡長男	庶長男
涿鹿左衞左所	平涼衞前所	平涼衞前所	平涼衞前所
世襲副千戶	世襲副千戶	世襲副千戶	世襲副千戶
故			老疾

五	孟虎	舊選簿	正德四年六月	嫡長男		平涼衞前所	世襲副千戶	老疾
六	孟璽	舊選簿	嘉靖二八年十二月	嫡長男		平涼衞前所	世襲副千戶	老疾
七	孟養浩		萬曆一三年二月（三一歲）	嫡長男	比中二等。	平涼衞前所	世襲副千戶	老
八	孟君重		天啓元年十一月（三三歲）	嫡長男	大選過，比中三等。	平涼衞前所	世襲副千戶	

附錄一之五八 副千戶 會同縣

一	楊榮	前黃	癸卯充軍	（祖）	乙巳，除虎賁衞百戶。	虎賁衞	百戶	洪武四年溺死

二	楊安	前黃	洪武一三年	（父）	洪武一三年，襲安陸衛百戶。一七年，調應天衛。二二年，調平涼衛。三三年，白溝河陣亡。	平涼衛前所	世襲百戶	陣亡
三	楊禎	舊選簿	洪武三三年十一月（一五歲）	嫡長男		平涼衛前所	世襲百戶	
四	楊寧	前黃		（欽）親叔		平涼衛前所	世襲百戶	景泰五年革閑
五	楊欽	舊選簿	景泰五年四月（一八歲）	（禎）庶長男	先因年幼，親叔楊寧借職，今長成，退還職事。本人襲職，伊叔革閑。天順四年，以百戶，鎮番功陞副千戶。	平涼衛前所	副千戶	失陷
六	楊英	舊選	成化一三	嫡長男	欽與世襲。	平涼衛	世襲副千	老疾

外黃

		簿	年七月（一九歲）			前所	戶	
七	楊恩	舊選簿	正德九年六月	嫡長男	勘合查有：嘉靖六年五月，爲斬賊獲首級等事。二人共斬賊級一顆，陞實授一級，本所陞正千戶楊恩。	平涼衛前所	正千戶	患疾
八	楊激	舊選簿	嘉靖二六年四月	嫡長男	伊曾祖欽，天順四年鎮番功，無擒斬，例應減革，本舍革與副千戶。	平涼衛前所	副千戶	老
九	楊文		萬曆一九年二月（一八歲）	嫡長男	比中二等。	平涼衛前所	副千戶	故
十	楊大勇		萬曆四〇年六月（一六歲）	嫡長男	大選過，比中三等。	平涼衛前所	副千戶	

附錄一之五九 副千戶 淮安府 山陽縣

一	張福	缺						
二	張雄	缺				平涼衛前所	世襲百戶	
三	張廣	舊選簿	永樂七年九月	嫡長男		平涼衛前所	世襲百戶	故
四	張琰	舊選簿	正德八年九月	嫡長男		平涼衛前所	世襲百戶	故
五	張璟	舊選簿	天順二年閏二月	親弟		平涼衛前所	世襲百戶	故
六	張欽	舊選簿	弘治四年八月	嫡長男		平涼衛前所	世襲百戶	老疾
七	張鎮	舊選	嘉靖四年	嫡長男	堂稿簿查有：嘉靖一	平涼衛	副千戶	故

		簿	十二月（三五歲）		五年，地名厤黃梁等處，陞實授一級不賞，二人共斬首一顆，爲首平涼衛前所實授百戶陞副千戶張鎮。	前所		
八	張勳	舊選簿	嘉靖二四年一〇月	嫡長男	嘉靖三二年，爲事參調寧夏衛，納贖免調。	平涼衛前所	副千戶	老
九	張守祖		萬曆二〇年十一月（四五歲）	嫡長男	比中三等。	平涼衛前所	副千戶	患疾
十	張英		萬曆二六年六月（二四歲）	嫡長男	比中三等。	平涼衛前所	副千戶	故
十一	張傑		萬曆四一年十二月（三一歲）	堂弟	大選過，比中三等。	平涼衛前所	副千戶	

附錄一之六十 實授百戶 歷城縣

一	武得	前黃	洪武三三年	（曾祖）	洪武三四年，藁城，陞小旗。三五年，克金川門，陞總旗。永樂元年，節次功，陞忠義右衛前所百戶。	忠義右衛前所	百戶	宣德一〇年老
二	武大	缺				忠義右衛前所	百戶	
三	武成	舊選簿	正統元年十二月（一七歲）	（伯）嫡長男	替。欽與世襲。正統一〇年一二月，調平涼衛前所。	平涼衛前所	世襲百戶	殘疾
四	武威	舊選簿	成化三年	（堂兄）嫡長男	替。	平涼衛前所	世襲百戶	脫逃

內黃

五	武英	舊選簿	弘治一一年九月	堂弟	借襲。伊堂兄脫逃無嗣，本人借襲，待堂兄尋獲，有男，還與職事。	平涼衛前所	實授百戶	故
六	武鎮	舊選簿	嘉靖二四年二月	嫡長男		平涼衛前所	實授百戶	患疾
七	武大勇		萬曆一一年一二月（二三歲）	嫡長孫	比中三等。	平涼衛前所	實授百戶	故
八	武傑		萬曆三八年一二月（一九歲）	嫡長男	大選過，比中三等。	平涼衛前所	實授百戶	

附錄一之六一 實授百戶 臨汾縣

一	劉本	缺				平涼衛前所	世襲百戶	老疾
二	劉勝	舊選簿	景泰三年四月（一九歲）	庶長男		平涼衛前所	世襲百戶	故
三	劉昶	舊選簿	弘治九年五月	嫡長男		平涼衛前所	世襲百戶	故
四	劉宗	舊選簿	正德七年八月	嫡長男		平涼衛前所	實授百戶	老疾
五	劉爵	舊選簿	嘉靖三七年六月	庶長男		平涼衛前所	實授百戶	故
六	劉繼功		萬曆三四年正月（四〇歲）	次男	單本選過，待伊兄繼勳生子退還，比中三等。	平涼衛前所	實授百戶	老
七	劉國		崇禎一二	親孫	大選過，比中三等。	平涼衛	實授百戶	

	彥		年六月（二八歲）			前所		

附錄一之六二 實授百戶 河南 泰康縣

一	許成	前黃		（一世祖）	洪武二年，充小旗。二年，選充總旗。四年，調平涼衛中所。	平涼衛中所	總旗	洪武一九年老
二	許僧家奴	前黃		（二世祖）	戶名許成代役。併充總旗。洪武二六年，洮州征剿番賊有功。三〇年，陞平涼衛前所百戶。	平涼衛前所	世襲百戶	天順六年故
三	許通	舊選簿	成化二年九月	（高祖）嫡長孫		平涼衛前所	世襲百戶	弘治六年故

外黃

四	許英	舊選簿	弘治七年九月	（曾祖）嫡長男		平涼衛前所	世襲百戶	正德四年疾
五	許昂	舊選簿	正德七年一二月	（祖）嫡長男		平涼衛前所	實授百戶	嘉靖二三年故
六	許汝修	舊選簿	嘉靖二五年四月（七歲）	嫡長孫	照例與全俸優給，至嘉靖三三年終住支。四一年八月，二三歲。四五年，瓦楂梁陣亡，陞一級。	平涼衛前所	實授百戶	嘉靖四五年陣亡
七	許諫		萬曆一二年一二月（二〇歲）	嫡長男	本舍照例於祖職實授百戶上，加伊父陣亡功一級，與襲陞副千戶。比中三等。	平涼衛前所	副千戶	故
八	許國祚		萬曆四八年正月（三六歲）	親姪	大選過，比中三等。伊兄患疾不堪，本舍借襲前職，待兄生子退還。	平涼衛前所	副千戶	

附錄一之六三 世襲百戶 崇信縣

一	張敏	缺				平涼衛前所	世襲百戶	爲征傷風疾
二	張榮	舊選簿	洪武二七年四月	嫡長男	欽准替職。	平涼衛前所	不支俸土官世襲百戶	陣亡
三	張玉	舊選簿	永樂元年三月	嫡長男	欽准世襲。	平涼衛前所	不支俸土官世襲百戶	故
四	張本	舊選簿	宣德三年一一月	嫡長男	欽准襲職。	平涼衛前所	不支俸土官世襲百戶	故
五	張翊	舊選	景泰四年	堂兄		平涼衛	不支俸土	故

		簿	三月			前所	官世襲百戶	
六	張泰	舊選簿	成化一〇年九月	嫡長男		平涼衛前所	不支俸土官世襲百戶	故
七	張節	舊選簿	弘治元年閏正月	嫡長男		平涼衛前所	不支俸土官世襲百戶	患疾
八	張龍	舊選簿	嘉靖三年九月（三五歲）	嫡長男				
九	張勳	候查						
十	張機	候查				平涼衛前所	不支俸土官實授百戶	老疾
十一	張榜		萬曆二年二月（三	嫡長男		平涼衛前所	不支俸土官實授百	

			〇歲）				戶	
十二	張澄		萬曆二五年正月（二六歲）	嫡長男		平涼衛前所	不支俸土官實授百戶	

附錄一之六四　實授百戶　江都縣

一	黃全	前黃		（始祖）	甲辰，選小旗。吳元年，充總旗。洪武一七年，收捕賊寇有功。洪武五年，陞羽林右衛前所試百戶。	羽林右衛前所	試百戶	故
二	黃佛保	前黃		長男	調豹韜衛前所。	豹韜衛前所	試百戶	故絕
三	黃敬	舊選	洪武二七	親弟	襲。調海寧衛後所。	平涼衛	世襲百戶	故

內黃

	四	五	六	七	八	九	十
	黃郁	黃宗	黃信	黃福	黃堂	黃朝	黃綱
簿	舊選簿	舊選簿	舊選簿	舊選簿	舊選簿	舊選簿	
年四月	宣德三年一二月	正統一三年四月	成化一三年一二月	弘治一二年九月	嘉靖元年三月	隆慶元年八月（三二歲）	萬曆四〇年三月
	嫡長男	嫡長男	嫡長男	嫡長男	嫡長男	親堂弟	嫡長男
永樂元年，調平涼衛前所。舊名官音保。		替。	替。		優給出幼襲職，限外多支俸糧，查扣關支。		大選過，比中三等。
前所	平涼衛前所	平涼衛前所	平涼衛前所	平涼衛前所	平涼衛前所	平涼衛前所	
	世襲百戶	世襲百戶	世襲百戶	世襲百戶	實授百戶	實授百戶	
	疾	老	故	故	故	故	

十一	黃元吉		(四〇歲) 萬曆四七年三月 (三一歲)	嫡長男	大選過，比中三等。	平涼衛前所	實授百戶	

附錄一之六五　實授百戶　直隸華亭縣

一	胡子實	舊選簿			洪武二五年五月，欽取復職寧山衛中所世襲百戶胡子實。	寧山衛中所	世襲百戶	故
二	胡寬	缺						
三	胡能	舊選簿	永樂二二年二月	(子實)嫡長孫		寧山衛中所	世襲百戶	故
四	胡增	舊選簿	正統元年一〇月	親弟	兄爲事充軍病故，本人年壯，欽准襲職，	平涼衛前所	世襲百戶	故

					調平涼衛前所。			
五	胡斌	舊選簿	景泰六年七月（一八歲）	親姪		平涼衛前所	世襲百戶	故
六	胡經	舊選簿	弘治一〇年八月	嫡長男		平涼衛前所	世襲百戶	故
七	胡永	舊選簿	正德一五年一二月	嫡長男	優給出幼襲職，限外多支俸糧，查扣關支。	平涼衛前所	實授百戶	老疾
八	胡鰲	舊選簿	嘉靖四〇年一二月（四一歲）	嫡長男		平涼衛前所	實授百戶	故
九	胡岱		萬曆二二年二月（四五歲）	嫡長男	比中三等。	平涼衛前所	實授百戶	故
十	胡佳鸞		萬曆四二年一一月（四〇歲）	嫡長男	大選過，比中三等。	平涼衛前所	實授百戶	故

十一	胡印		崇禎一五年六月（三一歲）	嫡次男	大選過，比中三等。俟兄胡英疾痊，生子退還。	平涼衛前所	實授百戶	

附錄一之六六　實授百戶　涇州

一	張捨的	前黃		（曾祖）	洪武三年，充總旗。五年，歸併平涼衛前所。	平涼衛前所	總旗	故
二	張仲僧	前黃		（伯祖）	保併充總旗。	平涼衛前所	總旗	洪武三五年故
三	張九住	前黃	永樂元年	（曾祖）	補役。仍充總旗。	平涼衛前所	總旗	老疾
四	張義	前黃		（祖）	代役。正統三年，亦林其鰰灘等處殺賊有	平涼衛前所	試百戶	正統九年疾

					功，陞試百戶。			
五	張彪	舊選簿	正統九年一二月	（父）嫡長男	替。張彪係……張義戶名張捨的嫡長男。欽准本人替實授百戶，欽與世襲。署副千戶功次：已載前黃。（成化四年，陝西固原州石城兒征剿反賊滿四等，節次生擒斬首有功。成化五年，陞署副千戶。）	平涼衛前所	署副千戶事百戶	成化九年故
六	張英	舊選簿	成化一〇年三月（一七歲）	庶長男	本人照例該襲百戶，仍署副千戶事。	平涼衛前所	副千戶	
七	張敕	舊選簿	嘉靖五年一〇月	嫡長男	伊曾祖張義功陞試百戶，祖彪襲，成化一〇年欽准實授，固原	平涼衛前所	署實授百戶事試百戶	陣亡

外黃

	八	九
	張東曦	張弘正
	舊選簿	
	嘉靖二一年四月（一九歲）	萬曆元年四月（三
	嫡長男	嫡長男
獲功，陞署副千戶。冒做實授，父英沿襲今職（副千戶），緣欽准並冒職，俱應減革，本人於試百戶上加署一級，該襲署實授百戶事試百戶。嘉靖二〇年，賀蘭山斬首陣亡。	本舍保送前來，所據伊父敕賀蘭山陣亡，應陞職級，候彼處巡按御史覈冊至日另議外，本舍照例與襲祖職署實授百戶。	伊父張東曦保送承襲，因覈冊未到，仍襲祖
	平涼衛前所	平涼衛前所
	署實授百戶事試百戶	實授百戶
	隆慶四年故	故

	十	十一	十二
	張光先	張國禎	張國祥
一歲）	萬曆二七年六月（三五歲）	天啓元年二月（二四歲）	崇禎七年四月（二七歲）
	長男	嫡長男	親弟
職署實授百戶。續於二三年造冊到部，照例擬陞實授百戶。伊父未併，隆慶四年故，本舍照例於祖職實授百戶上，加伊父陣亡功一級，與襲陞實授百戶。	比中三等。	大選過，比中三等。	大選過，比中三等。
	平涼衛前所	平涼衛前所	平涼衛前所
	實授百戶	實授百戶	實授百戶
	故	故	

附錄一之六七　實授百戶　豐州

一	蕭興	前黃	辛丑充軍	（父）	壬寅，充小旗。吳元年，充總旗。		總旗	老
二	蕭趙保	前黃		（兄）	代。		總旗	洪武二八年故
三	蕭源	舊選簿			補役。洪武三一年，除所鎮撫。永樂一八年一二月，試百戶。	平涼衛前所	試百戶	
四	蕭銓	舊選簿	宣德一〇年五月	嫡長男	父原係總旗，因差往哈烈等處公幹回還，陞除前職，欽准本人仍替試百戶。欽陞簿查有：天順四年，鎮	平涼衛前所	副千戶	失陷

外　黃

序	姓名	來源	時間	關係	事蹟	衛所	職位	原因
					番地方殺賊獲功，例陞一級，平涼衛百戶陞副千戶五員，內一員蕭銓。			
五	蕭玫	舊選簿	天順七年二月	嫡長男	欽與世襲。	平涼衛前所	副千戶	故
六	蕭祥	舊選簿	成化一五年三月（一七歲）	嫡長男	祖蕭銓原係試百戶，遇例實授，功陞副千戶。父玫襲職。本人照例革襲實授百戶。	平涼衛前所	世襲百戶	年老
七	蕭翰	舊選簿	正德一二年二月	嫡長男	替。	平涼衛前所	世襲百戶	老疾
八	蕭玉	舊選簿	嘉靖一六年二月	嫡長男	替。	平涼衛前所	世襲百戶	故
九	蕭鸞	舊選簿	嘉靖三二年四月（四五歲）	親弟		平涼衛前所	世襲百戶	陣亡

十	蕭斌		萬曆四五年正月（六二歲）	嫡次孫	單本選過，伊父蕭朝均未襲先故，本舍以孫承襲，合照舊准襲實授百戶。比中二等。	平涼衛前所	世襲百戶	老
十一	蕭添俸		崇禎五年二月（五二歲）	嫡長男	大選過，比中三等。	平涼衛前所	世襲百戶	

附錄一之六八 試百戶 郯城縣

一	徐成	前黃	吳元年歸附		吳元年，充小旗。洪武元年，陞總旗。二三年，調平涼衛前所。	平涼衛前所	總旗	老疾
二	徐義	前黃			代役。	平涼衛前所	總旗	永樂一九年故

外黃

三	徐興	前黃		嫡親男	補役。天順元年，大堪等處擒獲達賊有功，陞試百戶。八年，遇例實授。成化一一年，欽與流官。	平涼衛前所	流官百戶	
四	徐欽	舊選簿	成化一三年七月	嫡長男	欽與世襲。	平涼衛前所	世襲百戶	故
五	徐泰	舊選簿	弘治一七年九月	嫡長男		平涼衛前所	實授百戶	故
六	徐鏜	舊選簿	嘉靖二一年一二月	親孫	伊高祖興，原以功陞試百戶。天順八年，遇例實授。伊曾祖欽祖泰相沿，故。父又未襲先故。今照例革去遇例，與本舍襲試百戶。	平涼衛前所	試百戶	故
七	徐大		隆慶五年	嫡長男		平涼衛	試百戶	故

	昇		六月			前所		
八	徐綱		萬曆三八年一二月（二九歲）	嫡長男	大選過，比中一等。	平涼衛前所	試百戶	疾
九	徐登魁		崇禎六年二月（三〇歲）	嫡長男	大選過，比中三等。	平涼衛前所	試百戶	

附錄一之六九 試百戶 鳳陽縣

一	趙增				小旗功次：候查。總旗功次：候查。試百戶功次：候查。	平涼衛前所	試百戶	年老
二	趙暉	舊選簿	嘉靖一三年一二月	嫡長男		平涼衛前所	試百戶	故

			(二四歲)					
三	趙繼勳		萬曆元年一二月(三五歲)	嫡長男		平涼衛前所	試百戶	故
四	趙應武		萬曆三一年八月(三二歲)	嫡長男	大選過，比中三等。	平涼衛前所	試百戶	疾
五	趙承業		崇禎三年一〇月(三〇歲)	嫡長男	大選過，比中三等。	平涼衛前所	試百戶	

附錄一之七十　試百戶　開城縣

一	保的				功次簿查有：嘉靖五年，靖虜地方打剌堡	平涼衛前所	總旗	陣亡

缺

					等處功次，平涼衛陣亡前所總旗陞試百戶一員保的。			
二	保廷 章	缺				平涼衛 前所	試百戶	故
三	保進	舊選簿	嘉靖一三年二月（一三歲）	嫡長男	本人比試不中，暫准襲職，與支半俸，候及二年起送再比。			

附錄一之七一 正千戶 和州

一	李旺	前黃	乙未從軍	（父）	甲辰，撥充羽林右衛總旗。洪武元年，除安豐所百戶。六年，調綏德衛，授世襲。	綏德衛	世襲百戶	老疾

二	李賢	前黃		（兄）	替職華山衛後所。洪武二七年，調平涼衛後所。無男。	平涼衛後所	世襲百戶	洪武三四年故
三	李寶	前黃	洪武三五年	親弟		平涼衛後所	世襲百戶	故
四	李能	舊選簿	永樂一三年五月（一七歲）	嫡長男	副千戶、正千戶功次：宣德一〇年，黑山兒并黑水林二處殺達賊有功，百戶歷陞正千戶李能。	平涼衛後所	正千戶	故
五	李通	舊選簿	景泰元年五月	嫡長男	欽與世襲。	平涼衛後所	世襲正千戶	殘疾
六	李文	舊選簿	成化一五年閏一〇月（一八歲）	庶長男		平涼衛後所	世襲正千戶	患疾
七	李璽	舊選	弘治一五	嫡長男	優給出幼襲職。	平涼衛	世襲正千	故

外

		簿	年六月（一八歲）			後所	戶	
八	李卿	舊選簿	嘉靖八年二月（二一歲）	嫡長男	本人比試不中，暫准襲職，與支半俸，候及二年，起送再比。功次簿查有：嘉靖一三年，固原等處地方獲功陞賞，授一級不賞，二人共斬首一顆，爲首官旗共一二四員名，平涼衛後所正千戶，陞指揮僉事李卿。	平涼衛	指揮僉事	故
九	李光祖	舊選簿	嘉靖二八年二月（一五歲）	嫡長男	伊高高祖李能原係百戶，黑山兒功陞副千戶，以黑木林功陞正千戶，至父李卿，以固原功陞指揮僉事，	平涼衛	指揮同知	老

黃

					今查據黑山兒一級無擒斬，例應減革，只從百戶上加黑木固原功二級，本舍與做正千戶，註後所事。			
十	李榮增		萬曆二五年三月（二二歲）	嫡長男	單本選過，所據伊父納級修臺功，例不准襲，合照舊與替祖職正千戶。比中二等。	平涼衛後所	正千戶	疾
十一	李士達		天啓元年二月（二二歲）	嫡長男	大選過，比中三等。	平涼衛後所	正千戶	

附錄一之七二　正千戶　黃陂縣

一	張貴	前黃			舊名曾貴，有義伯父曾昭，吳元年從軍，陣亡。將貴補役。洪武三二年，鄭村壩，陞小旗。三三年，濟南，陞總旗。三四年，西水寨，陞試百戶。三五年，平定京師，陞和陽衛中左所正千戶。永樂三年，與世襲。洪熙元年，調平涼衛後所。	平涼衛後所	正千戶	
二	張能	舊選簿	宣德一〇年三月	親姪		平涼衛後所	正千戶	陣亡
三	張通	舊選	天順四年	庶長男		平涼衛	正千戶	故

外黃

		簿	七月			後所		
四	張璧	舊選簿	成化一五閏一〇月	嫡長男		平涼衛後所	正千戶	故
五	張機	缺		嫡長男				
六	張銓	舊選簿	正德六年二月	（璧嫡次男）親弟	已與兄張機優給，故。本人告轉優給，今出幼襲職。	平涼衛後所	正千戶	故
七	張鵬	舊選簿	嘉靖九年四月（二一歲）	嫡長男		平涼衛後所	正千戶	
八	張九重		隆慶四年六月（三八歲）	嫡長男	欽准襲職。	平涼衛後所	正千戶	年老
九	張遴		萬曆二四年一二月（二五歲）	嫡長男	比中一等。	平涼衛後所	正千戶	老
十	張弘		天啓五年	嫡長男	單本選過，比中二等。	平涼衛	正千戶	

	謨		六月（二一歲）			後所		

附錄一之七三　正千戶　平涼縣

一	趙守正	審稿查有			嘉靖四三年五月一件，酋虜大舉等事，計開：定擬陞嘉靖四一年一〇等月，寧夏固原延綏三鎮等處功次，陞實授一級，二人共斬首一顆，爲首平涼衛後所軍人趙守正，該陞小旗。堂稿查有：隆慶元年一〇月一件，	平涼衛後所	納級指揮僉事	陣亡

乞憐血戰軍功，俯賜併陞事，計開：平涼衛後所試百戶趙守正，前件查得，本官原以家丁，嘉靖三九年榆木響水堡斬首一顆，擬陞小旗。四三年，石頭梁斬首一顆，擬陞銀五〇兩。四五年，宣府西陽河斬首一顆，重陞小旗。本年小松山斬首一顆，擬陞總旗。瓦楂梁陣亡，擬陞試百戶。俱經題奉欽依備行外，續據本官告稱，石頭梁一級不願領賞，乞要併陞。

					恐有詐冒情弊，隨經咨查開稱，將寄庫未領銀兩，准作陞級，仍行該道照舊貯庫，聽給別起獲功人丁等因前來，相應議擬，合無將趙守正於試百戶上加西陽河石頭梁功二級，改正與做副千戶。正千戶功次：候查。			
二一	趙梁	審稿查有	隆慶三年六月（二一歲）	嫡長男	伊父原係家丁，納級指揮僉事。嘉靖三九年，尖山兒、石頭梁、西陽河、小松山四處節次斬首四顆。嘉靖四一年，蕭家堡斬首	平涼衛後所	正千戶	故

					一顆，四五年瓦楂梁陣亡。隆慶元年，將尖山兒等處斬首功四級，併陣亡功一級，併陞副千戶。隨將蕭家堡斬首功一級備行查勘，去後，今具查明，具結前來，本舍照例於伊父併陞副千戶上，加蕭家堡斬首功一級，與襲陞正千戶。			
三	趙文焌		萬曆四〇年六月（三二歲）	嫡長男	大選過，比中一等。	平涼衛後所	正千戶	故
四	趙基		崇禎一〇年四月	嫡長男	大選過，比中二等。			

(四〇歲)	

附錄一之七四 正千戶 青陽縣

一	胡山 舊名楊信	前黃	吳元年		頂父義父楊信從軍。洪武八年，調永平衛。三三年，白溝大戰，陞小旗。一〇月，克滄州，陞總旗。三四年，夾河大戰，陞試百戶。三五年，淝河，陞平涼衛後所正千戶。永樂三年，欽與世襲。	平涼衛後所	世襲正千戶	
二	胡敬	舊選簿	永樂一〇年一一月	嫡長男	替。	平涼衛後所	世襲正千戶	故

外黃

三	胡通	舊選簿	洪熙元年一二月	親弟		平涼衛後所	世襲正千戶	故
四	胡福慶	舊選簿	景泰五年四月	嫡長男		平涼衛後所	世襲正千戶	故
五	胡政	舊選簿	成化一二年二月	嫡長男		平涼衛後所、在大寧中衛左所帶俸	正千戶	老疾
六	胡聰	舊選簿	嘉靖元年一〇月	嫡長男		大寧中衛左所	正千戶	故
七	胡見	舊選簿	嘉靖二四年八月	嫡長男				

附錄一之七五 副千戶 霍丘縣

一	成德	前黃	庚子歸附		節年征進有功，洪武四年，陞實授百戶，撥永州衛。五年，調龍江衛。一六年，與世襲，陞除今本衛中左所副千戶。一八年，調後所。	平涼衛後所	流官副千戶	洪武二六年故
二	成文	舊選簿	洪武二六年一〇月	嫡長男	欽准襲職，與世襲。	平涼衛後所	世襲副千戶	永樂一〇年老疾
三	成義	舊選簿	宣德五年九月	嫡長男	替。	平涼衛後所	世襲副千戶	天順三年故
四	成全	舊選簿	天順四年七月	嫡長男		平涼衛後所	世襲副千戶	成化一七年老疾

外黃

五	成榮	舊選簿	弘治八年九月	親姪	借替。待伯有男，還與職事。	平涼衛後所	世襲副千戶	老（故）
六	成瀚	舊選簿	正德一四年二月（一七歲）	嫡長男	替。	平涼衛後所	世襲副千戶	嘉靖九年老
七	成大功	前黃	嘉靖三六年六月（三一歲）	嫡長男	替。	平涼衛後所	世襲副千戶	故
八	成美		萬曆二四年二月（三三歲）	嫡次男	比中三等。			

附錄一之七六 副千戶 順義縣

一	胡通	前黃	洪武三二		洪武三二年，充義勇	義勇前	百戶	永樂九

	二
	胡貞
	舊選簿
年	宣德五年
	嫡長男
前衛軍。三三年，白溝河，陞小旗。三四年，陞總旗。三五年，平定京師，陞總旗。後查原征夾河陞總旗勘合，永樂四年，敬陞義勇前衛後所百戶。	年幼，准與優給，出幼。宣德一〇年，歸併與武衛左所差操。正統六年，調征雲南麓川反寇，衝入賊陣，殺敗賊衆，給雄字號勘合，陞義勇前衛後所副千戶。欽陞簿查有：正統七年(見上)。正統十二年，欽與流
衛後所	平涼衛後所
	（流官）副千戶
年故	故

外黃

					官。			
三	胡濟	舊選簿	成化五年二月	嫡長男		平涼衛後所	（流官）副千戶	故
四	胡振	舊選簿	正德八年二月	嫡長男		平涼衛後所	實授副千戶	故
五	胡清	舊選簿	嘉靖二三年八月（二〇歲）	嫡長男		平涼衛後所	實授副千戶	年老
六	胡思明		萬曆一九年八月（四一歲）	嫡長男	比中二等。	平涼衛後所	指揮僉事	疾
七	胡顯忠		萬曆三六年二月（三五歲）	嫡長男	大選過，比中一等。伊父遇例加納指揮僉事，例應革去納級虛銜，准替副千戶。	平涼衛後所	副千戶	老
八	胡佐聖		崇禎四年五月（二	嫡長男	單本選過，比中二等。	平涼衛後所	副千戶	

四歲）

附錄一之七七 副千戶 江陵縣

一	廖清	舊選簿	癸卯歸附		洪武四年，選充小旗。十二年，選充總旗。二四年，取年深。二五年，除平涼衛後所世襲百戶。	平涼衛後所	世襲百戶	洪武二五年九月陣亡
二	廖興	舊選簿	洪武二六年八月	嫡長男	欽准襲職。	平涼衛後所	世襲百戶	洪武三〇年故
三	廖斌	舊選簿	洪武三一年正月（一四歲）	嫡長男	支俸讀書操練，至一五歲管事。	平涼衛後所	世襲百戶	
四	廖昇	舊選	正統二年	嫡長男		平涼衛	世襲百戶	故

	五	六	七	八
	廖英	廖俊	廖震	廖忠
簿	舊選簿	舊選簿	舊選簿	審稿
一〇月	景泰元年一一月	成化一五年閏一〇月	正德一六年五月	嘉靖一〇
	嫡長男	嫡長男	嫡長男	嫡長男
	副千戶功次：已載八輩選條。天順二年，調鎮番守禦，四墳等處斬獲首級有功。四年，陞副千戶。成化三年，歸併莊浪備禦，石城兒節次生擒，併斬獲首級有功。成化五年，陞署正千戶。		父遇例實授，本人照例革替署正千戶事副千戶。	吊來誥命。
後所	平涼衛後所	平涼衛後所	平涼衛後所	平涼衛
	署正千戶事副千戶	正千戶	署正千戶事副千戶	世襲副千
	故	年老	故	

		外黃簿	年			後所	戶	
九	廖豸	舊選黃簿	嘉靖二九年八月	嫡長男		平涼衛後所	世襲副千戶	故
十	廖志傑		崇禎六年一〇月（三九歲）	嫡長孫	大選過，比中三等。	平涼衛後所	世襲副千戶	

附錄一之七八 副千戶 薊州

一	田大	前黃	洪武六年	（父）	洪武六年，收充小旗。			洪武二二年年老
二	田興	前黃			父年老，將興戶名不動代役。洪武三四年，西水寨，陞試百戶。	平涼衛後所	副千戶	

外黃

					三五年，平定京師，陞副千戶。			
三	田旺	舊選簿	宣德一〇年九月	嫡長男	田旺係平涼衛後所副千戶田興、戶名田大嫡長男。欽與世襲。	平涼衛後所	世襲副千戶	
四	田能	舊選簿	成化元年三月	嫡長男		平涼衛後所	世襲副千戶	老疾
五	田畯	舊選簿	弘治元年三月	嫡長男		平涼衛後所	世襲副千戶	風疾
六	田鍾	舊選簿	嘉靖二年七月（五歲）	嫡長男	欽與全俸優給，至嘉靖一二年終住支。嘉靖一三年四月，一六歲，優給出幼襲職。	平涼衛後所	世襲副千戶	
七	田實		萬曆二年二月（二四歲）	嫡長男		平涼衛後所	世襲副千戶	故
八	田濟		萬曆四一	庶長男	大選過，比中三等。	平涼衛	世襲副千	故

	民		年一二月（二八歲）			後所	戶	
九	田日茂		崇禎二年六月（二二歲）	嫡長男	大選過，比中三等。	平涼衛後所	世襲副千戶	

附錄一之七九 副千戶 無爲州

一	魏關住	前黃	吳元年垛集	正戶	吳元年，蒙沈指揮將正戶魏關住垛集充軍。洪武元年，克北平等處。二年，撥永平守禦。三年，選充小旗。二八年，殘疾。			
二	邵禮	前黃	（洪武二	貼戶	代役。洪武三〇年，	平涼衛	世襲副千	

外黃

	中		八年）		併充小旗。三二年，殺退遼東犯城軍馬，陞總旗。三四年，殺退遼東軍馬，陞試百戶。三五年，金川門，陞平涼衛副千戶。	後所	戶	
三	邵安	舊選簿	永樂二〇年三月	嫡長男		平涼衛後所	世襲副千戶	老疾
四	邵綱	舊選簿	成化四年二月	庶長男	幼名鐵塊兒。	平涼衛後所	世襲副千戶	
五	邵鎮	舊選簿	弘治一五年二月	嫡長男		大寧中衛左所	帶俸副千戶	年老
六	邵泰	舊選簿	嘉靖二七年四月	嫡長男				

附錄一之八十 副千戶 山陽縣

一	張勝	舊選簿			洪武三五年，試百戶。渡江，陞平涼衛後所副千戶。永樂二二年，欽與世襲。	武城後衛前所	副千戶	年老
二	張青	舊選簿	宣德一〇年	嫡長男				
三	張榮	缺				神武左衛左所	帶俸副千戶	年老
四	張英	舊選簿	嘉靖一一年四月	嫡長男		神武左衛左所	帶俸副千戶	
五	張欒	舊選簿	嘉靖一九年二月	嫡長男		神武左衛左所	帶俸副千戶	
六	張龍		萬曆一八年一〇月	嫡長男	比中三等。			

附錄一之八一（同一之八三） 世襲百戶 江都縣

一
劉興
（前黃）缺
丙辰年充軍（歸附）
丙申，克金壇，（丁酉）充小旗。丙午，克湖州。洪武二年，下海運糧。三年，征德安府，收捕臨洮，選充江陰衛前所總旗。（洪武四年陞總旗。）一〇年，連年出海償運定遼糧儲。一一年，調權平涼衛中左所百戶。一二年，欽與實授本所流官百戶。復
平涼衛後所
流官百戶
老

						調本衞所。二〇年，雲南征進。二三年，往永寧沙木箐收捕蠻人。
二	劉旺	（舊選簿）缺	洪武二八年一一月替	嫡長男		
三	劉源	（舊選簿）缺	永樂一八年三月	嫡長男		
四	劉貴	（舊選簿）缺	成化二年三月（一八歲）	嫡長孫		
五	劉雄	（舊選簿）缺	正德一二年二月	親姪	伯年老無嗣，本人借職，待伯有男，還與職事。	
六	劉振	（舊	嘉靖三四	嫡長男		

二	平涼衞後所	世襲百戶	老
三	平涼衞後所	世襲百戶	故
四	平涼衞後所	世襲百戶	老
五	平涼衞後所	實授百戶	故
六	平涼衞	世襲百戶	年老

外黃

	七	八	九
	劉安	劉承先	劉璽
選簿〕缺	舊選簿		
年一二月（四三歲）	隆慶四年六月（三二歲）	萬曆二四年一二月（二六歲）	崇禎一〇年正月（二〇歲）
	嫡長男	嫡長男	嫡長男
	欽准替職。	比中三等。	補九年一〇月，大選過，比中三等。
後所	平涼衛後所	平涼衛後所	平涼衛後所
	世襲百戶	世襲百戶	世襲百戶
	故	老	

〔〕內為八三。

附錄一之八二　實授百戶　江都縣

一	楊仕	缺						
二	楊保	缺						
三	楊廣	缺						
四	楊友	缺			實授百戶功次：缺。			
五	楊銘	缺			副千戶功次：（已載九輩下）	平涼衛後所	副千戶	
六	楊泰	舊選簿	成化四年二月	嫡長男	欽與世襲。	平涼衛後所	世襲副千戶	
七	楊榮	舊選簿	弘治六年四月	嫡長男		平涼衛後所	世襲副千戶	故
八	楊傑	舊選簿	弘治一二年六月	親弟		平涼衛後所	世襲副千戶	故
九	楊世臣	舊選簿	嘉靖四一年一〇月（四一歲）	親姪	伊祖楊友，原補祖役總旗。宣德九年，涼州等處殺賊有功，越	平涼衛後所	實授百戶	

缺

陞實授百戶。曾祖楊銘襲，天順二年，鎮番四壩斬首一顆，陞副千戶。祖楊泰襲，伯父楊榮、楊傑襲，三伯楊連未任故。弟楊紹祖應襲前職，得患風顛，不堪承襲。所據伊祖楊友涼州越陞職級，例應減革，本人照例與借祖職級實授百戶，待後伊堂弟楊紹祖疾痊，或生有兒男，退還職事。

附錄一之八四　世襲百戶　黃岩縣

一	陳來	缺				平涼衛後所	百戶	故
二	陳能	舊選簿	宣德八年四月（一八歲）	庶長男	欽與世襲。	平涼衛後所	世襲百戶	故
三	陳玉	舊選簿	天順七年閏七月（一六歲）	嫡長男		平涼衛後所	世襲百戶	故
四	陳玘	舊選簿	弘治一八年七月	親弟	有姪陳菩薩奴，眼疾不堪，本人襲職，待姪有男，還與職事。	平涼衛後所	世襲百戶	故
五	陳鎮	舊選簿	嘉靖四年二月（八歲）	（玉）嫡長孫	父菩薩奴患眼疾不堪，伯祖陳玘借襲，故。續生本人，照例改正，	平涼衛後所	實授百戶	故

缺

					與全俸優給，至嘉靖一〇年，終住支。一一年二月，一五歲，優給出幼襲職。			
六	陳瀛		萬曆二八年四月（二一歲）	庶長男	比中三等。			

附錄一之八五 實授百戶 無爲州

	王雲 二		丙辰充軍				軍	洪武二四年老
一	王信	前黃			洪武三三年，白溝河，陞小旗。三四年，夾河功，陞總旗。三五	永平衛中前所	世襲百戶	永樂一三年故

外黃

					年，克東河頭功，陞永平衛中所實授百戶。			
二	王輔	舊選簿	永樂一四年七月	嫡長男	正統元年，調羽林右衛左所。正統一三年一二月，調平涼衛後所。	平涼衛後所	世襲百戶	成化四年老
三	王璉	舊選簿	成化五年四月	嫡長男		平涼衛後所	世襲百戶	弘治一二年老
四	王雄	舊選簿	弘治一二年七月	嫡長男		平涼衛後所	世襲百戶	故
五	王鉞	舊選簿	正德八年二月	嫡長男		平涼衛後所	實授百戶	故
六	王釗	舊選簿	嘉靖二五年四月	親弟		平涼衛後所	實授百戶	故
七	王進功		萬曆四年六月（二二歲）	嫡長男				

附錄一之八六　世襲百戶　宣城

一	朱野	前黃	乙未歸附		〔江前寧國奕萬戶鎮撫〕甲辰，編充小旗。乙巳，選充總旗。洪武二一年，欽除世襲百戶。	平涼衛後所	世襲百戶	洪武二三年故
二	朱任	前黃			洪武二五年，與賊對敵，傷故。	平涼衛後所	世襲百戶	洪武二五年傷故
三	朱巽	舊選簿	洪武二六年八月	嫡長男	欽准襲職。	平涼衛後所	世襲百戶	傷故
四	朱政	舊選	永樂元年	嫡長男		平涼衛	世襲百戶	景泰五

外黃

		簿	一一月(二六歲)			後所		年四月五六歲老疾
五	朱敬	舊選簿	景泰五年四月(三一歲)	在所嫡長男		平涼衛後所	世襲百戶	
六	朱泰	舊選簿	弘治元年三月	嫡長男		平涼衛後所	世襲百戶	年老
七	朱勇	舊選簿	正德二年二月	嫡長男		平涼衛後所	世襲百戶	老疾
八	朱賢	舊選簿	嘉靖一四年二月	嫡長男		平涼衛後所	世襲百戶	老疾
九	朱麒	舊選簿	嘉靖三九年一〇月(三六歲)	嫡長男		平涼衛後所	世襲百戶	故
十	朱麟		萬曆二一年四月	親弟	比中三等。	平涼衛後所	實授百戶	故

			（四三歲）					
十一	朱國祚		萬曆二五年八月（二九歲）	嫡長男	比中三等。			

附錄一之八七 世襲百戶 來安縣

一	張保子	前黃	甲辰從軍					洪武一五年故
二	張成	前黃			舊名容兒。洪武三三年，白溝河大戰，陞小旗。三四年，夾河全勝，陞總旗。三五年，渡江克金川門，陞永平衛前所百戶。	永平衛前所	世襲百戶	

內黃

三	張聚	舊選簿	宣德六年四月	嫡長男	正統一〇年一二月，調平涼衞後所。	平涼衞後所	世襲百戶	故
四	張斌	舊選簿	天順八年四月	嫡長男		平涼衞後所	世襲百戶	故
五	張泰	舊選簿	弘治六年二月	嫡長男		平涼衞後所	世襲百戶	
六	張憲	舊選簿	正德四年八月	嫡長男		平涼衞後所	世襲百戶	
七	張鉞	舊選簿	嘉靖二四年四月	嫡長男		平涼衞後所	世襲百戶	故
八	張繼勳		萬曆六年一二月(三一歲)	嫡長男	比中三等。	平涼衞後所	實授百戶	患疾
九	張崇功		萬曆三〇年四月(三一歲)	嫡長男	比中一等。	平涼衞後所	實授百戶	故
十	張鈺		崇禎六年	嫡長男	大選過，比中三等。	平涼衞	實授百戶	

附錄一之八八 實授百戶 滁州

			二月（三一歲）			後所		
	羊彬		甲午、軍					故
一	羊興	前黃			洪武二三年，併充小旗。二四年，以年深陞總旗。三四年，陞百戶。永樂八年，阿魯臺，陞副千戶。		副千戶	疾
二	羊旺	前黃		堂姪			百戶	革閑
三	羊溥	舊選 溥	天順七年 二月	興之庶 長男	興之庶長男係楊興戶名羊彬庶長男。父原係總旗，革除年間陞	平涼衛 前所	百戶	老

外黃

					百戶。……患疾，本人未生，堂姪羊旺革替百戶。續生本人，今長成，退還職事，本人襲職，伊堂姪革閑。			
四	羊珍	舊選簿	正德八年一二月（三五歲）	嫡長男		平涼衛後所	實授百戶	年老
五	羊宗	舊選簿	嘉靖四一年六月（二四歲）	嫡長孫		平涼衛後所	世襲百戶	患疾
六	羊自正		萬曆二五年二月（二〇歲）	嫡長男	比中一等。	平涼衛後所	實授百戶	故
七	羊翔		萬曆四三年一〇月	嫡長男	大選過，奉旨免比。	平涼衛後所	實授百戶	

（一九歲）								

附錄一之八八九 世襲百戶 滁州

一	殷婆孫	前黃	甲午從軍	（兄）			軍	洪武一三年故
二	殷友	前黃			取友補役。洪武三二年，遼東軍馬犯城，固守本城，陞小旗。三四年，殺軍馬，陞總旗。三五年，克金川門，陞永平衛左前所百戶。永樂二年，與世襲。（舊名佛保）	永平衛左前所	百戶	故
三	殷貴	舊選	宣德二年	嫡長男	正統一〇年一二月，	平涼衛	世襲百戶	

外黃

		簿	一〇月		調平涼衛後所。	後所		
四	殷祥	舊選簿	成化三年八月	嫡長男		平涼衛後所	世襲百戶	爲事監故
五	殷通	舊選簿	弘治五年八月	嫡長男		平涼衛後所	世襲百戶	
六	殷綱	舊選簿	正德八年八月	嫡長男		平涼衛後所	世襲百戶	故絕
七	殷紀	舊選簿	嘉靖六年一〇月	嫡長男		平涼衛後所	世襲百戶	故
八	殷雄	舊選簿	嘉靖三三年一〇月	嫡長男		平涼衛後所	實授百戶	年老
九	殷朝鳳		隆慶六年一二月（三二歲）	嫡長男		平涼衛後所	實授百戶	故
十	殷國臣		萬曆三一年二月（三四歲）	嫡長男	比中三等。	平涼衛後所	實授百戶	故

十一	殷世爵		天啓六年十二月（二〇歲）	嫡長孫	大選過，比中三等。	平涼衛後所	實授百戶	

附錄一之九十 試百戶 永城縣

一	朱海	缺						
二	朱貞	缺						
三	朱興	功次簿			正統九年，頭無平涼衛總旗陞試百戶二員，內一員朱海。	平涼衛後所	百戶	
四	朱錦	舊選簿	天順七年二月	嫡長男	係朱興戶名朱海嫡長男。欽與世襲。	平涼衛後所	世襲百戶	
五	朱清	舊選簿	弘治八年六月	嫡長男		平涼衛後所	世襲百戶	故

缺

六	朱倫	舊選簿	正德一〇年一二月	嫡長男		平涼衛後所	試百戶	
七	朱鳳	舊選簿	嘉靖二三年四月	嫡長男		平涼衛後所	實授百戶	嘉靖四四年六月，五四歲患疾
八	朱繼武	舊選簿	嘉靖四四年六月（二八歲）	在所嫡長男	告替。革遇例准替試百戶。	平涼衛後所	試百戶	嘉靖四五年，陣亡
九	朱繼名		萬曆二年二月（一八歲）	親弟	伊兄原襲祖職試百戶，嘉靖四五年固原等處陣亡，該本部題奉欽依，陞實授百戶。絕嗣，所據陣亡功級，例應追贈陣亡之人，本舍照例與襲祖職試	平涼衛後所	試百戶	故

					百戶。			
十	朱壽		萬曆二五年二月（一八歲）	嫡長男	比中二等。			
十一	朱茂		萬曆三四年一一月（三四歲）	堂弟	單本選過，比中三等。	平涼衛後所	試百戶	老
十二	朱光明		崇禎六年二月（二一歲）	嫡長男	大選過，比中三等。	平涼衛後所	試百戶	故
十三	朱光顯		崇禎一三年二月（三五歲）	堂兄	大選過，比中三等。	平涼衛後所	試百戶	

附錄一之九一 試百戶 華陰縣

一	孟喜	缺						
二	孟震	缺			戶名孟喜。原係總旗，因差往哈烈公幹回還，陞除試百戶。	平涼衛後所	試百戶	病故
三	孟貴	舊選簿	宣德一〇年七月	嫡長男	欽准襲職，遇例實授。	平涼衛後所	百戶	患疾
四	孟聰	舊選簿	成化元年三月	嫡長男	欽與世襲。	平涼衛後所	百戶	患血衂疾
五	孟鐸	舊選簿	成化一九年七月	嫡長男	照例革替原職試百戶。正德五年，紅城子殺賊功，陞實授百戶。	平涼衛後所	實授百戶	故
六	孟欽	舊選簿	正德一二年二月	嫡長男	欽與世襲。	平涼衛後所	實授百戶	老疾
七	孟賢	舊選簿	嘉靖二四年二月	嫡長男	伊祖所據紅城子功，無擒斬，例應減革，	平涼衛後所	試百戶	年老

缺

					本人照例革替試百戶。			
八	孟絿		萬曆元年六月（三七歲）	嫡長男		平涼衛後所	試百戶	老
九	孟松		萬曆三一年六月（三四歲）	嫡長男	大選過，比中二等。	平涼衛後所	試百戶	

附錄一之九二　試百戶　棗陽縣

一	張義	功次簿			嘉靖二二年，陝西地名大岔溝小江圈等處功次，二人共斬賊級一顆，爲首平涼衛後所實授總旗陞試百戶	平涼衛後所	試百戶	

缺

					一員張義。		
二	張廷 見	缺				平涼衛 後所	試百戶	老疾
三	張欽	舊選簿	嘉靖四一年六月（三九歲）	嫡長男	隆慶三年四月三〇日一件，審錄罪囚事，平涼衛後所試百戶張欽，犯該原擬誣告人因而致死，被誣之人比依誣告因而致死，隨行有服親屬一人者律絞，例應揭黃。（大字書）（另列一行）			

一	趙源 源				小旗功次：候查。			
二	趙長 受				總旗功次：候查。試百戶功次：候查。	平涼衛後所	試百戶	故
三（缺）	趙爚	舊選簿	嘉靖一七年四月	嫡長男	年老無子。	平涼衛前所	試百戶	老疾
四	趙性		萬曆一二年一〇月（三六歲）	親姪	伊伯趙爚年老無子，應伊父趙煒承替，未替先故，本舍合照例借替祖職試百戶，待後伊伯生有兒男，退回職事。比中三等。	平涼衛前所	試百戶	患疾
五	趙炳然		萬曆三二年一二月（三三歲）	嫡長男	大選過，比中三等。	平涼衛前所	試百戶	老

六	趙承胤		崇禎六年二月（四〇歲）	嫡長男	大選過，比中三等。	平涼衛前所	試百戶	

附錄一之九四　試百戶

一	劉理		吳元年歸附	（祖）	吳元年，充總旗。洪武二年，改調平涼衛總旗。	平涼衛	總旗	故
二	劉原				代役。			
三	劉琦				補役。			故
四	劉英				代役。			老
五	劉光		嘉靖三二年	男	補役。併總旗。		試百戶？	故
六	劉禮	功次			嘉靖四三年五月一件，			

七	
劉仰鎬	
	查簿有
萬曆二六年六月（二六歲）	
劉光長男	
比中三等。	為大虜壓境，官軍奮勇血戰等事，本部尚書楊等具題，陞實授一級，二人共斬首一顆，為首平涼衛後所實授總旗劉禮，該陞試百戶。

附錄二❶ 玉林、雲川、鎮虜三衛武職祖軍從軍記錄表

衛所名	脚輩官職	脚輩名	引用資料	原籍地方	祖軍名	從軍緣由	祖軍從軍年代	從軍當時分派衛所
玉林衛	指揮使	儲邦	外黃	鳳陽	儲亨	歸附	丙申	
玉林衛	指揮使	邵國賓	外黃	和州	邵興	?	丁酉	
玉林衛	指揮使	王勳	外黃	合肥	王勝	歸附	乙未	
玉林衛	指揮使	完誠		大興				
玉林衛	指揮使	周臣		江都				
※玉林衛	指揮同知	劉國臣		翼城	劉四四		洪武二五年	
玉林衛	指揮使	楊黼		興化				
※玉林衛	指揮同知	張詔	內黃	曲沃	張道僧		洪武三五年	玉林後所
玉林衛	指揮同知	陳議		壽州				
※玉林衛	指揮同知	張奇	外黃	翼城	張桃桃	抽充	洪武二五年	玉林
玉林衛	指揮同知	胡來臣	內黃	東平州				
玉林衛	署指揮同	尉璽		翼城				

		知事指揮僉事							
※	玉林衛	指揮僉事	王春		絳縣				
	玉林衛	署指揮同知事指揮僉事	范森	外黃	黃梅	范興	歸附	甲辰	
※	玉林衛	指揮僉事	聶蘭	外黃	翼城	聶住	充	洪武二五年	玉林中所
	玉林衛	指揮僉事	孫繼		定遠				
	玉林衛	指揮僉事	張琮	外黃	懷遠	張麟	充先鋒	癸巳	
※	玉林衛	指揮僉事	史德	外黃	曲沃	史成住	抽充	洪武二五年	玉林左所
	玉林衛	指揮僉事	袁鈺		鄱陽				
※	玉林衛	指揮僉事	馮鎮		翼城				
※	玉林衛	指揮僉事	張拱辰	內黃	曲沃	張倉倉	充軍	洪武二五年	
※	玉林衛	指揮僉事	柴登科	內黃	曲沃	柴僧馬	充軍	洪武二五年	
	玉林衛	指揮僉事	賈邦	外黃	安肅	賈名	歸附	吳元年	
※	玉林衛	指揮僉事	董朝		曲沃				
	玉林衛	指揮僉事	張國恩		上海				

	玉林衛	指揮僉事	徐繼先		安東				
	玉林衛	指揮僉事	倪奉		海門				
※	玉林衛	指揮僉事	趙進	外黃	曲沃	趙麥兒	充軍	洪武二五年	
※	玉林衛	指揮僉事	張鸞	內黃	曲沃	張便成	抽充	洪武二五年	玉林中所
※	玉林衛	指揮僉事	原文燾		曲沃	原黑黑		洪武二五年	
	玉林衛	指揮僉事	韓學周		山後				
※	玉林衛	衛鎮撫	王議		曲沃				
※	玉林衛	指揮僉事	李榮		翼城				
※	玉林衛	署指揮僉事事正千戶	文邦	內黃	曲沃	文山	充小甲	洪武二五年	
※	玉林衛	指揮僉事	王大潮		絳縣	王欽	軍	洪武二五年	
※	玉林衛	署指揮僉事事正千戶	李良臣	外黃	翼城	李成	充軍	洪武二五年	
	玉林衛左所	正千戶	谷滋	外黃	合肥				
	玉林衛左所	正千戶	鄭拱	外黃	合肥	鄭福	從軍	丙申	

※	玉林衛左所	正千戶	馬鉦	外黃	曲沃	馬三	充小甲	洪武二五年	玉林左所
	玉林衛左所	正千戶	師恭	外黃	蕭縣	師齊	從軍	癸卯	
※	玉林衛左所	正千戶	馬釗		曲沃				
※	玉林衛左所	正千戶	馮國相	外黃	翼城	馮管管	抽充	洪武二五年	玉林前所
※	玉林衛左所	正千戶	李良將		翼城				
※	玉林衛左所	正千戶	丁武忠		翼城				
※	玉林衛左所	正千戶	巨禎		曲沃				
※	玉林衛左所	正千戶	宋文	內黃	曲沃	宋福	抽充小甲	洪武二五年	玉林中所
※	玉林衛左所	署正千戶事副千戶	董滋	外黃	曲沃	董歪歪	軍	洪武二五年	
	玉林衛左所	副千戶	王國相		桃源				
	玉林衛左所	副千戶	蘇鏜		武進				
※	玉林衛左所	副千戶	梁邦		曲沃				
※	玉林衛左所	·副千戶	董大義		曲沃				
	玉林衛左所	正千戶	鄭捷	內黃	合肥				
※	玉林衛左所	副千戶	楊恭		曲沃				
※	玉林衛左所	副千戶	張鳳翔	外黃	平遙	張庸	從軍	洪武二五年	

※	玉林衛左所	副千戶	鄭國臣	外黃	曲沃	鄭鋪驢	抽充小甲	?	玉林左所
※	玉林衛左所	副千戶	李英	外黃	曲沃	李恩	抽充總甲	洪武二五年	玉林左所
※	玉林衛左所	副千戶	劉晉臣	外黃	曲沃	劉拗住	抽充軍	洪武二五年	玉林
	玉林衛左所	副千戶	王純	外黃	桃源	王英	從軍	洪武四年	
	玉林衛左所	副千戶	師榮		蕭縣				
	玉林衛左所	世襲百戶	姚國恩	外黃	滁州	姚文富	歸附	丙申	
	玉林衛左所	實授百戶	陳良		祥符				
	玉林衛左所	世襲百戶	高鉞	外黃	高郵州	高福	充軍	吳元年	
※	玉林衛左所	實授百戶	原汝楠	外黃	曲沃	原黑黑	充軍	洪武二五年	玉林
※	玉林衛左所	實授百戶	李甫	外黃	曲沃	李管	抽充小甲	洪武二五年	玉林
※	玉林衛左所	實授百戶	喬聰		曲沃				
※	玉林衛左所	世襲百戶	解輔		曲沃				
※	玉林衛左所	實授百戶	許欽		曲沃				
※	玉林衛左所	世襲百戶	楊安		曲沃				

※	玉林衛左所	實授百戶	范雄	外黃	曲沃	范僧管	充軍	洪武二五年	
	玉林衛左所	世襲百戶	馬驍		唐縣				
	玉林衛左所	實授百戶	王臣	外黃	海城	王興	垜充軍	洪武四年	平山衛
	玉林衛左所	實授百戶	劉桂		大興				
※	玉林衛左所	實授百戶	牛多	內黃	陽曲	牛諒	抽充小甲	洪武二五年	
※	玉林衛左所	試百戶	王之徹		曲沃				
※	玉林衛左所	試百戶	郭安	內黃	曲沃	郭和尚	充軍	洪武二五年	玉林
※	玉林衛左所	試百戶	郭堂	內黃	曲沃	郭帖住	充軍	洪武二十年	
※	玉林衛左所	試百戶	郭鼎		曲沃				
※	玉林衛左所	試百戶	文章		曲沃				
※	玉林衛左所	試百戶	文漢		曲沃				
※	玉林衛左所	試百戶	劉江		曲沃				
※	玉林衛左所	試百戶	吉祥		曲沃				
※	玉林衛左所	試百戶	姬福		曲沃				
※	玉林衛左所	試百戶	高壽	內黃	曲沃	高軍保	充軍	洪武二五年	玉林左所
※	玉林衛左所	試百戶	馬智	外黃	曲沃	馬瘦子	充小甲	洪武二五年	玉林左所

※	玉林衛左所	試百戶	董郎	外黃	曲沃	董俊	充軍	洪武二五年	
※	玉林衛左所	試百戶	郝添相		曲沃				
※	玉林衛左所	試百戶	劉振	內黃	曲沃	劉伏羊	抽充軍	洪武二五年	玉林
※	玉林衛左所	試百戶	張鎮	外黃	曲沃	張中	充軍	洪武二五年	
※	玉林衛左所	試百戶	盧鎮		曲沃				
	玉林衛左所	試百戶	吉寬						
※	玉林衛左所	試百戶	王卿	外黃	翼城	王軍軍	充總甲	洪武二五年	
※	玉林衛右所	正千戶	劉漢		曲沃				
	玉林衛右所	正千戶	全德	內黃	巢縣	全成	從軍	甲午	
	玉林衛右所	正千戶	王鉉	外黃	萊陽	王萬兒	充軍	洪武四年	青州衛
	玉林衛右所	正千戶	張鎧		盱眙				
	玉林衛右所	副千戶	周繼武		南昌				
※	玉林衛右所	副千戶	吉忠	外黃	曲沃	吉拜拜	充小甲	洪武二五年	玉林右所
	玉林衛右所	副千戶	鄭清	外黃	華亭	王二	從軍	戊戌	
※	玉林衛右所	副千戶	馬驥		曲沃				
※	玉林衛右所	署副千戶事百戶	范義	外黃	曲沃	范歡歡	充軍	洪武二五年	玉林右所

※	玉林衞右所	百戶	丁鎭	外黃	陽曲	丁忠	充軍	洪武二五年	
※	玉林衞右所	實授百戶	王贇		曲沃	王憨驢			
	玉林衞右所	實授百戶	沈景	外黃	黃崗	沈福	從軍	丙申	
※	玉林衞右所	實授百戶	張臣	內黃	曲沃	張敬成	充軍	洪武二五年	玉林右所
※	玉林衞右所	實授百戶	許安	外黃	曲沃	許思恭	抽充總甲	洪武二五年	玉林右所
※	玉林衞右所	署副千戶事百戶	范榮	外黃	曲沃	范歡歡	充軍	洪武二五年	玉林右所
	玉林衞右所	實授百戶	方印		合肥				
※	玉林衞右所	世襲百戶	張鎭		曲沃				
※	玉林衞右所	百戶	張永		曲沃				
	玉林衞右所	實授百戶	岳舜臣	外黃	合肥				
	玉林衞右所	實授百戶	余良	外黃	武進	余受	從軍	丁酉	
※	玉林衞右所	實授百戶	閻章		曲沃	閻聚			
	玉林衞右所	世襲百戶	戴綱		盱眙				
	玉林衞右所	百戶	耿宏	外黃	遷安	耿世通	從軍	洪武十八年	
※	玉林衞右所	試百戶	吉輔		曲沃				

※	玉林衛右所	試百戶	麻鎭		曲沃				
※	玉林衛右所	試百戶	王錦		曲沃				
※	玉林衛右所	試百戶	翟泰		曲沃				
※	玉林衛右所	試百戶	王玄		翼城				
※	玉林衛右所	試百戶	張漢		曲沃				
※	玉林衛右所	試百戶	張鋐		曲沃				
※	玉林衛右所	試百戶	丁添爵	外黃	曲沃	丁士原	充小甲	洪武二五年	
※	玉林衛右所	試百戶	張寅	內黃	曲沃	張寬	充軍	洪武二五年	
	玉林衛右所	試百戶	王福	外黃	合肥	王榮	以舍人報効	正統五年	
※	玉林衛右所	試百戶	楊欽	外黃	曲沃	楊錦	抽充軍	洪武二五年	玉林右所
※	玉林衛右所	試百戶	張璽		曲沃				
※	玉林衛右所	署試百戶事總旗	張相	外黃	曲沃	張黑兒	充軍	洪武二五年	
※	玉林衛右所	冠帶總旗	吉臣	外黃	曲沃	吉有有	抽充小旗	洪武二五年	玉林右所
※	玉林衛右所	冠帶總旗	張羽	外黃	曲沃	張秋成	抽充軍	洪武二五年	玉林右所

	玉林衛右所	試百戶	顏萬鈞	外黃					
※	玉林衛右所	冠帶總旗	朱鸞	外黃	翼城	朱件件	抽充小甲	洪武二五年	玉林後所
※	玉林衛右所	冠帶總旗	馬聰	外黃	曲沃				
	雲川衛	指揮使	陳言	內黃	安東	陳讓	選充小旗	洪武元年	
	雲川衛	指揮使	毛錡	外黃	清河	毛得	充軍	辛丑	
※	雲川衛	指揮使	柴應麒	內黃	洪洞	柴貴	充軍	洪武二五年	
	雲川衛	指揮同知	蔣錦	外黃	山後	蔣狗兒	收集	洪武五年	
	雲川衛	署指揮使事指揮同知	徐尚卿		臨淮				
	雲川衛	指揮同知	蔡國奇		鹽城				
	雲川衛	指揮同知	旺懷德	外黃	合肥	旺保	歸附	乙未	
	雲川衛	指揮同知	顧懋	外黃	睢寧	顧成	從軍	丙午	
	雲川衛	指揮同知	周洪		崑山				
	雲川衛	指揮僉事	劉承志		盱眙				

雲川衛	署指揮同知事指揮僉事	畢相	內黃	蒙城	畢誠	歸附	丙申	
雲川衛	署指揮同知事指揮僉事	杜棕	內黃	嘉定	杜昇	從軍	丙午	
雲川衛	指揮僉事	郭臣	外黃	濼州	郭玉	軍	洪武三年	
雲川衛	指揮僉事	王御	外黃	濟寧州	王七	充軍	吳元年	
雲川衛	指揮僉事	張進	外黃	鳳陽	張眞	從軍	壬辰	
雲川衛	指揮僉事	王世勳		鳳陽				
雲川衛	指揮僉事	李世勳	外黃	臨武	李洪	收集小旗	洪武九年	
雲川衛	指揮僉事	靳臣		汶上				
雲川衛	衛鎮撫	劉綱		黃梅				
雲川衛	指揮僉事	徐縉			徐當	軍	己亥	
雲川衛左所	署衛鎮撫事正千戶	周應麒		崑山				

	雲川衛左所	正千戶	畢志	外黃	壽春	畢勝	歸附	丙申	
	雲川衛左所	正千戶	傅恭		茌平				
※	雲川衛左所	副千戶	商震		洪洞				
	雲川衛左所	副千戶	鄢清		豐城				
	雲川衛左所	署副千戶事實授百戶	趙仲卿	外黃	靈璧	趙大	從軍	甲辰	
	雲川衛左所	世襲百戶	張輗		通州				
	雲川衛左所	實授百戶	王勳		常寧				
	雲川衛左所	實授百戶	楊鎮		樂亭				
	雲川衛左所	實授百戶	劉英	外黃	樂亭	劉四	收集	洪武六年	燕山左衛
	雲川衛左所	實授百戶	甯文	外黃	宣平	甯大	從軍	洪武四年	
※	雲川衛左所	世襲百戶	王繼		洪洞				
※	雲川衛左所	世襲百戶	邢淮		洪洞				
	雲川衛左所	世襲百戶	張壽		遵化				
※	雲川衛左所	署試百戶事總旗	栗九式		洪洞				

※	雲川衛左所	試百戶	鄭恭		洪洞				
※	雲川衛左所	試百戶	范鎮		洪洞				
※	雲川衛左所	試百戶	白全	外黃	洪洞	白河	抽丁總甲	洪武二五年	雲川衛
	雲川衛左所	試百戶	王世臣		溧水				
	雲川衛右所	署正千戶事副千戶	周鉞		無爲州				
	雲川衛右所	副千戶	李紀		蕭縣				
	雲川衛右所	副千戶	張一中	內黃	即墨	張端兒	垜集軍	洪武四年	膠州守禦千戶所
	雲川衛右所	副千戶	趙鎮		江都				
	雲川衛右所	副千戶	夏時泰	外黃	臨淮	夏文	充馬頭軍	丙午	
	雲川衛右所	副千戶	李良臣		蕭縣				
	雲川衛右所	實授百戶	劉相	外黃	樂安	劉士溫	歸附從軍	洪武元年	燕山左衛右所
※	雲川衛右所	實授百戶	牛的順	外黃	洪洞	牛喜僧	抽充總	洪武二五年	雲川右所

							甲		
	雲川衛右所	世襲百戶	田福		武定州				
	雲川衛右所	總旗	于攀鮮						
※	雲川衛右所	世襲百戶	程俊		洪洞				
※	雲川衛右所	實授百戶	胡世忠	外黃	洪洞	胡買兒	抽充軍	洪武二五年	雲川
	雲川衛右所	實授百戶	李溏	外黃	泰湖	李勝	以頭目招集軍人百二十名赴京	洪武四年	
※	雲川衛右所	百戶	李鉞		洪洞				
	雲川衛中所	正千戶	張世忠						
	雲川衛右所	實授百戶	李海		定遠				
	雲川衛右所	百戶	羅璋		慈利				
※	雲川衛右所	實授百戶	董大經		洪洞				
	雲川衛右所	世襲百戶	馬俊		霑化				
	雲川衛右所	世襲百戶	謝寧		泗州				

	雲川衛右所	世襲百戶	尙志		永寧				
※	雲川衛右所	試百戶	王宸		洪洞				
	雲川衛右所	試百戶	田達		安肅				
※	雲川衛右所	試百戶	許漢		洪洞				
※	雲川衛右所	試百戶	衞鉞		洪洞				
※	雲川衛右所	試百戶	衞欽		洪洞				
	雲川衛右所	試百戶	樊國忠		汾州				
	雲川衛右所	試百戶	王春	內黃	仁和	王太關	從軍	己亥	
※	雲川衛右所	署試百戶事總旗	郭塘		洪洞				
	雲川衛中所	正千戶	曹良		宛平				
	雲川衛中所	正千戶	傅良材	外黃	茌平	傅能	以舍人報効	正統十四年	
	雲川衛中所	正千戶	陳彪		滁州				
	雲川衛中所	正千戶	邵承恩						
	雲川衛中所	副千戶	袁良臣	外黃	宣城	袁淸	從軍	乙未	
※	雲川衛中所	副千戶	李環	外黃	洪洞	李官官	充軍	洪武二二年	雲川

※	衛所	職	姓名	籍	籍貫	始祖	從軍	年代	
※	雲川衛中所	副千戶	辛雄		洪洞				
	雲川衛中所	副千戶	胡昇		溧陽				
	雲川衛中所	副千戶	周鏜	外黃	陽信	於遜	從軍	洪武元年	
	雲川衛中所	副千戶	鄭淮	內黃	固安	鄭友諒	充軍	洪武五年	
	雲川衛中所	實授百戶	馮鉞	外黃	洛陽	馮成	選充總旗	洪武四年	
※	雲川衛中所	實授百戶	崔崎山	外黃	洪洞	崔臘臘	抽充軍	洪武二五年	
	雲川衛中所	實授百戶	李鉉		六安州				
	雲川衛中所	世襲百戶	王珣		南豐				
	雲川衛中所	世襲百戶	朱綱		江都				
	雲川衛中所	世襲百戶	楊福		蒲圻				
	雲川衛中所	實授百戶	趙鋭		河間				
※	雲川衛中所	試百戶	邢江		洪洞				
※	雲川衛中所	試百戶	黃鉞		洪洞				
※	雲川衛中所	試百戶	孔俊		洪洞				
	雲川衛中所	百戶	張鐸						
	雲川衛中所	世襲百戶	李英		懷遠				

※	雲川衛中所	署百戶總旗	石　寶		洪　洞				
	雲川衛前所	正千戶	於　江	外黃	和　州	於　玉	選充小旗	吳元年	
※	雲川衛中所	實授百戶	○○○		洪　洞	王覔兒	充　軍	洪武二五年	
	雲川衛前所	副千戶	蕭　欽		清　流	蕭　敬	舍人陞所鎮撫	景泰元年	
	雲川衛前所	副千戶	趙　忠		陽　信				
	雲川衛前所	正千戶	黃正色	內黃	霍　邱	黃　麒	從　軍	丙申	
	雲川衛前所	副千戶	陸　清		臨　淮				
	雲川衛前所	副千戶	王　祀	內黃	滁　州	王　寶	充先鋒	甲午	
	雲川衛前所	副千戶	徐　爵	內黃	昌　黎	徐　昇	選充總旗	洪武三年	
	雲川衛前所	署副千戶事百戶	衛　晉		壽　州				
	雲川衛前所	世襲百戶	王宗道		澧　州				
	雲川衛前所	實授百戶	王　爵		山　後				

※	雲川衛前所	實授百戶	田中蘭		洪洞	田山山	軍	洪武二五年	
	雲川衛前所	實授百戶	孟相		山後	孟貴			
	雲川衛前所	百戶	劉宗	外黃	豐潤	劉興	充軍	洪武六年	
※	雲川衛前所	世襲百戶	藥昱		洪洞				
※	雲川衛前所	百戶	李勝		洪洞				
※	雲川衛前所	署副千戶事試百戶	呂鎧		浮山				
※	雲川衛前所	試百戶	李紳		洪洞				
	雲川衛前所	試百戶	滕澄	內黃	丹徒	滕小一	歸附	丙申	
※	雲川衛前所	試百戶	史從學		洪洞				
※	雲川衛前所	試百戶	喬成		洪洞				
※	雲川衛前所	試百戶	李鎮		洪洞				
※	雲川衛前所	署試百戶事總旗	李大經	外黃	洪洞	李九住	抽充總甲	洪武二五年	雲川前所
	雲川衛後所	副千戶	翟寶		武定州				
※	雲川衛後所	署副千戶事實授百	盧承見	外黃	浮山	盧仝兒	充小甲	洪武二五年	雲川前所

		戶							
	雲川衛後所	實授百戶	王廷弼	外黃	河內	王敬祖	歸附	洪武三年	
	雲川衛後所	實授百戶	劉鸞	外黃	宛平	劉興	從軍	洪武二年	
	雲川衛後所	實授百戶	徐俊		遷安				
	雲川衛後所	實授百戶	趙思恩		定遠				
	雲川衛後所	世襲百戶	張宗		單縣				
	雲川衛後所	實授百戶	張世臣		如皋				
※	雲川衛後所	百戶	衞深	外黃	浮山	衞從義	抽充軍	洪武二五年	雲川後所
※	雲川衛後所	實授百戶	席仲仁	外黃	浮山	席三	充小甲	洪武二五年	雲川
	雲川衛後所	世襲百戶	王端		遷安				
※	雲川衛後所	試百戶	王相	外黃	浮山	王義	充軍	洪武二五年	雲川後所
※	雲川衛後所	試百戶	張朝	內黃	浮山	張三	抽充總	洪武二五年	
							甲		
※	雲川衛後所	試百戶	燕珮		浮山				
	雲川衛後所	副千戶	周桂						
	鎮虜衛	指揮使	韓應詔	內黃	瑞州	韓扯里	軍	洪武二十年	
	鎮虜衛	指揮使	蔡綱		壽州				

鎮虜衛	指揮使	余可述	內黃	固始	余銘	歸附	戊戌	
鎮虜衛	指揮使	孫國勳	外黃	汝陽	孫安		甲辰	
鎮虜衛	指揮使	牛邦寧	外黃	齊河	朱勝	歸附	辛丑	
鎮虜衛	指揮使	謝天相		定遠				
鎮虜衛	指揮同知	陸錦	內黃	含山	陸興		丙午	
鎮虜衛	指揮同知	劉釗	外黃	章丘	劉原	充軍	洪武二年	
鎮虜衛	指揮同知	謝恩	外黃	麻陽	謝和	（歸附）	（乙巳）	
鎮虜衛	指揮同知	孔寶	內黃	祁縣	孔思中	充軍	洪武三年	
鎮虜衛	指揮同知	史元臣	內黃	臨淄		垛集充軍	洪武元年	
鎮虜衛	指揮僉事	蔣震		武進				
鎮虜衛	指揮僉事	湯寶		和州				
鎮虜衛	指揮僉事	李宗文		寧陵				
鎮虜衛	指揮僉事	甘雨		懷寧				
鎮虜衛	指揮僉事	袁勳	外黃	魚臺	袁忠	歸附從軍	丙午	
鎮虜衛	指揮僉事	任鏜	外黃	黃岩	任仲文	從軍	吳元年	

鎮虜衛	指揮僉事	丁鑑		息縣				
鎮虜衛	指揮僉事	王繼恩		華亭				
鎮虜衛	指揮僉事	金洹	外黃	通州	金福二	從軍	丙午	
鎮虜衛	指揮僉事	原於天						
鎮虜衛	衛鎮撫	李明	外黃	曲陽	李閏童	充軍	洪武四年	
鎮虜衛	署指揮僉事事正千戶	劉勇	外黃	東平州	韓羊群	從軍	吳元年	
鎮虜衛左所	正千戶	楊官	外黃	丹陽	楊當子	軍	丙申	
鎮虜衛左所	副千戶	毛春	外黃	單縣	毛翔	從軍	丙午	
鎮虜衛左所	副千戶	崔岩	外黃	林縣	崔智			
鎮虜衛左所	副千戶	李鐸		西華	李子和	從軍	洪武元年	
鎮虜衛左所	副千戶	馮清	外黃	當陽	馮祥			神武衛
※鎮虜衛左所	副千戶	李玘		河津				
鎮虜衛左所	實授百戶	朱卿		齊河				
鎮虜衛左所	實授百戶	徐爵		合肥				
※鎮虜衛左所	實授百戶	李佐		河津				

※	鎮虜衛左所	實授百戶	賈勛	外黃	隰州	賈寺家	抽充總甲	洪武二五年	鎮虜中所
	鎮虜衛左所	世襲百戶	郭名		滁縣				
	鎮虜衛左所	實授百戶	胡鐙	外黃	覇州	胡鐸	充軍	洪武三二年	
	鎮虜衛左所	世襲百戶	周祚	外黃	高郵州	周福	歸附充軍	吳元年	
	鎮虜衛左所	百戶	方臣	外黃	合肥	方通	從軍	甲午	
	鎮虜衛左所	百戶	葛茂		武進				
※	鎮虜衛左所	試百戶	許岩		大寧				
※	鎮虜衛左所	試百戶	孫繼宗		河津				
※	鎮虜衛左所	試百戶	楊鑑		隰州				
	鎮虜衛左所	試百戶	余乾		固始				
※	鎮虜衛左所	試百戶	李經		大寧				
※	鎮虜衛左所	試百戶	侯鎮		大寧				
※	鎮虜衛左所	試百戶	張鸞	內黃	大寧	張典住	充小旗	洪武二五年	鎮虜
	鎮虜衛左所	試百戶	丁暘		無爲州				
※	鎮虜衛左所	署試百戶	卜自能		隰州				

鎮虜衛左所	試百戶	余世舉		固始	余世隆	召募從征	（嘉靖）	
※鎮虜衛右所	署指揮僉事事正千戶	溫栗	內黃	平遙	溫澤	充軍	洪武二五年	
鎮虜衛右所	正千戶	許增		濱州				
鎮虜衛右所	正千戶	高志		汝陽				
鎮虜衛右所	副千戶	武春		長洹				
鎮虜衛右所	副千戶	李榮		濱州				
※鎮虜衛右所	署副千戶事實授百戶	潘高	外黃	石樓	潘憨頭	抽充小甲	洪武二五年	鎮虜
鎮虜衛右所	實授百戶	郭輔	內黃	山後	郭玘軍兒	軍	洪武十二年	
鎮虜衛右所	世襲百戶	周玉		壽州				
※鎮虜衛右所	實授百戶	高汝謙	外黃	永和	高帖帖	抽充總旗	洪武二五年	

※	鎮虜衞右所	試百戶	柴春		河津				
※	鎮虜衞右所	試百戶	李勛		大興				
※	鎮虜衞右所	試百戶	王鏜	內黃	隰州	王移兒	充總旗	洪武二五年	鎮虜右所
※	鎮虜衞右所	試百戶	衞鏜		隰州				
	鎮虜衞中所	正千戶	李相	外黃	山後	李名善	充軍	洪武四年	
	鎮虜衞中所	正千戶	耿言	外黃	濱州	耿四	充軍	洪武元年	
	鎮虜衞中所	正千戶	過欽	內黃	和州	過保	從軍	乙未	
※	鎮虜衞中所	正千戶	盧應奎	堂稿	河津				
	鎮虜衞中所	副千戶	徐泰		濱州				
	鎮虜衞中所	副千戶	岳宗	外黃	武進	岳寶	歸附	丙申	
	鎮虜衞中所	副千戶	劉珄	外黃	寶坻	侯七	充軍	洪武元年	
	鎮虜衞中所	副千戶	方堂	外黃	蕪湖	方受	歸附	癸卯	
	鎮虜衞中所	副千戶	劉鉞		天長				
	鎮虜衞中所	世襲百戶	俞昇		儀眞				
	鎮虜衞中所	世襲百戶	施珄	內黃	壽州	施信	歸附		
※	鎮虜衞中所	世襲百戶	劉鉞		隰州				
※	鎮虜衞中所	百戶	李鑑		隰州				

	鎭虜衛中所	百戶	蔡　縉	外黃	商河	蔡　成	充軍	洪武元年	
※	鎭虜衛中所	試百戶	馮　鉞		隰州				
	鎭虜衛中所	試百戶	余一貫		固始				
※	鎭虜衛中所	試百戶	楊景玉		隰州				
※	鎭虜衛中所	試百戶	原承業		河津				
※	鎭虜衛前所	正千戶	尙　禮		河津				
	鎭虜衛前所	正千戶	薛　清	外黃	邳州	薛　成	充軍	丙午	
	鎭虜衛前所	正千戶	董　顯		遷安				
※	鎭虜衛前所	實授百戶	吳　炤		河津				
	鎭虜衛前所	副千戶	曹光先	外黃	臨淮	曹福聚	從軍	乙未	
	鎭虜衛前所	副千戶	張　欽	外黃	利津	張伯剛	軍	洪武元年	
	鎭虜衛前所	副千戶	楊　澤		遷安				
	鎭虜衛前所	副千戶	王　鉞		儀眞				
※	鎭虜衛前所	實授百戶	張國琦		河津				
	鎭虜衛前所	世襲百戶	張　鎭		樂亭				
	鎭虜衛前所	世襲百戶	劉　祿	外黃	濱州	劉　貴	歸附從軍		

	鎮虜衛前所	世襲百戶	石寶		臨淮				
※	鎮虜衛前所	百戶	劉銳		隰州				
※	鎮虜衛前所	試百戶	楊庫		河津				
※	鎮虜衛前所	試百戶	薛鵬	外黃	河津	薛牛兒	充小甲	洪武二五年	
※	鎮虜衛前所	試百戶	袁綱		河津				
※	鎮虜衛前所	試百戶	趙佑	外黃	河津	趙成住	抽充軍	洪武二五年	鎮虜前所
	鎮虜衛前所	試百戶	趙欽		曹縣				
	鎮虜衛前所	試百戶	陳龍		六安				
※	鎮虜衛前所	試百戶	王鉞		河津				
※	鎮虜衛前所	試百戶	張琁		河津				
※	鎮虜衛後所	副千戶	樊湧	外黃	河津	樊鎖兒	充小旗	洪武二五年	
	鎮虜衛後所	副千戶	華縉		上虞				
	鎮虜衛後所	副千戶	陳璽	外黃	桐城	陳進保	充軍	洪武四年	
	鎮虜衛後所	副千戶	楊名	外黃	三河	楊山住	從軍		
	鎮虜衛後所	副千戶	董彪		濟陽				
※	鎮虜衛後所	副千戶	原我能		河津				
	鎮虜衛後所	實授百戶	傅永		商河				

	鎮虜衛後所	正千戶	宋養賢						
※	鎮虜衛後所	實授百戶	原鉉	外黃	河津	原重喜	充總旗	洪武二五年	
	鎮虜衛後所	世襲百戶	郭彪		單縣				
※	鎮虜衛後所	實授百戶	劉鳳梧	外黃	河津	劉丑兒	充總甲	洪武二五年	
	鎮虜衛後所	實授百戶	李春	外黃	宜城	李貴	歸附	辛丑	
※	鎮虜衛後所	署副千戶 實授百戶	袁顯		河津				
	鎮虜衛後所	世襲百戶	師隆		陽信				
※	鎮虜衛後所	世襲百戶	卜安		河津				
※	鎮虜衛後所	副千戶	原承恩		河津				
※	鎮虜衛後所	試百戶	郭霓	外黃	吉州	郭重喜	抽充總甲	洪武二五年	鎮虜後所
※	鎮虜衛後所	試百戶	原琳	內黃	河津	原全	充小甲	洪武二五年	
	（南京錦衣衛馴象所）	正千戶	高應奎		宜城				
	（南京錦衣衛馴象所）	試百戶	甯鑑						

※	鎮虜衛後所	試百戶	郭　衛	外黃	河　津	郭棒牛	充小甲	洪武二五年	鎮虜後所
※	鎮虜衛後所	實授百戶	原承爵		河　津				
※	鎮虜衛後所	冠帶總旗	薛　春		河　津				
※	鎮虜衛後所	試百戶	武登高		大　寧	武四加	充小旗	洪武二五年	
	(淮府儀衛司)	典仗	胡邦翊	外黃	懷　寧	胡漢保	充　軍	洪武四年	
※	鎮虜衛後所	冠帶總旗	原從憲		河　津	原留住	充小旗	洪武二五年	

❶ 本附錄係根據『玉林衛選簿』、『雲川衛選簿』、『鎮虜衛選簿』整理而成。※號各欄爲洪武二五年由山西平陽等府下各縣抽充各該衛衛軍者。參見第一章第二節。

書影

附錄三　平涼衛選簿書影（日本東洋文庫藏）

兵部為清查功次選簿以裨軍政事隆慶三年九月該本部
尚書霍
左侍郎曹 議得武選司庫貯功次選簿及零選簿年久浥爛而近年獲功堂稿與核冊
題覆尚未謄造每遇選官清黃之期典籍殘闕卒難尋閱合宜及時照例修補題奉
欽依續該
尚書郭
右侍郎王 嚴加清理詳定規議先後行委車駕司員外郎頼嘉謨武選司主事謝東陽
會同武選司郎中洪先 李文 王体 王叔杲 劉洪儒員外郎張世烈主事李興善 宗弘道 李承武 韓應元 李松 彭富開局立法督
率選到七十八衛所吏役逐一將功次零選堂稿及新功數題未經立簿者盡行修補謄造
外為照選簿備載內外二黃零選功次及續附節年選過審稿所以為清黃選官計也往年
修造革數或缺而未備職姓或混而未清功次或未盡謄審稿或未盡附終非完籍未便稽
考且單發充軍揭黃等項原未該載每遇大選無從檢查竟滋奸弊今以各衛所官員照級
類造對數明白用司印鈐蓋依樣另造目錄二本總列成帙題曰武職選簿一本送
堂貯庫一本存司掌印官相沿交收俾按簿查名一覽可知以杜將來吏胥去籍之弊仍申
明先年員外郎馬坤等原議專委本司員外郎提督管貯前簿單月附選及今重議
每遇大選有選主事各照所管新官舊官陞調給養未及六十暫率該吏赴庫查選不得
出外以致損改後凡該司接任官員務宜留心掌修應附應補及時謄寫不得如前混遺
庶簿籍完備可以永使於檢查而功罪明核又能潛杜大奸弊今將目合修造及日後附

萬曆二十二年七月　日委官武選司主事陸經脩

附錄四　平涼衛選簿書影（日本東洋文庫藏）

指揮使叁員
壹號馬騰 始祖馬福代九 無為州人
貳號石盤 始祖石玉代九 高郵州人
叁號哈緯 始祖卜顏吞失代五 海鄰人
年遠事故叁員
宋麒　哈剌咕咄　李增
署指揮使壹員指揮同知伍員
壹號王思慎 始祖把失咯代七 女直人署使
貳號陳希尭 始祖陳忠代八 沛縣人
叁號杜龍 始祖杜肚代八 合肥縣人
肆號王大綱 始祖王德代八 合肥縣人
伍號陶岳 始祖陶德代九 壽州人
陸號吳瀛 始祖吳真代八 臨淮縣人
年遠事故伍員
趙文 鳳陽縣人　楊勲 上海縣人　黄琮　劉源　鍾容
指揮僉事陸員
壹號保卬 始祖保山奴代六 開城縣人
貳號尹玉 始祖撰河住代八 無錫縣人
叁號馬昇 始祖馬俊代九 山陽縣人
肆號甘雨 始祖甘保代八 潛山縣人
伍號鄭表 始祖鄭貴代七 定遠縣人
陸號陳揚 始祖陳銘代九 合肥縣人
續入任繼勲 臨縣人 無印　續入葉茂 松陽人 有印
年遠事故柒員
陳玉 固安縣人　張英 無為州人　趙寶 通州人　戚安　韓忠　李忠　李能
衛鎮撫貳員
壹號李得春 始祖李艮兒代七 昌邑縣人
貳號翟崑 始祖翟清代八 滕縣人
左所署指揮僉事叁員正千戶壹員
壹號康詰 始祖康敬代九 忠縣人署僉
貳號王佐 始祖王庚代五 崑山縣人署僉
叁號李經 始祖李彬代五 滁州人署僉
肆號黄金重 始祖黄禮代九 合肥縣人
年遠事故肆員
徐海 崑山縣人　朱政 無為州人　梁端　劉得
署衛鎮撫壹員副千戶貳員
壹號陸瑾 始祖陸斌代五 三河縣人署衛撫
貳號魏相 始祖魏莊代六 鄒平縣人
叁號田登 始祖田勝代八 泗州人
革數未全壹員
周綱 泰州人
年遠事故叁員
邢端　張貴　端鎧 溧水縣人

附錄五　雲川衛選簿書影

（日本東洋文庫藏）

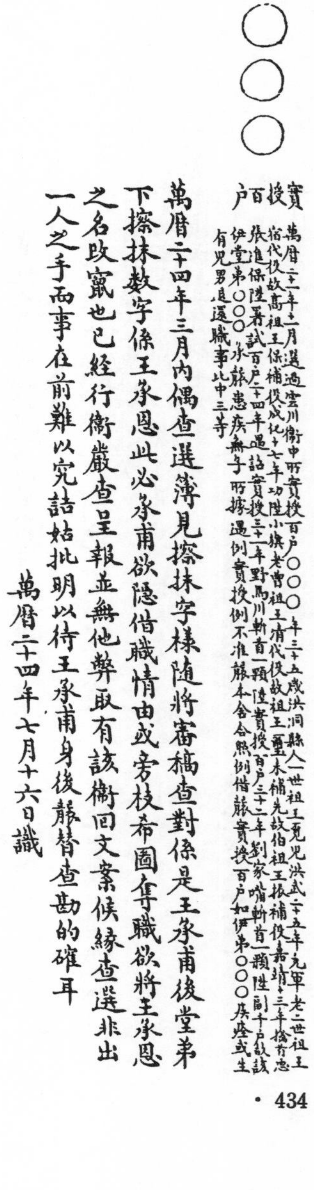
○○○

實授百戶

萬曆二十一年十二月選過雲川衛中所實授百戶○○○年三十五歲洪洞縣人一世祖王覓兒洪武二十五年充軍老二世祖王
宿代役故高祖王保補役成化十七年功陞小旗老曾祖王清代役故祖王璽未補先故伯祖王振補役嘉靖十三年擒斬忠
張進保陞署試百戶二十四年遇詔實授三十一年對馬川斬首一顆陞實授百戶三十二年劉家嘴斬首一顆陞副千戶欽試
伊堂弟○○○承襲患疾無子所據遇例實授例不准襲本舍合照例借襲實授百戶如伊弟○○○疾痊或生
有兒男退還職事比中三等

萬曆二十四年三月內偶查選簿見擦抹字樣隨將審稿查對係是王承甫後堂弟
下擦抹數字係王承恩此必承甫欲隱借職情由或旁枝希圖奪職欲將王承恩
之名改竄也已經行衛嚴查呈報並無他弊取有該衛回文案候緣查選非出
一人之手而事在前難以究詰姑批明以待王承甫身後襲替查勘的確耳
萬曆二十四年七月十六日識

蕭欽 副千戶

一輩蕭敬　舊選簿查有

景泰元年雲川衛舍人陞所鎮撫蕭敬

二輩蕭琮　舊選簿查有

成化四年七月蕭琮清流縣人有人蕭敬係雲川衛前千戶所副千戶出境三家川殺賊陣亡該陞一級本人係嫡長男照例襲陞正千戶

三輩蕭湧　舊選簿查有

嘉靖二年閏四月蕭湧清流縣人係雲川衛前所故絕正千戶蕭琮親姪伊祖敬以舍人景泰二年功陞所鎮撫天順元年倚山墩獲功一級陞副千戶陣亡伯琮襲陞前職今照例革去陞與襲副千戶

四輩蕭欽　舊選簿查有

嘉靖六年八月蕭欽年十二歲清流縣人係雲川衛前所故副千戶蕭湧嫡長男照例與全俸優給至嘉靖十八年終住支

附錄六　寧夏中屯衛選簿書影（日本東洋文庫藏）

汪鑑

指揮同知　外黄查有　汪進祁門縣人有父汪信舊名君信丁酉年歸附充總軍元帥乙巳年除授副千户洪武十七年病故於洪武二十三年除授虎賁右衛右所世襲副千户洪武二十五年欽調寧夏中護衛三十三年陞除本衛中所流官正千户

一輩　汪信　已載前黄

二輩　汪進　舊選簿查有　洪武二十五年三月汪進係虎賁右衛右所貼辦事世襲副千户　欽調寧夏中護衛右所

三輩　汪澄　舊選簿查有　永樂十九年四月汪澄係寧夏中護衛右所故世襲正千户汪進嫡長男

四輩　汪禧　舊選簿查有　正統九年五月汪禧係寧夏中護衛中所故正千户汪澄嫡長男

五輩　汪懫　舊選簿查有　成化十七年四月汪懫祁門縣人係寧夏中護衛中所世襲正千户汪禧嫡長男

六輩　汪錦　舊選簿查有　正德元年二月汪錦祁門縣人係寧夏中護衛中所故世襲正千户汪懫嫡長男　指揮僉事功次　嘉靖八年地名斷腰山等處獲功陞實授一級二人共斬達賊首級一顆為首寧夏中屯衛中所正千户陞指揮僉事汪錦　指揮同知功次　嘉靖十三年延綏地名麻黃梁沙湖等處獲功陞實授一級不賞二人共斬首一顆為首官旗寧夏中屯衛指揮僉事陞指揮同知汪錦

七輩　汪清　舊選簿查有　嘉靖二十年四月汪清祁門縣人係寧夏中屯衛年老指揮同知汪錦嫡長男

八輩　汪鑑　舊選簿查有　嘉靖二十九年六月汪鑑祁門縣人係寧夏中屯衛故指揮同知汪清嫡長男

九輩　汪煒　萬曆十六年十二月汪煒年三十七歲係寧夏中屯衛故指揮同知汪鑑嫡長男比中三等

十輩　汪坤　萬曆三十五年六月大選過寧夏中屯衛指揮同知一員汪坤年二十六歲係疾指揮同知汪煒嫡長男比中三等

彭濬 指揮僉事

內黃查有 彭和壽州人有父彭啟丙申年歸附洪武七年充總旗十三年除授華山衛百戶二十七年越陞正千戶三十年為倒死馬匹事犯流罪免罪發成虜衛充軍 欽蒙復職調寧夏中護衛老疾告替和係嫡長男三十二年替授寧夏中護衛左所世襲正千戶

一輩彭啟 已載前黃

二輩彭和 已載前黃

三輩彭復 舊選簿查有 永樂十八年五月彭復係寧夏中護衛後所故世襲正千戶彭和嫡長男

四輩彭泰 舊選簿查有 天順八年三月彭泰壽州人係寧夏中護衛左所世襲正千戶彭復嫡長男

指揮僉事功次 已載五輩選條

五輩彭旭 舊選簿查有 成化十四年十一月彭旭年十六歲壽州人係寧夏中護衛左所世襲正千戶彭泰嫡長男父於固原州陣亡先因本人年幼已與指揮僉事俸優給今出幼襲指揮僉事

六輩彭鎮 缺

七輩彭滌 舊選簿查有 嘉靖六年四月彭鎮年五十一歲壽州人係寧夏中屯衛指揮同知今患疾有嫡長男彭滌年二十一歲告替伊父旭原係指揮僉事正德元年功陞前職所據指揮同知係陝西新功緣革冊本到本合暫准承襲候冊到另行定奪

八輩彭濬 舊選簿查有 嘉靖十六年十月彭濬壽州人係寧夏中屯衛故指揮同知彭滌堂弟伊祖旭以指揮僉事領軍報功陞前職相沿所據領軍進例報功例應減革本合照例革領軍一級與指揮僉事

充軍簿查有 嘉靖二十四年九月彭濬係寧夏中屯衛指揮僉事鳳陽府人犯該守備不設充大同衛左所邊遠軍

九輩彭洞 萬曆六年十二月分彭洞年四十一歲壽州人係寧夏中屯衛故指揮同知彭鎮庶長男伊父原襲祖職指揮同知老疾伊兄彭滌替授前職故絕彼時未曾出有本舍伊堂兄革借替祖職指揮僉事嘉靖二十四年犯該守備不設充大同前衛左所終身軍萬曆元年故本舍合照例與襲祖職指揮僉事考試二等

十輩彭世爵 萬曆二十三年二月彭世爵年二十八歲係寧夏中屯衛患疾指揮僉事彭洞嫡長男比中三等

十一輩彭師古 萬曆四十一年四月大選過寧夏中屯衛指揮僉事一員彭師古年二十九歲係疾指揮僉事彭世爵嫡長男比中一等

十二輩彭浚雲 天啟六年四月大選過寧夏中屯衛指揮僉事一員彭浚雲年十六歲係故指揮僉事彭師古嫡長男比中三等

附錄七　瀋陽衛選簿書影（日本東洋文庫藏）

優養左所百户壹員
外黄查有應貴舊名記二慈谿縣人洪武十六年充府軍右衛軍二十二年選充小甲
併鎗充小旗三十五年朝　見除百户撥留守前衛永樂元年調瀋陽左衛左所
欽與世襲
宣德七年七月應通年十六歲係瀋陽左衛左所故世襲百户應貴親姪伯有嫡長男應
五漢患兩眼殘疾不堪承襲　欽准本人襲職待有男還與職事
天順六年十二月應真年十五歲慈谿縣人係瀋陽左衛左所故世襲百户應通嫡長男
正德十五年八月應勳慈谿縣人係瀋陽左衛左所故百户應真嫡次男已與姪應魁
優給故絕本人襲職
嘉靖十八年十月應舉慈谿縣人係瀋陽左衛左所故百户應勳親弟
嘉靖二十二年四月應學年二十四歲慈谿縣人係瀋陽左衛左所故實授百户應舉嫡
長男見患瞎疾不堪户無承襲之人照例與全俸優養不拘年限生子准襲
又壹員
永樂十七年五月劉玉年六歲係大寧前衛前所為事拖石故百户劉海嫡長男　欽
與全俸優給至永樂二十六年終住支
成化十四年二月劉彪三河縣人係大寧前衛前所老疾世襲百户劉玉嫡長男
弘治十一年二月劉璽三河縣人係大寧前衛前所故世襲百户劉彪嫡長男
正德十六年五月劉鉞年三歲三河縣人係瀋陽左衛左所故世襲百户劉璽嫡長男父
替大寧前衛前所調今衛所　欽與全俸優給至嘉靖十二年終住支
嘉靖十三年四月劉鉞年十六歲三河縣人係瀋陽左衛左所故百户劉璽嫡長男優給出
幼襲職
嘉靖二十一年二月穆氏年五十七歲三河縣人係瀋陽左衛左所故百户劉鉞母户無承

襲之人照例與俸五石優養

又壹頁

宣德八年八月時端年十五歲係瀋陽左衛左所故世襲百戶時祖庶長男

成化二十四年四月時端年六十三歲日照縣人係瀋陽左衛左所老疾世襲百戶戶無承

襲之人照例與全俸優養

弘治元年十二月時璽年一歲日照縣人係瀋陽左衛左所老疾優養百戶時端庶長

男　欽與全俸優給至弘治十四年終住支

弘治三年八月時端年六十七歲日照縣人係瀋陽左衛左所世襲百戶先因老疾優養

續生男時璽轉名優給病故仍照例與本人全俸優養

附錄八 寧夏中屯衛選簿書影（日本東洋文庫藏）

孫世爵

萬曆四十五年十一月準本兵過寧夏中屯衛前所副千戶一員孫世爵年二十五歲定邊縣人類題查稿查有萬曆元年十月初六日一件為乞憐查陞改正事該巡按山東御史趙應元等查明遼東等鄉司官旗獲功陞授應改正加陞職級緣由該本部尚書譚 等具題本月初八日奉 聖旨是既查勘明白依擬陞賞欽此欽遵 計開 何宗禹起至陳輪止共二十七員陝西都司寧夏中屯衛前所功陞實授百戶孫子成前件 查得本官原係併級總旗隆慶元年八月寧夏鎮斬首一顆陞試百戶三年九月花馬池斬首一顆因功陞勘合未到仍以總旗報驗亦陞試百戶本年四月興武營斬首一顆以試百戶報驗陞實授百戶俱經題奉 欽依備行外今據本官告併前功查與本部原題功次堂稿相同相應議擬合無將孫子成於實授百戶上加花馬池斬首重陞試百戶一級改正與做副千戶查伊祖孫綱以祖名報功所稱子成者即綱也孫綱三次斬級功已經查題改陞副千戶職今老矣伊父孫繼美目盲不能承襲世爵以嫡孫承祖查無違碍准替副千戶祖職比中二等

鄭銘 世襲百戶

一輩 鄭僧 缺

二輩 鄭彝 舊選簿查有 永樂十四年十二月鄭彝係寧夏中護衛前所故世襲百戶鄭僧嫡長男

三輩 鄭讓 舊選簿查有 宣德十年三月鄭讓係寧夏中護衛前所自縊世襲百戶鄭彝親弟

四輩 鄭福 舊選簿查有 景泰三年四月鄭福金谿縣人係寧夏中護衛前所故世襲百戶鄭讓嫡長男

五輩 鄭全 舊選簿查有 成化六年二月鄭全金谿縣人係寧夏中護衛前所故世襲百戶鄭福嫡長男

六輩 鄭瓛 舊選簿查有 正德二年鄭瓛金谿縣人係寧夏中護衛前所世襲百戶鄭全嫡長男

七輩 鄭銘 舊選簿查有 嘉靖五年二月鄭銘金谿縣人係寧夏中屯衛前所故世襲百戶鄭瓛嫡長男優給出幼襲職限外多支俸糧查扣畢日關支

充軍簿查有 嘉靖二十四年九月 鄭銘係寧夏中屯衛百戶撫州府人犯該守備不設充大同衛右所邊遠軍

八輩 鄭印 萬曆十六年四月分鄭印年二十五歲金谿縣人係寧夏中屯衛前所故充終身軍實授百戶鄭銘長孫伊祖原襲祖職實授百戶嘉靖二十三年為事問充大同前衛終身軍萬曆十八年故應該伊父鄭大承襲本襲先故本合照例與襲祖職實授百戶比中三等

附錄九　瀋陽衛選簿書影（日本東洋文庫藏）

張虎

指揮僉事

外黃查有

張義成安縣人高祖張旻軒洪武元年充軍老曾祖張從道補役三十二年滄州陞小旗鄭村壩陞總旗三十三年白溝河功陞百户三十四年西水寨功陞副千户三十四年汴河陣亡伯祖張忠以陣亡功陞指揮僉事襲正統十四年迤北失陷無嗣祖張銘係親弟襲調瀋陽左衛故父張原襲老義嫡長男替指揮僉事

一輩　張從道　已載前黃

二輩　張忠　已載前黃

三輩　張名　已載前黃

四輩　張原　舊選簿查有

天順八年四月張原成安縣人係瀋陽左衛故世襲指揮僉事張名嫡長男

五輩　張義　舊選簿查有

弘治三年二月張義成安縣人係瀋陽左衛帶俸世襲指揮僉事張原嫡長男

六輩　張虎　舊選簿查有

嘉靖二十三年十月張虎成安縣人係瀋陽左衛年老指揮僉事張義庶長男照例與全俸優給至嘉靖三十四年終住支

七輩　張豹

萬曆四年四月張豹年三十六歲成安縣人係瀋陽左衛故指揮僉事張虎親弟

朱氏

萬曆十二年十月朱氏年二十八歲成安縣人係瀋陽左衛故指揮僉事張豹嫡妻戶無承襲之人照例月與米二石優養身終住支

張女兒

萬曆十三年十月張女兒年四歲成安縣人係瀋陽左衛故指揮僉事張豹女戶無承襲之人照例月與体五石優養適人住支

李鎧

指揮僉事

內黃查有李鐸豐潤縣人有祖李彥溫洪武十八年收集慣戰頭目病故將鐸項名充軍二十五年充小旗三十三年濟南陞總旗三十五年九門城戰勝陞試百戶平定京師陞滁州衛後所正千戶李義係李鐸嫡長男李昶係李義嫡長男

一輩李鐸　已載前黃

二輩李義　缺

三輩李昶　指揮僉事功次　景泰元年欽陞簿內查有德勝門等處殺賊有功陞一級寬河衛正千戶陞指揮僉事十三員內一員李昶

四輩李福　舊選簿查有　成化二十三年十二月李福豐潤縣人係滁州衛指揮僉事李昶親姪

五輩李鎧　舊選簿查有　嘉靖十三年十二月李鎧年三十歲豐潤縣人係瀋陽左衛右所帶俸年老指揮僉事李福嫡長男

張朝

試百戶 內黃查有 弘治元年優出幼五年六月替雲川衛後所世襲百戶

一張安浮山縣人父張三洪武二十五年抽充總甲老疾項名代役正統三年併充總旗景泰元年
沙窩殺賊陞試百戶 張欽年十一歲係張安嫡長孫祖功陞試百戶疾父張進替故欽

一輩張三 已載前黃

二輩張安 功次簿查有 景泰元年沙窩寺廠殺賊有功陞一級內雲川衛總旗陞試百戶乙員張三
景泰元年大同等處陞一級內雲川衛試百戶陞百戶十五員內一員張三

舊選簿查有 景泰元年雲川衛總旗陞試百戶張三

三輩張進 舊選簿查有 成化三年二月張進浮山縣人係雲川衛後所百戶張安戶名張三嫡長男 欽與世襲

四輩張欽 舊選簿查有 弘治五年六月張欽年十五歲浮山縣人係雲川衛後所故世襲百戶張進嫡長男

五輩張璽 舊選簿查有 正德十三年四月張璽浮山縣人係雲川衛後所故世襲百戶張欽嫡長男

六輩張朝 舊選簿查有 嘉靖四十三年五月張朝年三十八歲浮山縣人係雲川衛後所故實授百戶張璽嫡長男查
伊祖張安以洪武年總甲正統三年併充總旗景泰元年陞功陞實授百戶所據併充賊級
不係軍功本舍革襲試百戶

七輩張雲鶴 萬曆七年二月張雲鶴年二十五歲浮山縣人係雲川衛後所年老試百戶張朝嫡長男比中三等

附錄一〇 雲川衛選簿書影（日本東洋文庫藏）

燕珮　試百戶

一輩燕旺

二輩燕俊　舊選簿查有　襲試百戶

成化二十年十月燕俊年十五歲浮山縣人係雲川衛後所百戶燕旺親姪伯原係功陞試百戶遇例實授患疾本人先因年幼少報一歲已照例革與試百戶俸優給今出幼具告改正

三輩燕珮　舊選簿查有

嘉靖二十九年四月燕珮浮山縣人係雲川衛後所故實授百戶燕俊嫡長孫伊祖俊原襲試百戶成化二十三年遇例實授所據遇例職級不由軍功例應減革本舍照例革與試百戶俸優給至嘉靖三十四年終住支

周桂　副千戶

天啟四年八月單本選過雲川衛後所副千戶一員周桂年三十一歲係故副千戶周朋曾孫

王珣

世襲百戶

祖王盟—學生

鼎—永—銓—珣

鼎—禮（故）—鎮（故）—璉（故）—文卿（故）—江兒、尚義、尚立
鼎—貴
鼎—信（故）—錄（故）—順—栢—廷玉、廷宝
錄—雄（故）—綱（故）—天周；紀（故）—天祥

一輩王學生 舊選簿查有 洪武二十九年二月欽調雲川衛中所世襲百戶王學生

二輩王鼎 舊選簿查有 洪熙元年二月王鼎係雲川衛中所故世襲百戶王學生嫡長男

三輩王貴 舊選簿查有 洪熙八年八月王貴係雲川衛中所世襲百戶王鼎親姪伯有嫡長男王永年二歲幼小 欽准本人借職待長成還與職事

四輩王永 舊選簿查有 景泰五年六月王永年十六歲南豐縣人係雲川衛中所故世襲百戶王鼎嫡長男先因年幼堂兄王貴借職今長成兄退還職事本人襲職伊堂兄爭鬥

五輩王銓 舊選簿查有 成化十七年十月王銓年十五歲南豐縣人係雲川衛中所故世襲百戶王永嫡長男

六輩王珣 舊選簿查有 正德十四年四月王珣南豐縣人係雲川衛中所故世襲百戶王銓嫡長男

七輩王尚義 萬曆十二年十二月王尚義年二十五歲係雲川衛中所故絕世襲百戶王珣堂姪孫查得故官王珣於正德十四年襲職至今已七十餘年本舍又係四輩未襲世遠族疎即稱王珣萬曆十四年故亦難憑信相應照例革發

附錄一一　雲川衛選簿書影（日本東洋文庫藏）

朱綱

世襲百戶

一輩朱榮　舊選簿查有　洪武二十五年四月　欽調雲川衛中所世襲百戶朱榮

二輩朱輝　舊選簿查有　永樂九年九月朱輝係雲川衛中所故世襲百戶朱榮嫡長男

三輩朱正　舊選簿查有　正統六年九月朱正年六歲係雲川衛中所老疾世襲百戶朱輝庶長男欽與全俸優給至正統十四年終住支　景泰二年八月朱正年十六歲係雲川衛中所老疾世襲百戶朱輝庶長男先因年幼已與優給今出幼襲職

四輩朱玉　舊選簿查有　成化十五年閏十月朱玉江都縣人係雲川衛中所故世襲百戶朱正嫡長男

五輩朱綱　舊選簿查有　嘉靖三年十二月朱綱江都縣人係雲川衛中所年老世襲百戶朱玉嫡長男犯該官臨陣先退嘉靖十二年十一月充榆林衛前所邊衛充軍

附錄一二　寧遠衛選簿書影（日本東洋文庫藏）

寧遠衛　原無目錄恐滋弊竇不敢補造
指揮同知李元善起至試百戶張鎮止

祖天壽　指揮
僉事

祖　仁
祖天壽

係指揮僉事祖剛下操舍　祖承訓　係祖仁男補前役

萬曆二十一年十月大選過寧遠衛指揮僉事一員祖天壽年二十五歲滁州人係疾署都指揮同知祖承訓嫡長男伊父承訓隆慶三年鎮靜堡斬首一顆陞小旗大清堡斬首一顆五年陞總旗六年遼陽斬首一顆萬曆二年陞試百戶撫順東州斬首一顆三年陞實授百戶十一月平虜堡斬首一顆四年大興堡斬首一顆五年陞副千戶七月又重陞副千戶六年丁字堡斬首一顆七年陞正千戶紅土城斬首一顆九年陞指揮僉事十等年部功曆陞署都指揮同知二十一年鎮武大捷陞署都督僉事今老天壽赴替其重陞副千戶一級告併改正審得承訓立功八級歷可查但由舍人起者自有條例本舍准襲指揮僉事比中三等

萬曆四十三年六月准職方司手本內開為狡虜乘夜入邊將官燒荒遇敵等事題覆過遼東巡按翟鳳翀勘問過萬曆四十年十一月內虜犯寧遠地方失事問擬原任中右所遊擊寧遠衛指揮僉事祖天壽依臨陣先退律斬例應揭黃四十三年五月二十日具題六月初五日奉　旨祖天壽監後處決照例揭黃欽此

附錄一三　寧遠衛選簿書影（日本東洋文庫藏）

祖天定 指揮僉事

萬曆二十九年五月単本選過寧遠衛指揮僉事一員祖天定年二十一歲滁州人查伊父祖承教原係家丁萬曆十一年古勒寨斬首一顆陞小旗本年三山營斬首一顆陞總旗十三年六月三道溝斬首一顆重陞總旗本年七月錦州營斬首一顆重陞試百戶十四年鎮遠堡斬首十把首級一顆該陞實授二級仍以總旗報官陞實授百戶萬曆二十三年告併改正重陞功二級與做指揮僉事二十六年陣亡今天定係嫡長男合照舊與襲實授指揮僉事比中三等

一輩祖承教
二輩祖天定
三輩祖澤洪

俱載前黃

天啟六年九月単本選過寧遠衛都指揮僉事一員祖澤洪年二十一歲係陣亡指揮僉事祖天定嫡長男伊父原襲指揮僉事於萬曆四十七年寬奠地方與奴酋血戰陣亡本部題奉　欽依襲陞三級在卷今據結保併授前來查與原題陞級相同應於指揮僉事上加伊父陣亡功三級併授都指揮僉事一輩以後子孫只襲指揮使比中三等安插臨清衛帶俸俟遼平之日仍歸原衛

附錄一四　寧遠衛選簿書影（日本東洋文庫藏）

李印

署正千戶
事副千戶

一輩李斌　缺

二輩李剛　舊選簿查有　永樂二十二年十一月李剛係廣寧中衛右所故世襲副千戶李斌嫡長男

三輩李俊　舊選簿查有　正統十四年王都慶襲寧遠衛副千戶李剛男李俊襲　署正千戶功次　候查

四輩李盛　舊選簿查有　成化十八年二月李盛撫寧縣人係寧遠衛前所署正千戶事副千戶李俊嫡長男

五輩李昂　舊選簿查有　成化二十三年十一月李昂撫寧縣人係寧遠衛前所故署正千戶事副千戶李盛親弟

六輩李印　舊選簿查有　正德十年八月李印撫寧縣人係寧遠衛前所故正千戶李昂嫡長男伊父原係署正千戶過例實授本人照例革襲署正千戶事副千戶

充軍簿查有　李印係遼東寧遠衛指揮同知犯該守備不設被賊侵入境內虜掠人民嘉靖三十年六月初五日問發榆林衛中所永遠充軍

編軍簿查有　遼東寧遠衛指揮同知李印嘉靖三十年六月犯該臨陣先退者律斬奉　旨免死照例編發邊衛榆林衛中所永遠充軍

萬曆十二年八月李世重係寧遠衛故充軍指揮同知李印嫡長孫查得現行事例軍職犯該永遠充軍子孫不許承襲今照伊祖李印於嘉靖三十年犯該臨陣先退問擬斬罪後改擬饒死充榆林衛中所永遠軍本舍隱匿永遠字樣供稱終身希圖冒襲合照例革發該衛所保勘官員輒敢朦朧起送顯有通同冒襲情弊相應駁回依限嚴提照例問罪具奏

萬曆十三年四月准都察院咨該巡按山東御史陳登雲奏問得妄保犯官董耀威等犯該不應事重贖罪還職及稱李世重祖李印犯該饒死永遠充軍照例本房子孫革襲外許大次房子孫降襲如無即行停革

國家圖書館出版品預行編目資料

明代軍戶世襲制度

于志嘉著. － 初版. － 臺北市：臺灣學生，1987.04
面；公分

ISBN 978-957-15-1926-5(精裝)
ISBN 978-957-15-1811-4(平裝)

1. 軍制 2. 明代

591.216　　112016116

明代軍戶世襲制度

著作者　于志嘉
出版者　臺灣學生書局有限公司
發行人　楊雲龍
發行所　臺灣學生書局有限公司
地址　臺北市和平東路一段 75 巷 11 號
劃撥帳號　00024668
電話　(02)23928185
傳真　(02)23928105
E-mail　student.book@msa.hinet.net
網址　www.studentbook.com.tw
登記證字號　行政院新聞局局版北市業字第玖捌壹號
定價　精裝新臺幣九〇〇元
　　　平裝新臺幣六〇〇元

一九八七年四月初版
二〇二三年十月初版三刷

63601